"十三五"国家重点图书出版规划项目
湖北省学术著作出版专项资金资助项目
智能制造与机器人理论及技术研究丛书
总主编 丁汉 孙容磊

制造物联网技术

姚锡凡 张存吉 张剑铭◎著

THE INTERNET OF MANUFACTURING
THINGS TECHNOLOGY

华中科技大学出版社
http://www.hustp.com
中国·武汉

内 容 简 介

本书以集信息系统与物理系统于一体的制造物联网为例,介绍了新一代智能制造技术,包括物联网、务联网(云计算)、信息物理系统、大数据等基础技术,以及制造物联网的体系架构、建模技术、数据处理、服务组合等主体内容,最后给出了具体实施案例。

图书在版编目(CIP)数据

制造物联网技术/姚锡凡,张存吉,张剑铭著 . —武汉:华中科技大学出版社,2018.12
(智能制造与机器人理论及技术研究丛书)
ISBN 978-7-5680-3985-7

Ⅰ.①制… Ⅱ.①姚… ②张… ③张… Ⅲ.①互联网络-应用-制造工业-研究 ②智能技术-应用-制造工业-研究 Ⅳ.①TP393.4 ②TP18 ③F416.4

中国版本图书馆 CIP 数据核字(2018)第 273674 号

制造物联网技术
Zhizao Wulianwang Jishu

姚锡凡　　张存吉　　张剑铭 著

策划编辑:俞道凯
责任编辑:罗　雪
封面设计:原色设计
责任校对:张会军
责任监印:周治超
出版发行:华中科技大学出版社(中国·武汉)　　电话:(027)81321913
　　　　　武汉市东湖新技术开发区华工科技园　　邮编:430223
录　　排:武汉市洪山区佳年华文印部
印　　刷:湖北新华印务有限公司
开　　本:710mm×1000mm　1/16
印　　张:20
字　　数:345 千字
版　　次:2018 年 12 月第 1 版第 1 次印刷
定　　价:148.00 元

智能制造与机器人理论及技术研究丛书

作者简介

▶ **姚锡凡** 华南理工大学教授、博士生导师。主要研究方向为机电一体化、制造系统集成与控制及其优化、制造物联网、数字制造/智能制造/智慧制造。主持国家"863"计划项目、国家自然科学基金项目、省部级项目以及应用科研项目20余项。发表SCI/EI学术论文近100篇,参与撰写专著3本。获得软件著作权8项、发明专利3项、实用新型专利10余项。获得省级科学技术进步奖二等奖2项和"广东省优秀博士生"奖等。担任多个学术期刊的编委。

▶ **张存吉** 三峡大学机械与动力学院工业工程系副教授、博士。主要从事制造物联网、智慧制造、制造系统集成与控制研究工作。先后承担国家电力公司项目、国家自然科学基金项目等10余项。发表各类期刊论文20余篇,其中SCI/EI收录8篇。参与撰写专著1本、教材2本。获省级科学技术进步奖一等奖1项、中国专利奖1项。

▶ **张剑铭** 华南理工大学与佐治亚理工学院联合培养博士研究生。主要研究方向为智慧制造、3D打印、智能优化算法。先后参与国家自然科学基金项目、广东省自然科学基金项目等。发表SCI/EI学术论文10篇,参与撰写专著1本。获得软件著作权1项、实用新型专利1项。

 # 总序

近年来,"智能制造＋共融机器人"特别引人瞩目,呈现出"万物感知、万物互联、万物智能"的时代特征。智能制造与共融机器人产业将成为优先发展的战略性新兴产业,也是中国制造 2049 创新驱动发展的巨大引擎。值得注意的是,智能汽车与无人机、水下机器人等一起所形成的规模宏大的共融机器人产业,将是今后 30 年各国争夺的战略高地,并将对世界经济发展、社会进步、战争形态产生重大影响。与之相关的制造科学和机器人学属于综合性学科,是联系和涵盖物质科学、信息科学、生命科学的大科学。与其他工程科学、技术科学一样,制造科学和机器人学也是将认识世界和改造世界融合为一体的大科学。20世纪中叶,*Cybernetics* 与 *Engineering Cybernetics* 等专著的发表开创了工程科学的新纪元。21 世纪以来,制造科学、机器人学和人工智能等领域异常活跃,影响深远,是"智能制造＋共融机器人"原始创新的源泉。

华中科技大学出版社紧跟时代潮流,瞄准智能制造和机器人的科技前沿,组织策划了本套"智能制造与机器人理论及技术研究丛书"。丛书涉及的内容十分广泛。热烈欢迎专家、教授从不同的视野、不同的角度、不同的领域著书立说。选题要点包括但不限于:智能制造的各个环节,如研究、开发、设计、加工、成形和装配等;智能制造的各个学科领域,如智能控制、智能感知、智能装备、智能系统、智能物流和智能自动化等;各类机器人,如工业机器人、服务机器人、极端机器人、海陆空机器人、仿生/类生/拟人机器人、软体机器人和微纳机器人等的发展和应用;与机器人学有关的机构学与力学、机动性与操作性、运动规划与运动控制、智能驾驶与智能网联、人机交互与人机共融等;人工智能、认知科学、大数据、云制造、物联网和互联网等。

本套丛书将成为有关领域专家、学者学术交流与合作的平台,青年科学家茁壮成长的园地,科学家展示研究成果的国际舞台。华中科技大学出版社将与

施普林格(Springer)出版集团等国际学术出版机构一起,针对本套丛书进行全球联合出版发行,同时该社也与有关国际学术会议、国际学术期刊建立了密切联系,为提升本套丛书的学术水平和实用价值,扩大丛书的国际影响营造了良好的学术生态环境。

近年来,各界人士、高校师生、各领域专家和科技工作者对智能制造和机器人的热情与日俱增。这套丛书将成为有关领域专家、学者、高校师生与工程技术人员之间的纽带,增强作者、编者与读者之间的联系,加快发现知识、传授知识、增长知识和更新知识的进程,为经济建设、社会进步、科技发展做出贡献。

最后,衷心感谢为本套丛书做出贡献的作者、编者和读者,感谢他们为创新驱动发展增添正能量、聚集正能量、发挥正能量。感谢华中科技大学出版社相关人员在组织、策划过程中的辛勤劳动。

华中科技大学教授

中国科学院院士

2017 年 9 月

 # 前言

　　制造业是工业的基石,是国民经济的支柱产业。作为制造业大国的中国,当前面临制造业劳动力成本上升和环境污染等诸多挑战,为了实现从制造业大国向制造业强国的转变,顺应"互联网十"的发展趋势,以及满足产业转型升级的需求,正在部署推进实施"中国制造2025"。智能制造是其中的主攻方向。在制造业中如何认识、把握和推进"互联网十"是值得我们深入思考和研究的课题。与传统的网络化制造有很大的不同,新一代的"互联网十制造"更加强调通过以物联网、务联网、大数据为代表的新一代信息技术与制造业、生产性服务业等行业的融合创新,为产业智能化提供支撑,进而形成诸如制造物联网、智慧制造等新一代的智能制造模式。

　　本书对制造技术与物联网融合所形成的国内称之为"制造物联网"(简称"制造物联"),国外称之为 smart manufacturing(SM)的新一代智能制造模式,进行了深入探讨。SM 被认为是新一轮工业革命——工业 4.0 的主导生产模式,其关键基础技术是物联网、务联网和信息物理系统。

　　物联网是引起工业 4.0 的关键因素之一,在新一代的智能制造中起关键支撑作用。德国工业 4.0 和我国的"两化"深度融合的核心思想是要充分利用新一代信息技术改造传统产业,进而实现制造业的智能化转型升级。而制造物联网技术正是实现这种转型升级的关键所在。

　　制造物联网虽然可以简单看作制造技术与物联网的融合,但它本身包含丰富而广泛的内涵,旨在通过泛在的实时感知、全面的互联互通和智能信息处理,实现产品/服务全生命周期的优化管理与控制,以及工艺和产品的创新。同时,

制造物联网是一个动态和不断发展的概念,特别是伴随着物联网及信息物理系统的广泛应用而出现的制造大数据,需要大数据分析和云计算等技术支持,因此,制造物联网包含了制造技术与物联网、务联网、信息物理系统、大数据等有机融合的技术。

本书是作者在所从事的相关科研和教学工作的基础上,总结所承担的国家自然科学基金项目(51175187,51675186)、广东省科技计划项目(2016A020228005,2016B090918035)和中央高校基本科研业务费专项资金资助项目(D2181830)所取得的成果以及国内外其他相关研究的成果编写而成的,取材新颖,注重相关领域最新发展动态。其中,姚锡凡对本书内容进行构思,并撰写第 1 章和第 3 章,张存吉和张剑铭撰写其他各章。在本书的撰写过程中参考或引用了项目课题组金鸿、李永湘、周佳军等博士研究生及李作海、徐川、杨屹、于淼、许湘敏、易安斌等硕士研究生的成果,同时参考或引用了其他相关著作和论文,在此对这些著作和论文的作者深表感谢。特别感谢两位评审专家——西北工业大学孙树栋教授和武汉理工大学李文峰教授,他们对本书修改提出了宝贵意见。与此同时,感谢华中科技大学出版社的大力支持和帮助,特别是俞道凯先生和罗雪女士,为本书的出版付出了辛勤的劳动。此外,感谢廉江市经济社会发展研究会(廉江智库)的支持。

制造物联网是一门迅速发展的交叉学科,其应用还处于开拓和不断完善之中,加上作者才疏学浅,本书难免有疏漏与不妥之处,盼请广大读者不吝批评指正。

作　者

2018 年 6 月

目录

第 1 章
绪论

物联网、务联网、信息物理系统等新一代信息技术的出现和发展,推动着以绿色、智能和可持续发展为特征的新一轮产业革命的来临,一种新型的智能制造模式——制造物联网(internet of manufacturing things,IoMT)应运而生[1]。制造物联网技术可以简单看作制造技术与物联网技术的融合,也可以看作工业互联网在制造业中应用与延伸的结果,但它本身包含丰富而广泛的内涵。本章阐明制造物联网(简称制造物联)的出现背景、内涵、技术要素及未来发展趋势。

1.1 制造物联网与新工业革命

制造物联网作为一种新兴智能制造技术,与新一轮工业革命密切相关[2],二者相辅相成。一方面,制造物联网技术的普及应用,引起并推动新一轮工业革命向前发展;另一方面,新一轮工业革命反过来促进制造物联网技术的发展。

以制造业为核心的实体经济是保持国家竞争力和经济健康发展的基础。作为全球经济竞争力基础的制造业,受到各国的高度重视。新一代信息技术对制造业发展的影响日渐深化,制造业与服务业也在不断加快融合,大数据、物联网、工业互联网等新兴技术正在不断推动制造业的变革与运营,制造业领域正在形成新的生产方式、产业形态、管理逻辑、商业模式和经济增长点,并进一步影响着人类生产、生活模式的变革。

1.1.1 新工业革命与新型制造模式

工业革命不仅会影响到生产方式(尤其是制造业),而且会影响到人们的生活方式。尽管不同学者对新工业革命有不同的理解,同时对历史上究竟发生了多少次工业革命也众说纷纭[3],但这都不妨碍新工业革命成为各国讨论和关注的热点。学者虽然普遍认可工业革命(第一次)起源于 18 世纪的蒸汽机技术,也普遍认可正在或即将发生新一轮的工业革命,但对历史上发生了多少次工业革命,以及将发生什么样的工业革命却有不同看法。

图 1-1 归纳了几种典型的工业革命演化进程,从发生次数来看,有最低的 2 次到最高的 5 次之分。Brynjolfsson 和 McAfee[4]认为,目前进行的新工业革命只不过是第二次工业革命——以增强人类思维能力为特征,暂且称为智力革命,与第一次工业革命(体力革命)致力于克服肌肉力量的限制问题形成鲜明对照。而认为新工业革命属于第三次工业革命的学者最多。其中:美国通用电气公司(GE)[5]提出的新工业革命(第三次)简洁明了,即"工业互联网=工业革命+互联网革命";美国的 Anderson[6]认为新材料和 3D 打印技术等数字化制造、创客运动和个性化定制将引起新工业革命,此前分别发生了以蒸汽机发明为代表的机械化生产的第一次工业革命,以及以"福特制"为代表的流水线大规模生产的第二次工业革命;英国的 Rifkin[7]认为通信技术和能源结合是引起工业革命的主要动力,而新工业革命是由互联网和可再生能源结合引起的,此前已发生的第一次和第二次工业革命分别是由印刷术与煤炭蒸汽机的结合、电信与燃油内燃机的结合引起的。德国则将新工业革命称为工业 4.0[8],即基于信息物理系统(cyber-physical systems,CPS)的第四次工业革命,而前三次分别是工业1.0 的蒸汽机械化、工业 2.0 的电气化和工业 3.0 的自动化。英国的 Marsh[9]认为历史上已发生了 4 次工业革命,分别是少量定制、少量标准化生产、大批量标准化生产和大规模定制,目前新工业革命为第五次,是个性化定制阶段。

这些研究从不同研究视角揭示了新一轮工业革命即将来临,也描绘了未来制造业的走向。其实,任何一项单一的技术都不足以引发新一轮的工业革命,判断新工业革命的依据主要是,是否有新科技群效应,以及是否带来人类生产方式和生活方式的重大变革。因此,新工业革命是源于新能源技术、人工智能、数字制造、工业机器人、信息技术等先进技术综合系统协同创新及突破性的发展,融合信息、计算机、数字化、互联网技术创新变革,导致工业生产方式与制造模式的巨大变化,以及交易方式与人类生活方式的重大变化的一次工业革命。传统的、集中式的生产经营方式将逐渐被新工业革命下分散的、扁平的生产经营方式取代,数字化、智能化、网络化、定制化、个性化、分散化和社会化是新工业革命的主要特征。其中:数字化是新工业革命的基础;智能化是工业(制造业)转型升级追求的目标;网络化是实现新工业革命的技术手段;定制化、个性化、分散化和社会化是转型升级的结果。实现新工业革命的关键在于物联网、务联网(云计算)、大数据、信息物理系统等新一代信息技术的合理应用。

其实,在 2008 年国际金融危机爆发之时,新工业革命正式提出之前,美国、

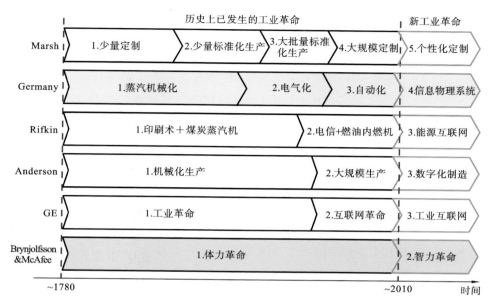

图 1-1　几种典型的工业革命演化进程

英国、日本等发达工业国家,提出了"再工业化战略",试图实现从"产业空心化"到"再工业化"的回归。再工业化战略并不是要恢复传统制造业的生产能力,而是要通过加快突破和应用先进制造技术抢占新一轮科技和产业竞争的制高点,占领产业链的高端位置。先进制造技术的概念最初由美国提出,以支持新兴产业发展,其他国家也有类似的计划,例如日本的科技工业联盟、英国的工业 2050 战略。正是互联网、物联网、云计算、智能机器人、3D 打印、模拟技术、新材料等经过产业化运用以后更加成熟,为新工业革命的诞生打下了基础。其实,美国总统科学与技术顾问委员会在 2007 年的八大关键技术中,把信息物理系统列在首位,这也成为后来德国提出的工业 4.0 的核心部分。

在发达工业化国家中,德国的实体经济实力雄厚,受到的金融危机影响比其他发达国家的要小得多。因此,德国首先提出工业 4.0 并不是偶然的。它一方面反映了制造业在德国经济中的重要地位,另一方面反映了作为制造业强国的德国对工业发展战略的关切,同时也反映了当代工业发展、升级的方向。德国试图通过工业 4.0 战略的实施,成为新一代工业生产技术(即信息物理系统)的主导市场供应国,在继续保持其制造业发展的前提下再次提升自身的全球竞争力。

制造业是工业的基石,是国民经济的支柱产业。毫无疑问,先进制造技术将在新工业革命中发挥重要作用。从生产流程来看,先进制造技术与传统制造技术对制造过程的影响如图 1-2[2]所示。传统制造是利用制造资源将原材料转换为产品的过程,主要包括产品的加工和装配两大内容,是将设计转化为产品的一种手段。制造商从库存中取出原材料,制造成品所需的零件,或者向供应商购买零件,进行零件质量检验,确保其符合精度及其他质量要求,再将零件组装成产品并检验。制造过程中输入的是原材料、能量、信息、人力资源等,输出的是符合要求的产品,而设计、制造与销售各部分之间信息的传递与反馈不畅,各部门按功能分解任务,容易导致只考虑本部门的利益,而对系统的优化考虑较少,造成设计与制造部门间难以协调,矛盾突出。而先进制造主要从材料设计、制造流程改进、产品与服务融合的集成解决方案和循环利用四个方面拓展传统制造的内容。首先是材料设计。新型材料的成形及加工技术愈发重要,对材料分子层或原子层的定向改造极大地提高了产品性能,超硬材料、功能梯度复合材料的某些新的成形及加工技术将不断涌现,如超导材料成形加工等。其次是制造流程改进。传统制造是面向批处理,时间上和空间上分离的分布式加工技术;先进制造超效能加工和自动化技术能够促使连续流制造,减少零件的库存。再次是产品与服务的融合。先进制造强调涵盖从产品研发直至客户应用的全过程,提供集产品、软件和服务于一体的集成解决方案,提供端到端的服务。知识资本、人力资本和技术资本的高度聚合,使得制造活动摆脱了传统制造的低技术含量、低附加价值的模式。通过产品设计、管理咨询等活动,技术和知识在生产过程中被实际运用,技术进一步转化为生产能力和竞争力,为企业

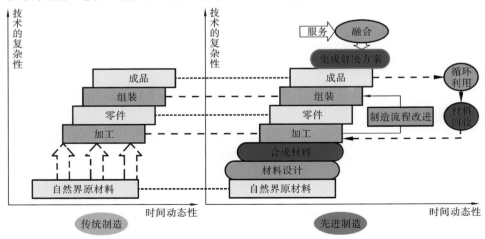

图 1-2 先进制造与传统制造对比

生产出更高附加价值的产品。最后是循环利用。先进制造注重材料回收利用，不仅对环境友好，而且节约原材料成本。传统的产品制造系统是一个开环系统，即原料→工业生产→产品使用→报废→弃入环境，是以大量消耗资源和破坏环境为代价的制造方式。而先进制造的循环生产系统是一个闭环系统，在整个生命周期内考虑生态环境和资源效率，从单纯的产品功能设计扩展到生命周期设计，强调所有资源应该实现在经济体系内的循环利用。

先进制造技术是制造业产生变革的根本力量。新一代信息技术（云计算、大数据、物联网、云平台等）、新能源（再生能源、清洁能源等）技术、新材料（复合材料、纳米材料等）技术等将为新工业革命创造强大的新基础设施；分散式制造（网络化制造、制造物联网、云制造、智能制造）、众包生产、集群效应、利基思维等使生产方式产生变革，将推动整个工业生产体系，使其提升到一个新的水平，工业生产、经济体系和社会结构将从垂直转向扁平，从集中转向分散。以智能制造为代表的新一代先进制造模式，必将导致商业模式、管理模式、服务模式、企业组织结构及人才资源需求的巨大变化，从而将给工业领域、生产价值链、业务模式乃至生活方式带来根本性变革，进而推进和实现新工业革命。

其实，我国十分重视先进制造技术发展，专门成立了制造业信息化科技工程部门。在国家"十二五"制造业信息化科技工程规划中，已明确提出大力发展新一代集成协同技术、制造服务技术和制造物联网技术，推进互联网、云计算、物联网等新一代信息技术与制造技术相融合。

上述新工业革命愿景或先进制造技术的本质，就是要实现物联化、互联化以及智能化的理念，而物联网在其中起到关键支撑作用。海量感知信息的计算与处理是物联网的核心支撑，服务和应用则是物联网的最终价值体现。

1.1.2 制造物联网与工业 4.0

工业 4.0 是德国政府提出的高科技战略计划，它描绘了制造业的未来愿景，提出继蒸汽机的应用、规模化生产和电子信息技术三次工业革命后，人类将迎来以信息物理系统为基础，以生产高度数字化、网络化、机器自组织为标志的第四次工业革命，如图 1-3[10] 所示。

工业 4.0 概念在欧洲乃至全球工业业务领域都得到了极大的关注和认同，旨在提升制造业的智能化水平，建立具有适应性、资源效率及人因工程学的智慧工厂[11]，在商业流程及价值流程中整合客户及商业伙伴。其技术基础是信息物理系统，也就是综合利用以往工业革命创造的物理系统——硬件的生产线装备，以及信息革命带来的日益完备的网络信息空间（系统），实现虚拟的信息系

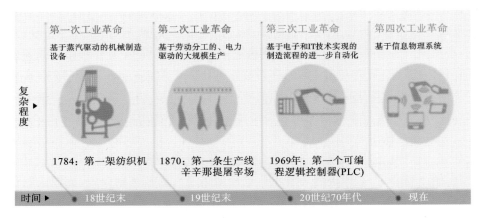

图 1-3 工业 4.0

统与实体的物理系统的融合,使传统生产体系和产品得以智能化。它包括三大主题:一是"智能工厂",重点研究智能化生产系统及过程,以及网络化分布式生产设施的实现;二是"智能生产",主要涉及整个企业的生产物流管理、人机互动以及 3D 打印技术在工业生产过程中的应用等;三是"智能物流",主要通过互联网、物联网、物流网,整合物流资源,充分发挥现有物流资源供应方的效率,而使需求方快速获得服务匹配,得到物流支持。

　　工业 4.0 是以智能制造为主导的第四次工业革命,包含了由集中式控制向分散式增强型控制的基本模式转变,目标是建立高度灵活的个性化和数字化的产品与服务的生产模式。要实现这种制造智能化转变,需要有效的工具和手段将工厂、产品和智能服务连接起来,而物联网在其中扮演着至关重要的角色。

　　物联网(internet of things,IoT)概念于 1999 年由麻省理工学院自动标识中心(MIT Auto-ID Center)提出,旨在把所有物品通过射频识别(radio frequency identification,RFID)标签等信息传感设备与互联网连接,实现物品的智能化识别和管理。随着技术和应用的不断发展,物联网的内涵也在不断地拓展,已不局限于 RFID 标签,而是泛指通过 RFID 标签、红外感应器、全球定位系统、激光扫描器等信息传感设备,按约定的协议,把任何物品与互联网相连接,进行信息交换和通信,以实现对物品的智能化识别、定位、跟踪、监控和管理的一种网络[12]。

　　物联网被预言为继互联网之后全球信息产业的又一次科技与经济浪潮,受到各国政府、企业和学术界的重视,美国、欧盟国家、日本等甚至将其纳入国家和区域信息化战略。自从 IBM 于 2008 年提出"智慧地球(smarter planet)"[13]

概念以来,物联网技术、云计算技术、移动宽带及大数据等新一代信息技术先后快速进入信息化建设领域中。在新一代信息技术的作用下,信息化建设架构、业务系统建设方式、基础设施建设等都发生了重大变化,极大地拓展了信息化的作用范围。美国将 IBM 提出的"智慧地球"上升为国家战略之后,又于 2011年通过智能制造领导联盟(smart manufacturing leadership coalition,SMLC)发表题为"Implementing 21st Century Smart Manufacturing"(实现 21 世纪智能制造)的报告[14],制定了 smart manufacturing(SM,译为智能制造或智慧制造)的发展蓝图和行动方案;欧盟国家,特别是制造业强国德国,提出"smart factory"(SF,译为智能工厂)[15]概念,旨在利用物联网技术和设备监控技术加强信息管理和服务,掌握产销流程,提高生产过程的可控性,减少生产线上人工的干预,即时、正确地采集生产线数据,以及合理编排生产计划与生产进度,并利用智能技术构建一个高效节能、绿色环保、环境舒适的人性化工厂。

尽管我国提出的制造物联网与国外的智能制造或智慧制造称谓有所不同,但二者都致力于制造技术与物联网技术的融合。本质上,国内的制造物联网与国外的"SM"是一致的,是同一制造理念的不同表达,"中式"的制造物联网即"西式"的"SM",都是物联网增强的智能制造,可简称为"物联智造"。在我国,采用"制造物联网"称谓可以避免与已有的人工智能制造(intelligent manufacturing,IM)、智能制造、智慧制造(wisdom manufacturing,WM)等称呼相混淆。

当前,我国经济已步入"新常态",从高速增长转为中高速增长,产业结构转型升级已经到了紧要关头,劳动密集型发展思路已经面临严峻挑战。低端制造业向低成本国家转移,而发达国家再工业化以及新工业革命对我国产业发展与出口构成严峻挑战,高端制造业向发达国家回流,我国制造业受到来自高端和低端的双重挤压。为此,我国借鉴了德国工业 4.0 概念,先后发布了《关于积极推进"互联网+"行动的指导意见》和《中国制造 2025》[16]等一系列顶层设计文件,以推动我国制造业的转型升级。

本质上,德国工业 4.0 与我国的"信息化与工业化深度融合"一脉相通,核心思想是要充分应用信息技术改造传统产业,实现转型升级。"中国制造 2025"和德国工业 4.0 都是在新一轮产业变革背景下针对制造业发展提出的重要战略举措,都将智能制造作为制造业的主攻方向。

工业 4.0 最初是由物联网和务联网(internet of services,IoS)在制造业的应用而引起的,随后信息物理系统和智能工厂也成为工业 4.0 的组成部分[17],如图 1-4 所示。

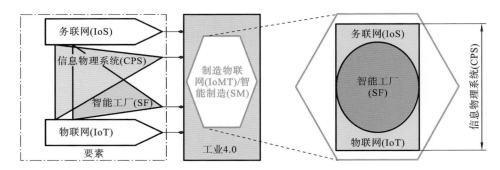

图 1-4　工业 4.0 与制造物联网之间的关系

在工业 4.0 概念提出之前,德国于 2005 年 6 月就启动了 Smart Factory[KL]项目[18]。智能工厂外延比智能制造的窄,多限于一个车间/工厂/企业内,而智能制造进一步涉及供需链上的企业和产品。但是,智能工厂概念提出得比智能制造早。从图 1-4 可知,智能工厂是工业 4.0 的重要组成部分,也是外延更广的制造物联网/智能制造的一个组成部分;信息物理系统可看作一种由物联网和务联网融合而成的系统,而制造物联网或智能制造是一种基于信息物理系统的制造模式。

在实际应用中,虽然物联网与信息物理系统提出的背景和着重点有所不同,如信息物理系统更强调循环反馈,要求系统能够在感知物理世界之后通过通信与计算再对物理世界起到反馈控制作用,但二者具有类似的能力和应用体系构架——感知层、网络层和应用层的构架,并且都致力于信息系统与物理系统的融合,因此往往将物联网与信息物理系统看作同义词来使用。

1.1.3　制造物联网与工业互联网

将物联网等新一代信息技术引入制造业的国家并不止德国一个。尽管提法不同,但内容类似,如美国的"先进制造业国家战略计划"、日本的"科技工业联盟"、英国的"工业 2050 战略"等,尤其是美国通用电气公司于 2012 年提出的工业互联网(industrial internet)概念(见图 1-5)[20]。

工业互联网的本质也是物联网在工业领域的应用,并与前述的制造物联网密切相关。制造业作为国民经济的物质基础和工业化的产业主体,是社会进步与富民强国之本,也是一个国家综合竞争力的重要标志。因此,制造物联网终将成为工业互联网的主体。换个角度来说,制造物联网是工业互联网在制造业中应用和延伸的结果。

工业互联网整合了工业革命与互联网革命二者的优势,即将工业革命成果

图 1-5　工业互联网

及其带来的机器、机组和物理网络与近年来发展迅速的互联网革命及其成果——智能设备、智能网络和智能决策融合到一起[19]。工业互联网主要包含三种关键元素：智能机器、高级分析、工作人员。这三种元素逐渐融合，充分体现出工业互联网之精髓[20, 21]。

智能机器：以崭新的方法将现实世界中的机器、设备、团队和网络通过先进的传感器、控制器和软件应用程序连接起来。

高级分析：使用基于物理的分析法、预测算法、自动化和材料科学，电气工程及其他关键学科的深厚专业知识来理解机器与大型系统的运作方式。

工作人员：建立员工之间的实时连接，连接各种工作场所的人员，以支持更为智能的设计、操作、维护以及高质量的服务与安全保障。

将这些元素融合起来，将为企业与经济体提供新的机遇。例如，传统的统计方法采用历史数据收集技术，通常将数据、分析和决策分隔开来。伴随着先进系统监控的出现和信息技术成本的下降，实时数据处理的规模得以大大提升，高频率的实时数据为系统操作提供全新视野。机器分析则为分析流程开辟新维度，各种物理方式的结合，以及行业特定领域的专业知识、信息流的自动化与预测能力相互结合，可与现有的整套"大数据"工具联手合作。最终，工业互联网将涵盖传统方式与新的混合方式，通过先进的特定行业分析，充分利用历史与实时数据。因此,工业互联网将能有效改善工业系统各层面的运转表现,提高资产可靠性,提升机组以及工业网络的运行效率,从而为商业和全球经济带来巨大的效益。

1.2　制造物联网的内涵与特点

制造物联网还处于起步阶段,目前对其还没有统一的定义。一种更普遍的观点认为,制造物联网是将射频识别标签、传感器等与制造技术相融合,实现对产品制造、服务过程及全生命周期中制造资源与信息资源的动态感知、智能处理与优化控制的一种新型制造技术。智能制造领导联盟认为,从智能制造角度来看,智能制造是高级智能系统的深入应用,即从原材料采购到成品市场交易等各个环节的广泛应用,为跨企业(公司)和整个供应链的产品、运作和业务系统创建一个知识丰富的环境,从而实现新产品的快速制造、产品需求的动态响应以及生产制造和供应链网络的实时优化[14]。

由此可见,制造物联网不仅能实现产品及服务的智能化,还能推进企业业务流程和制造过程的智能化。它一方面通过物联网和互联网采集客户使用产品及服务的数据,经过处理和分析后,持续不断地形成对客户需求的新洞察,进而推动产品研发业务流程的智能化;另一方面通过物联网采集工业制造过程的监控数据,经过处理,并结合制造过程物理模型建模分析,实时、动态调节制造过程计划、物料供给以及设备状态控制参数,以支持制造过程的智能化,从而使得企业生产及服务过程的协同从原来企业内部各部门之间传统供应链的协同,转向以物联网、互联网大数据为支撑,企业全过程、全方位及社会化的协作与优化。

对于处在不断发展之中的制造物联网,其相关研究成果散落在各种文献之中,还缺少相关专著加以总结成书。本书旨在为读者提供一个全面认识和理解制造物联网技术的读物。虽然我们可以将制造物联网简单看作制造工程与物联网技术的有机融合,但它本身包含丰富而广泛的内涵。它通过泛在的实时感知、全面的互联互通和智能信息处理,实现产品/服务全生命周期的优化管理与控制,以及工艺和产品的创新,具有如下的特征[1]。

(1)泛在感知/情景感知:通过普适计算技术和工具随时随地对物体进行信息采集和获取。

(2)全面的互联互通:通过物联网、互联网和电信网等实现物-物相联。

(3)智能的行动和反应:通过规划、状态监测、响应和学习,对计划和非计划的情形做出判断,采取适当的行动,最大限度地提高性能、成本效率和利润。

(4)实时性:通过物联网的动态感知和信息处理来实现实时响应。

(5)敏捷性:快速响应用户的需求。

(6)协同性:通过全面的互联互通实现企业内部和企业间的业务协同化。

(7)自主性:可采集与理解外界及自身的信息,并以之分析判断及规划自身行为,是一种信息物理系统。

(8)自组织性:依据工作任务,自行组织成最佳系统结构。

(9)绿色化:对生产过程进行全程实时监测和优化管理,在最大限度地减少能源和材料使用的同时,使环境更加健康、安全和经济竞争力最大化。

(10)产业边界模糊化:制造业和服务业深度融合。

(11)生产/决策分布化:根据现有数据、信息、知识、模型等,在正确的时间和地点做出正确的决策或动作响应。

(12)人及其知识集成:通过物联网实现人-物互动,训练有素的人力资源可以改善系统的性能。

(13)安全与预测:全面感知和信息的融合,使得生产更加安全,并可利用历史的数据、信息、知识、模型等进行预测。

1.3 制造物联网的关键技术

制造物联网的研究内容极其宽广,不仅仅是物联网在制造中的简单应用。如前所述,它具有深刻的内涵和鲜明的特征,以致引起一场新的工业革命。实现制造物联网/智能制造是一项长远目标,为此智能制造领导联盟确定了十大优先行动目标,并提出以下需要优先发展的四个领域。

(1)智能制造的建模和仿真平台。智能制造的仿真平台是制造物联网系统中最关键的技术,是连接制造物联网所有要素的中枢。想要在仿真平台上完成实时数据交互、信息处理、用户交流、应用插件的开发和使用等功能,需依赖仿真平台的开源性、智能性、实时性、与物理世界紧密连接等优于传统制造交流平台的性质。现阶段亟需建立的是关于仿真平台的各种标准,包括数据传输标准、应用开发标准等。

(2)经济实惠的工业数据采集和管理系统。制造物联网是连接物理世界与虚拟世界的纽带,而联系的基础就是由传感器网络所采集的大量数据,这些数据经过有效的采集、解读和传输,变成有用的信息呈现在虚拟世界里。现有技术虽然已经可以大规模采集信息,并进行分析和存储交流,但制造物联网仿真平台主要面向的中小企业,并没有能力承担如此大的基础设施建设开销,因此开发经济实惠的工业数据采集和管理系统是迫切的需求,甚至关系到制造物联网实现的进程。

（3）企业级集成。业务系统、生产商和供应商集成在一起,大力发展供应链生产模式,吸引供应链上的核心企业加入智能制造仿真平台,进而吸引上下游众多企业加入到仿真平台中,形成有规模的业务联系,制造物联网系统以企业为单位向集成在上面的各个对象提供不同服务。制造物联网的优化是一种规模化的优化,它所发挥的作用与规模正相关,只有在足够多的企业集成在这一仿真平台上的时候,仿真平台才是有意义的。

（4）智能制造设计、运行和维护所需的教育和工作技能培训。由于仿真平台和应用的智能,制造物联网系统实际上已经降低了对操作者和日常维护者的要求,但仿真平台的建设和智能应用的开发,则需要更多有更高水平的技术人员,并且为了保证所提供的服务与时俱进,更要对技术人员进行更高级的培训。

制造物联网的关键技术包括[1]以下八个方面。

（1）网络化传感器技术。利用传感器网络采集到的大量数据可以实现信息交流、自动控制、模型预测、系统优化和安全管理等功能。但要实现以上功能,必须有足够规模的传感器。因此,智能制造广泛使用 RFID 技术和传感器,以便获得大量有意义的数据,为进一步的数据传输、交换分析和智能应用做好铺垫。

（2）数据互操作。合作的企业在利用这一网络系统的时候,可以对电子产品、过程、项目的数据进行无缝交换,进行设计、制造、维护和商业系统管理。只要将物理世界的物品通过识别或传感器网络输入到虚拟世界,就已经完成了物品的虚拟化,然而单纯的物品虚拟化是没有意义的,只有通过现有网络设备连接实现虚拟物品信息的传递共享,才能达到制造物联网的目的。智能制造仿真平台的数据互操作是依托互联网进行的,因此保持网络通信的顺畅,采取通用的网络传输协议,应用开源的系统平台等都可以促进智能制造仿真平台上数据互操作的顺利进行。

（3）多尺度动态建模与仿真。多尺度建模使业务计划与实际操作完美地结合在一起,也使得企业间合作和针对公司与供应链的大规模优化成为可能。多尺度动态建模与仿真相比于传统的产品建模具有许多优点,它更加接近实际产品,因此在前期开发过程中节省了大量的人力、物力和财力,也促进了企业间合作,大规模提高了设计效率。动态建模的过程依赖于流畅的数据互操作,基于智能制造仿真平台的动态建模仿真可以由多个开发者合作完成,而开发者之间的信息交互是否通畅也决定了合作开发能否顺利进行。

(4)数据挖掘与知识管理。现有数字化企业中,普遍存在"数据爆炸但知识贫乏"的现象,而以物联网普适感知为重要特征的智能制造,将产生大量的数据,这种现象会更加突出。如何从这些海量的数据中提取有价值的知识并加以运用,就成为智能制造的关键问题之一,也是实现智能制造的技术基础。

(5)智能自动化。智能制造应具有高度的智能化和学习能力,在一般状况下结合已有知识和情景感知可以自行做出判断决策,进行智能控制,这对于面向服务和事件驱动的服务架构是很重要的。对资源的分析,服务流程的制定,生产过程的实时控制,不可能由人工来完成,也很难由人工全程监控,需要依赖可靠的决策和生产管理系统,通过自身的学习功能和技术人员的改进等,为仿真平台上的各个对象提供更快、更准确的服务。因此发展智能自动化,对于仿真平台的发展、生产过程的改进,甚至整个供应链的顺利运行,都是非常必要的。智能应用是智能制造最为关键的技术,可以说达不到智能应用层面的智能制造并不是完整的智能制造,智能自动化是智能制造高级阶段的必要选项。信息物理系统是实现智能自动化的关键技术。

(6)可伸缩的多层次信息安全系统。智能制造是以现代的互联网为基础的,互联网的信息安全问题始终是人们关注的对象,那么智能制造系统中如此巨大的信息量,其中包括大量的企业商业机密甚至涉及国家安全,如果泄露,后果不堪设想。但由于信息量巨大和信息种类繁多,并不是所有的信息都需要特别保护,根据不同信息来制定不同的信息安全计划,是智能制造应该解决的关键问题之一。

(7)物联网的复杂事件处理。物联网中传感器产生大量的数据流事件,需要进行复杂事件处理(complex event processing,CEP)。物联网的复杂事件处理功能,是将数据转化为信息的重要途径,它可对传感器网络采集到的大量数据进行处理分析,从而得到能反映出一定问题的一系列数据,进而提炼出有意义的复杂事件,同时去掉大部分的无用数据,为数据互操作、动态建模和流程制定等后续操作节省数据存储空间,提高存储和传输效率。

(8)事件驱动的面向智能制造服务架构。在智能制造中,事件和服务是同时存在的,面向服务与事件驱动是智能制造的重要需求,智能制造体系结构必须满足这样的需求。仿真平台作为制造物联网系统的中枢,主要任务就是收集和处理相关信息,这些信息既包括来自服务提供方的可用设备信息,也包括来自服务需求方的服务要求和流程要求,而经过处理分析提炼的每一条有效信息都作为一个事件进入仿真平台,这就要求智能制造体系是面向服务与事件驱动的。

1.4　制造物联网的关键信息技术

Chand 和 Davis 在《时代周刊》发表题为"What is smart manufacturing"的论文[22],将智能制造目标分为三个阶段:第一个阶段是工厂和企业范围的集成,将不同车间、工厂和企业的数据加以整合,实现数据共享,以更好地协调生产的各个环节和提高企业整体效率;第二个阶段是通过计算机模拟和建模对数据加以处理,生成"制造智能",使柔性制造、生产优化和更快的产品定制得以实现;第三个阶段是由不断增长的制造智能激发工艺和产品的创新,引起市场变革,改变现有的商业模式和消费者购物行为。

由于物联网源于 RFID 技术,早期应用研究大多数也集中于 RFID 技术及其应用。就技术应用而言,以 RFID 技术作为主要技术的物联网应用相对成熟,特别是在商品供应链或物流的某些环节的应用;在制造业,利用 RFID 技术可实现生产过程中工人、工序、工件、工时的实时、精确统计和计算,从而达到实时控制生产过程,便于质量管理和追溯的目的。现有的大多数物联网应用还属于智能制造第一个阶段的目标。当物联网应用具有同时感知、互联、信息处理、辅助决策等功能,以及具有网络化、智能化、能够感知和控制物理实体的特点时,也就达到了智能制造第二个阶段的目标。制造物联网/智能制造的最终目标在于实现更深层次的应用——第三个阶段的目标:工艺和产品的创新以及市场变革。

随着物联网时代的到来,以及社交网络、电子商务、信息物理系统、移动终端等的发展,数据量,尤其是半结构化、非结构化数据将爆发增长。据著名咨询公司 IDC 发布的研究报告,2011 年网络大数据总量为 1.8 ZB,预计到 2020 年,总量将达到 35 ZB,大数据时代正在来临[23]。对于制造业而言,数据积累和数据的广度还不够,数据应用大多针对在传统企业内的结构化数据。有效整合大数据,包括微博、论坛、网站等数据源的数据,分析挖掘这些数据蕴藏着的潜在价值,有助于快速预测市场趋势和客户个性化需求,细分客户,提供量身定制的服务,及时了解整个供应链的供需变化等。此外制造系统包含了大量的物料、人员、生产设备状态及加工过程等数据,研究这些数据的动态演变过程,搜索、比较、聚类、分析、处理与融合制造过程数据,有助于支持制造过程的优化决策,优化生产流程和改进产品质量,有效提升制造企业的经营管理效率和市场竞争力。大数据通常是指无法在一定时间内用常规机器和软硬件工具对其进行感知、获取、管理、处理和服务的数据集合,具有大量、高速、多样、价值大等特点[24]。因此,大数据分析通常和云计算联系在一起。制造业正在迈入大数据时代[25],其数据量巨大、数据类型繁多、查询分析复杂,超越了现有企业 IT 架构和基础设施的承载能力,因此需要依托云计算的分布式架构、分布式处理、分布式数据库和云存储、虚拟化技术等。而从更广泛的意义上来说,云计算就是务联网的组成部分。如图 1-4 右侧所示,制造物联网又是一种基于信息物理系统的生产系统,因此,制造物联网的关键信息技术包括:

- 物联网技术;
- 务联网(云计算)技术;
- 大数据技术;
- 信息物理系统。

这些关键信息技术将在第 2 章详细介绍。

1.5 制造物联网与其他新兴智能制造模式对比

随着工业互联网、传感器网络、射频识别技术和微电子机械系统等技术的发展和成熟,人们对制造技术的理解过程从对制造设备和制造过程的"认识不足"发展到多维(三维空间加上时间)透彻的泛在感知,新一代信息技术(物联网、普适计算、云计算、大数据、信息物理系统等)和社会化媒体的发展将会成为未来"无处不在的泛在感知社会化制造"的核心驱动力。新一代信息技术驱动的制造业信息化将大大提高制造效率与产品/服务质量,重构企业组织、业务流程和企业经营模式,降低产品成本和资源消耗,为用户提供更透明、更个性化的服务,并将最终向基于人机物协同和透彻感知的智慧制造方向发展。

新一代信息技术极大地推动了新兴智能制造模式的发展,其中具有代表性的有:以社会化媒体 Web2.0 和 3D 打印为支撑的社会化制造,以云计算为使能技术的云制造,以物联网为支撑的制造物联网,以普适计算为基础的普适制造(具体表现为以泛在计算为基础的泛在制造),以信息物理系统为核心的工业 4.0 下的智能制造,以大数据为驱动力的主动制造(proactive manufacturing)等。

基于新一代信息技术的新兴智能制造模式对比如表 1-1 所示[26]。

表 1-1　新兴智能制造模式对比

制造模式	关键使能技术	目标	内涵	主要研究内容
制造物联网	物联网	构建现代制造物联网	以物联网为支撑,实现对制造资源或产品信息的动态感知、智能处理与优化控制的一种新型制造模式	资源感知、虚拟接入、物联网开发服务平台和应用系统等
云制造	云计算	制造资源/能力按需使用	基于云计算等技术,将各类制造资源虚拟化、服务化,并进行统一、集中管理和经营,为制造全生命周期过程提供可随时获取的制造服务	制造资源虚拟化和服务化、运营管理、服务组合、资源共享和优化配置
工业4.0下的智能制造	信息物理系统	建立具有适应性、资源效率及人机工程学的智慧工厂	将机器、存储系统和生产设施融入到信息物理系统,形成能自主感知制造现场状态、自主连接生产设施对象、确定感知模型,自主判断,形成控制策略,并自主调节的智能制造系统	信息物理组件集成、信息物理系统的优化调度与自治机制、安全性、可靠性和可验证性
泛在制造	泛在计算	泛在感知的产品全生命周期应用	将泛在计算等相关技术应用到制造过程中,以便随时随地采集、传输和预处理各类产品全生命周期数据或事件	制造现场情景感知技术、生产事件自动处理与消息推送、制造过程的全面可视化技术
社会化制造	Web2.0和3D打印	聚集大众智慧,公众参与	借助Web2.0等社会化媒体工具,使用户能够参与到产品和服务活动中来,以提高产品创新能力	用户体验与社区、内容管理、开放式创新、复杂社会网络特性
主动制造	大数据	更深刻的业务洞察	对制造设备本身以及产品制造过程中产生的数据进行系统的研究,将其转换成实际有用的信息或知识,并且通过这些信息或知识来对外部环境及情形做出判断和适当的行动	制造全生命周期大数据建模、集成与共享、存储、深度分析挖掘和可视化

　　社会化制造强调社群的互动、沟通和协作,通过移动设备及 Web2.0 等组成的具有交互性和参与性的社会网络,可以对群体信息进行收集、分析和共享,

进而聚集大众的知识、智慧、经验、技能,为产品或服务创新提供原始驱动力。

制造物联网强调基于物联网开发制造服务平台与应用系统,解决产品设计、制造与服务过程中的信息传输和共享问题,增强制造与服务过程的管控能力;普适制造强调产品全生命周期的信息感知,并且这种感知是动态、实时的,无时间上的滞后或者延迟,具体表现为以泛在计算为基础的泛在制造模式;工业 4.0 下的智能制造强调对生产、调度、运输、使用、售后等各环节相关资源的实时控制和自主调节。从驱动技术来看,物联网强调应用,而泛在计算则强调支撑这些应用的技术本身,信息物理系统强调通过计算、通信和物理过程的高度集成实现物理实体的自治能力,信息物理系统比物联网具有更好的自主调节能力和适应性与协同性,是物联网的进一步延伸和拓展。普适制造、制造物联网、工业 4.0 下的智能制造三者有相互渗透趋同的趋势。

云制造伴随着云计算的发展而产生,是"制造即服务"的一种具体体现形式。虽然目前的云制造也融入了物联网、信息物理系统、泛在计算等新一代信息技术,但云制造的立足点在于云计算,其本质和关键特性还在于对制造资源进行虚拟化、服务化封装、存储,以及按需使用。

基于大数据的主动制造强调对产品研发、生产、运营、营销和服务过程中的海量数据与信息进行大数据分析与深度挖掘,理清关键环节及价值点,实现制造预测、精准匹配、制造服务主动推送等应用。主动制造还可以为产品在使用中提供更广泛的增值数据服务,提供面向用户服务链与价值链的一站式创新服务,实现从设备、系统、集群到社区智能化的有效整合。

以上这些新兴智能制造模式是从不同视角提出来的,有着不同的产生背景和侧重点,但从制造系统的观点来看,它们可以统一在智慧制造框架内,下节对此进一步展开叙述。

1.6 制造物联网的展望

制造物联网的发展趋势是向更高智能层次——智慧层次发展。在现代制造发展过程中,人们基于数据、信息、知识分别提出制造业数字化、信息化和智能化等概念,即(狭义)数字化制造、(狭义)信息化制造和智能制造模式。在数据-信息-知识-智慧(data-information-knowledge-wisdom)所形成的 DIKW 层次模型(或称为智慧层次模型,见图 1-6(a))中,智慧处于最高层,经历从数据到信息再到知识的过程,那么 IM、SM、制造物联网的进一步发展(即向智慧方向)就成为智慧制造。实际上,制造业信息化发展过程就是一个智能水平不断提升的过程。

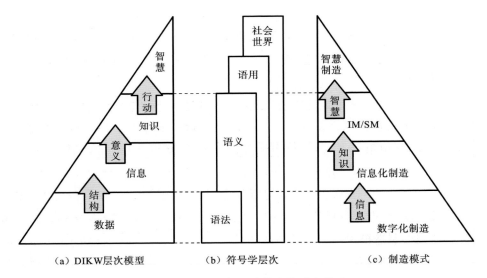

（a）DIKW层次模型　　　　（b）符号学层次　　　　（c）制造模式

图 1-6　DIKW 与制造模式的对应关系

当前,互联网已经融入社会生活的方方面面,深刻改变着整个人类社会的生产方式、生活方式以及治理方式。因此,在制造业中如何认识、把握和推进"互联网＋"是值得我们深入思考和研究的课题。与传统的网络化制造有很大的不同,新一代的"互联网＋制造"更加强调通过运用以云计算、物联网、大数据等为代表的新一代信息技术与制造业、生产性服务业等融合创新,为产业智能化提供支撑。

网络是现代集成制造系统的基础。当今的互联网始于 1969 年的阿帕网,成形于 TCP/IP(transfer control protocol/internet protocol)(IPv4)体系结构的应用,Berners-Lee 于 1989 年发明了目前互联网上应用最为广泛的万维网(world wide web,WWW 或 Web),此后 Web 经历了 Web1.0 和 Web2.0 时代,进入到当前的 Web3.0 时代。Blog、Tag、SNS 和 Wiki 等 Web2.0 社会性软件的运用使互联网应用从"人机交互"向"人人交互"、从"以数据为中心"向"以人为中心"转变,改变了人们互动和共享信息的方式。在 Web3.0 时代,其处理对象从各种类型的数据发展到具有丰富内容的知识,语义 Web(semantic Web)成为其重要组成部分。

IPv4 地址即将耗尽和路由表的不断膨胀成为 20 世纪 90 年代以来互联网面向"未来"的核心问题,业界认为互联网的"未来"在于用 IPv6 来替代 IPv4。但随着互联网应用的不断发展,尤其是应用目的从教育科研的"公益"转向"营利的商业",用户群体从"自律"的科研人员转向普通大众,应用环境从以文本数据为主走向语音和视频,接入方式从固定走向移动,终端从计算机转向手机,范围从人际通信转向物联网等,那种试图用 IPv6 解决 IPv4 体系构架问题的愿望并未能实现。为了区别于以 IPv6 为代表的"下一代互联网"的说法,2005 年前后人们开始致力于"未来互联网"研究[27]。

为了抢占未来信息技术的制高点,美、中、日、韩等国家和欧洲等地区都纷纷开展了对未来互联网的研究。欧盟在其计划中资助了众多未来互联网方面的研究项目,其中第七框架(FP7)研究认为,务联网、内容/知识网(internet of contents and knowledge,IoCK)、物联网和人际网(internet by and for people,IbfP)是构成未来互联网乃至未来人类社会的四大支柱技术[28]。而将此"四网"与制造技术融合,即可形成以客户为中心、以人为本、面向服务、基于知识运用、人机物协同的制造模式——智慧制造[29]。如图 1-7 所示,智慧制造通过物联网感知获得"物"的原始数据和事件;然后通过内容/知识网(以下简称"知识网")对这些原始数据和事件进行进一步的加工处理,从中抽取出所需的信息、知识、智慧或事件;再通过务联网整合各种服务,围绕客户需求提供个性化的服务;最后通过人机物的融合决策,实现对物或机器的控制;从而形成一个"物-数据-信

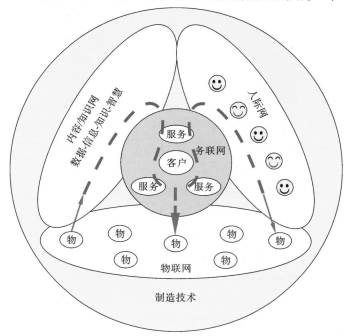

图 1-7 "四网"与制造技术融合而成的智慧制造

息-知识-智慧-服务-人-物"循环,或者说形成一个感知、识别、响应的智慧控制闭合回路。

智慧制造继承、包容和发展了制造物联网和智能制造,它通过融合务联网、物联网、知识网和人际网(简称"四网")而具有感知、判断和行动的能力,是一种基于社会信息物理系统(socio-cyber-physical systems, SCPS)的制造模式[30, 31],它进一步结合了社会系统,拓展了基于信息物理系统的生产模式。

智慧制造融合了社会化制造、制造物联网、智能制造和云制造等多种先进制造模式的思想与理念,并加以延伸和拓展,代表一种新的制造理念与思想体系。一是通过务联网和基于"一切皆为服务"理念,形成面向服务的虚拟世界(信息世界),提供按需即取的服务方式;二是通过知识网,利用人工智能技术,从原始数据中抽取出所需的信息、知识、智慧,或将原始事件合成具有意义的复杂事件;三是通过物联网,将服务资源延伸到物理世界,利用传感器和普适计算(普适智能)获得资源状态和环境的信息;四是通过人际网,将服务资源延伸到社会世界,利用群体智能,特别是借助社会性软件实现知识(特别是隐性知识)获取、知识积累、知识分享、知识利用和知识创新。从而智慧制造将机器智能、普适智能、社会智能和人的经验、知识和智慧结合在一起,在虚拟世界、物理世界和社会世界组成的超世界环境中,人机物共同决策和响应,为客户提供个性化的产品或服务。

由此可见,智慧制造可以看作是在数字制造和信息化制造的基础上,由智能制造进一步发展而来的,如图 1-8 所示[32]。数字化制造侧重于支持产品全生命周期各个环节数字化,而进一步结合物联网技术,将实现物理世界的信号采集;对所采集的数据进一步提取得到(显性)知识;通过务联网提供按需即取的服务方式;通过人际网实现知识(特别是隐性知识)传播、共享、积累和利用。

从系统抽象角度来看,智慧制造是由三个相互联系、相互作用的子系统——社会系统、信息系统和物理系统构成的一个人机物协同生产系统,如图 1-9 所示[33]。其中,社会系统由人组成,包括企业员工、用户或客户、公众等利益相关者,信息系统由计算机及其网络组成,物理系统由生产设备等制造资源组成。信息系统与物理系统结合就形成信息物理系统,进一步与社会系统融合,就形成社会信息物理系统。而社会系统与信息系统融合,就形成人机系统,进一步与物理系统融合,就形成人机物系统,也即社会信息物理系统。社会世界(系统)与物理世界(系统)组成现实世界,而社会世界中的人可通过信息世界(系统)作用于物理世界。而智慧制造系统目标包括经济、环境和社会三个方

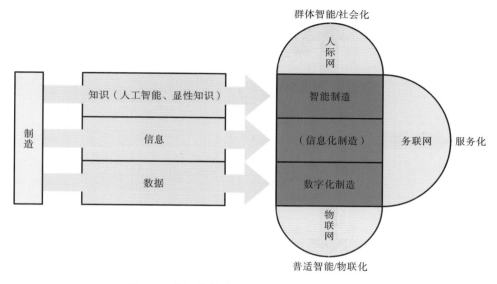

图 1-8　由智能制造延伸、发展而来的智慧制造

面。生命周期评估(life cycle assessment，LCA)、社会生命周期评估(social LCA，S-LCA)和生命周期成本(life cycle costing，LCC)评价，分别支撑可持续发展中的环境、社会和经济维度的评价。

根据智慧制造系统组成机理,可将智慧制造系统的技术构成看作由一个基础技术、一个总体技术和四大支柱技术组成,如图 1-10 所示。四大支柱技术中,面向人际网的制造技术主要为大规模的协同制造提供多样化的创新来源,实现系统重要决策;面向知识网的制造技术对物理世界(物联网)、信息世界(务联网)、社会世界(人际网)产生的大量结构化、半结构化、非结构化数据进行整理和分析,挖掘出有价值的信息和知识,为产品的全生命周期管理提供智能支持;面向务联网的制造技术将各种资源进行服务化,为制造中不同技术、资源的集成提供支持;面向物联网的制造技术实现制造过程数据的采集、产品生命周期的实时监控。

总体技术主要是指从系统的角度,研究智慧制造系统的结构、组织与运行等方面的技术,包括智慧制造的模式、智慧制造系统的体系结构、智慧制造系统的构建与组织实施方法、智慧制造系统的运行管理、产品全生命周期管理和人机物协同制造等。基础技术是指智慧制造中应用的共性与基础性技术,除了制造工程、控制工程、计算机与网络技术、信息通信技术(ICT)、系统工程、管理工程、协同学、人文社会科学、心理学外,还包括制造系统的集成与运行、知识管理

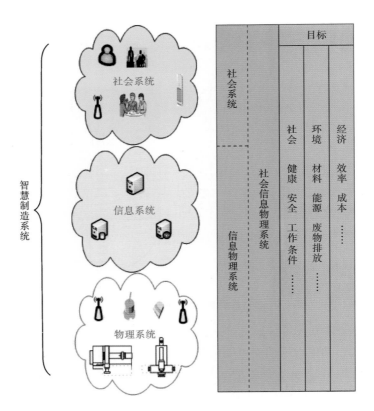

图 1-9 智慧制造系统基本组成

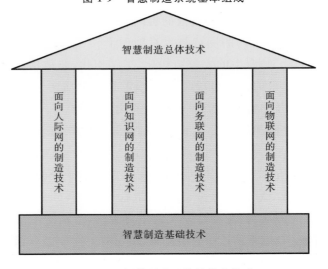

图 1-10 智慧制造系统的技术构成

与知识集成技术以及系统安全技术等。一种通过企业服务总线（ESB）将四大支柱技术集成起来的制造系统如图 1-11 所示，而四大支柱技术又是制造技术分别与"四网"融合的结果。

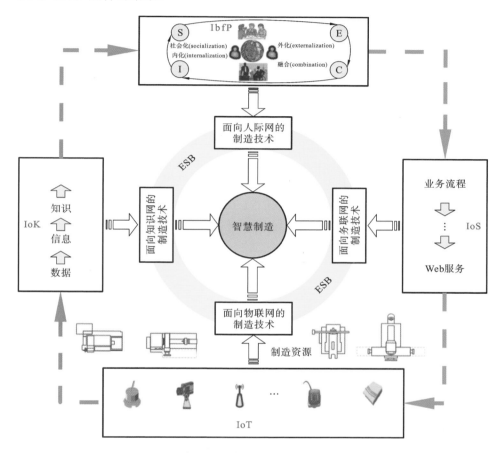

图 1-11　通过 ESB 集成了四大支柱技术的智慧制造

无论是对社会系统所产生的海量数据与信息的处理与挖掘，还是对产品生产和产品运行期间（信息物理系统）产生的海量数据的及时收集、处理和分析，都离不开大数据技术。这些大数据信息流最终通过互联网在物理系统、信息系统和社会系统之间传递，由人机物协同进行分析、判断、决策、调整、控制而开展智慧生产，为客户提供个性化的产品或服务。

将四大支柱技术、基础技术和总体技术，以及前述的智慧制造系统目标及其子系统汇集在一起，最终得到如图 1-12 所示的智慧制造系统的技术体系。

综上可知，以物联网、务联网（云计算）、移动互联网、大数据等为代表的新

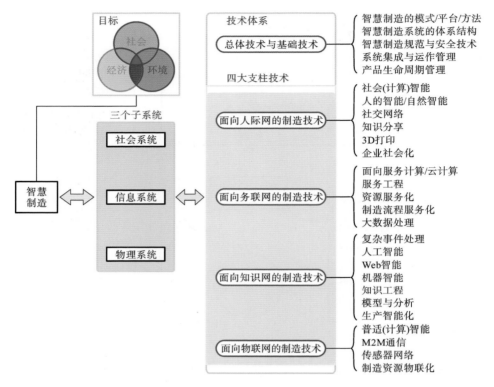

图 1-12 智慧制造系统的技术体系

一代信息技术的出现和发展,为社会系统、信息系统和物理系统的融合提供了手段和使能技术,从而催生了社会信息物理生产系统——智慧制造系统。

如果说智能制造是基于信息物理系统的制造模式,那么智慧制造则是进一步引入社会系统,形成基于社会信息物理系统的人机物协同制造模式。与先前工业革命所追求的大批量标准化的生产不同,新一轮工业革命所追求的是大规模个性化生产,而智慧制造在智能制造基础上进一步引入社会计算与群体智慧,为客户提供满足其个性化需求的高质量定制产品,使大规模个性化定制生产成为可能,如图 1-13 所示。

智能制造通过信息物理系统、物联网和务联网技术使传统大规模生产柔性化和实时化,而 3D 打印与基于信息物理系统的智能制造类似,都融合了信息系统与物理系统,在某种程度上来说,它以自动化方式复活了手工艺生产,以满足个性化产品的需求。由于制造系统是一个社会技术系统,通过社会信息物理系统来探讨能更好地体现出制造系统的本质特征。智慧制造与仅注重于技术系统的现有集成制造系统相比有本质的区别,它通过人际网引入了社会计算、社会智慧、群体智慧,以及人的隐性知识和创新性。

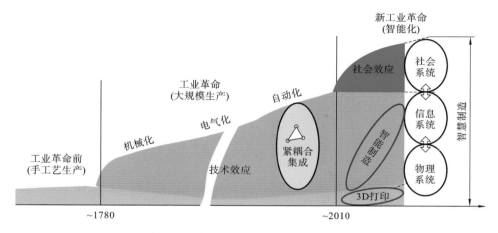

图 1-13　新工业革命下基于社会信息物理系统的智慧制造

本章参考文献

[1] 姚锡凡,于淼,陈勇,等. 制造物联网的内涵、体系结构和关键技术[J]. 计算机集成制造系统,2014,20(1):1-10.

[2] 周佳军,姚锡凡. 先进制造技术与新工业革命[J]. 计算机集成制造系统,2015,21(8):1963-1978.

[3] YAO X,LIN Y. Emerging manufacturing paradigm shifts for the incoming industrial revolution[J]. International Journal of Advanced Manufacturing Technology,2015,85(5):1665-1676.

[4] BRYNJOLFSSON E,MCAFEE A. The second machine age:work,progress,and prosperity in a time of brilliant technologies[M]. London:W. W. Norton & Company Ltd. ,2014.

[5] EVANS P C,ANNUNZIATA M. Industrial internet:pushing the boundaries of minds and machines [R]. General Electric,2012.

[6] ANDERSON C. Makers:the new industrial revolution[M]. New York:Crown Business,2012.

[7] RIFKIN J. The third industrial revolution :how lateral power is transforming energy,the economy,and the world[M]. London:Palgrave Macmil-

lan，2013.

[8] KAGERMANN H，WAHLSTER W，HELBIG J. Recommendations for implementing the strategic initiative INDUSTRIE 4.0 [EB/OL]. [2016-03-02]. http：//www. acatech. de/fileadmin/user_upload/Baumstruktur_nach_Website/Acatech/root/de/Material_fuer_Sonderseiten/Industrie_4.0/Final_report_Industrie_4.0_accessible. pdf.

[9] MARSH P. The new industrial revolution[M]. New Haven：Yale University Press，2012.

[10] 森德勒. 工业4.0：即将来袭的第四次工业革命[M]. 北京：机械工业出版社，2014.

[11] 百度百科. 工业4.0[EB/OL]. [2016-06-08]. http：//baike. baidu. com/subview/10471356/14804309. html.

[12] 宁焕生，徐群玉. 全球物联网发展及中国物联网建设若干思考[J]. 电子学报，2010，38(11)：2590-2599.

[13] IBM. What is a smarter planet? [EB/OL]. [2016-03-20]. http：//www. ibm. com/smarterplanet/us/en/overview/ideas/index. html.

[14] SMLC. Implementing 21st Century Smart Manufacturing Report [EB/OL]. [2016-03-20]. https：//smart-process-manufacturing. ucla. edu/.

[15] JAMES T. Smart factories[J]. Engineering & Technology，2012，7(6)：64-67.

[16] 国务院. 中国制造2025[EB/OL]. (2015-05-19)[2017-03-23]. http：//www. gov. cn/zhengce/content/2015-05/19/content_9784. html.

[17] HERMANN M，PENTEK T，OTTO B. Design principles for Industrie 4.0 scenarios：a literature review[EB/OL]. [2016-03-30]. http：//www. snom. mb. tu-dortmund. de/cms/de/forschung/Arbeitsberichte/Design-Principles-for-Industrie-4_0-Scenarios. pdf.

[18] ZUEHLKE D. Smart factory—towards a factory-of-things[J]. Annual Reviews in Control，2010，34：129-138.

[19] 延建林，孔德婧. 解析"工业互联网"与"工业4.0"及其对中国制造业发展的启示[J]. 中国工程科学，2015，17(7)：141-144.

[20] 通用电气公司. 工业互联网：打破智慧与机器的边界[M]. 北京：机械工业出版社，2015.

[21] 百度百科. 工业互联网[EB/OL]. [2016-06-08]. http://baike. baidu. com/subview/9696081/18058251. htm.

[22] CHAND S, DAVIS J. What is smart manufacturing[J]. Time magazine, 2010, 7: 28-33.

[23] 王元卓, 靳小龙, 程学旗. 网络大数据: 现状与展望[J]. 计算机学报, 2013, 36(6): 1125-1138.

[24] 李国杰, 程学旗. 大数据研究: 未来科技及经济社会发展的重大战略领域——大数据的研究现状与科学思考[J]. 中国科学院院刊, 2012, 27(6): 647-657.

[25] 张洁. 制造业正迈入大数据时代[J]. 中国工业评论, 2015(12): 44-49.

[26] 周佳军, 姚锡凡, 刘敏, 等. 几种新兴智能制造模式研究评述[J]. 计算机集成制造系统, 2017, 23(3): 624-639.

[27] 何宝宏. 向未来互联网演进[J]. 中兴通讯技术, 2011, 17(1): 42-44.

[28] PAPADIMITRIOU D. Future internet: the cross-ETP vision document [EB/OL]. [2016-06-20] http://www. future-internet. eu/fileadmin/documents/reports/Cross-ETPs_FI_Vision_Document_v1_0. pdf.

[29] 姚锡凡, 练肇通, 杨屹, 等. 智慧制造——面向未来互联网的人机物协同制造模式[J]. 计算机集成制造系统, 2014, 20(6): 1490-1498.

[30] 姚锡凡, 李彬, 董晓倩, 等. 符号学视角下的智慧制造系统集成框架[J]. 计算机集成制造系统, 2014, 20(11): 2734-2742.

[31] YAO X F, JIN H, ZHANG J M. Towards a wisdom manufacturing vision[J]. International Journal of Computer Integrated Manufacturing, 2015, 28(12): 1291-1312.

[32] 张存吉, 姚锡凡, 张翼翔, 等. 从"数控一代"到"智慧一代"[J]. 计算机集成制造系统, 2015, 21(7): 1734-1743.

[33] 姚锡凡, 张剑铭, LIN Y Z. 智慧制造系统的基础理论与技术体系[J]. 系统工程理论与实践, 2016, 36(10): 2699-2711.

第 2 章
制造物联网技术基础

物联网、务联网、大数据、信息物理系统作为制造物联网发展的技术基础，虽然各自的着重点不一样，但彼此之间相互交融，不可分割，共同发展，相互促进。物联网主要解决硬件资源的接入问题，为其他技术与物理层的连接提供支持；大数据是在物联网的基础上，利用大量数据进行问题分析的一种新方法，可为其他技术提供数据处理的支持；而务联网将资源进一步虚拟化、服务化，实现资源跨区域、跨学科、跨领域的使用；信息物理系统则是更为复杂的整体，主要考虑如何将信息系统和物理系统融合成一个整体。以下各节着重对各个技术的突出特点进行介绍，并说明它们对制造物联网发展的影响。

2.1 物联网

据计算机网络公司思科估计，目前全球大约有 50 亿个设备接入物联网中，而且在未来几年中，还会有十几亿的增长。物联网已经深深影响到我们每一个人的日常生活，例如，在大量使用智能手机的情况下形成的基于位置服务（location-based services，LBS），即通过定位可以为人们提供相应的服务，如推荐距离最近的停车场、超市、取款机、电影院等。物联网也促进了城市基础建设的发展，例如，将城市共享单车与物联网结合，市民可以通过智能终端了解周边的自行车分布，通过网上预约使用。管理者可以通过物联网更好地了解到产品的分布情况和使用情况，进一步结合专业背景知识和大数据的处理方法，更好地掌握需求，了解规律。下面从物联网的概念出发，探讨物联网的关键技术，最后讨论物联网对于制造的意义。

2.1.1 物联网的含义和发展

1. 物联网的含义

如第 1 章所述，1999 年为实现物品的智能化识别和管理，麻省理工学院自动标识中心提出将所有物品通过 RFID 标签等信息传感设备与互联网连接,形成物联网的概念。基于 RFID 标签的物联网概念解决了不同物体的标识和连接问题,因为 RFID 标签具有成本低、适应性强等特点,易于使用在不同的物体上,并在此基础上形成全球电子产品代码(electronic product code,EPC)系统,从而使不同的物品接入到网络中。然而仅仅将不同的物品进行区分并接入到网络中,还不能满足物联网的发展需求,随着科技应用的发展,物联网已不局限于利用 RFID 技术实现识别和管理,它进一步包含对物体状态的感知、不同设备之间的通信等等。因此,物联网是泛指通过 RFID、红外感应器、全球定位系统、激光扫描器等信息感知/传感设备,按约定的协议,把任意物品与互联网相连接,进行信息交换和通信,以实现对物品的智能化识别、感知、定位、跟踪、监控和管理的网络。

国际电信联盟(international telecommunication union,ITU)在“ITU Internet Reports 2005—the Internet of Things”报告中更明确地指出,人类正处在一个新的通信时代的边缘,信息通信技术已经从满足人与人之间的沟通交流,进一步发展到人与物、物与物之间的互联,一个无所不在的物联网通信时代即将来临。物联网将在任何时间、任何地点、任何物体之间相互连接,达到万物互联,使我们在信息与通信技术世界获得新的沟通维度(见图 2-1),万物的连接就形成了物联网[1]。届时,生产、生活中的大量设备将通过物联网相互连接,形成一个实时动态反馈的网络,包括家电、汽车、生产设备、个人终端、基础设施等等,人们可以通过网络实时了解其他物体的当前状态,并通过网络远程操作、使用设备。

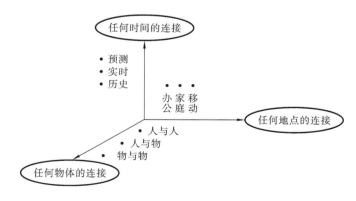

图 2-1　物联网的连接维度

在上述对物体的识别、状态的感知之后,需要对大量的设备进行表达,每个物体有唯一的识别编号,而不同的状态以及不同物体数据的交互、存储,带来了物联网中的大数据问题,即海量的资源接入网络后,其本身就是庞大的数据,同时它们实时地产生大量的数据,这些数据又是具有不同类型、不同结构的多样化数据,如何进行存储、搜索、组织,进而通过大数据的方法对物体进行描述、建模、分析,以数据代替传统的逻辑分析,对不同的现象进行解释,是物联网的大数据问题。大数据将贯穿物联网的各个方面,包括数据产生、数据交互、数据分析、数据应用。

同时,从物联网资源异构的角度出发,实现物联网万物互联的理念,需要打破不同领域、不同平台、不同技术之间的界限,实现它们之间的相互融合,才能实现真正的万物互联。在这个意义上,物联网的发展内在包含了务联网的技术,而基于服务的理念,采用面向服务的体系架构(service-oriented architecture,SOA),对不同资源进行服务化封装,才能达到无处不在、互联互通的目标。目前,基于 SOA 的物联网中间件设计,已得到广泛的认可和应用,它实现了不同平台的接入,使不同物理硬件可以以松耦合的方式进行组织,而后为不同用户提供所需的服务。

在此基础上,已实现家电产品联网、车联网、工业设备联网等,进而实现了对物体状态的感知、监测,并可在一定程度上对设备进行控制。然而这只是物联网应用的开始,在设备联网的基础上需要进一步发展,实现居家环境的实时感知控制、交通的调度管理、自动化的生产等更加深入、全面、实时的互操作,即当物体接入网络之后,可以全面地将物理空间映射到信息空间当中,进一步对物体、设备等进行实时交互控制,实现物理和信息的深度融合,也就是所谓的信息物理系统。信息物理系统的提出是对物联网技术的进一步丰富,同时也增加了物联网发展的需求。

综上所述,物联网的发展包含了基于 RFID 和传感器的物体接入,同时还涵盖了海量数据处理的大数据问题、基于服务的务联网技术,以及在物联网基础上加强实时反馈控制,将物理系统和信息系统深度融合,向信息物理系统迈进(见图 2-2)。本章后续内容将对这几个方面进行简要的介绍。

2. 物联网的研究现状

从国家战略层面上来看,自物联网的概念提出以来,各个国家都提出了相应的战略计划来抢占发展的制高点。美国政府在 IBM 公司的"智慧地球"计划基础上,将其升级为国家战略,旨在通过物联网和大数据将基础设施和社会资源联系起来,提高资源的整体使用效率和社会总体效率。日本于 2009 年 7 月

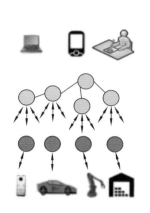

图 2-2　物联网相关技术

提出的"I-Japan"信息技术战略，主要面向电子政务、医疗健康，以及远程教育三大领域，其目标之一就是实现泛在的信息化服务。韩国在 2006 年 3 月提出了"U-Korea"战略，目标是通过 IPv6、USN(ubiquitous senor network)、RFID 等实现泛在社会信息系统，并由韩国信息通信部主导成立了战略规划委员会，在衣、食、住、行等方面为韩国人民提供智能物联服务。该战略通过发展物流营销、健康医疗等网络基础设施建设，推动物联网技术在生物和纳米材料等领域的应用，从而建立物联网社会规范。欧盟在 2010 年 5 月提出的"欧洲数字计划"中加入了物联网实施策略，欧盟委员会认为车联网以及智能健康监测系统将是今后 10 年内物联网的发展方向，前者可以有效地减少城市交通堵塞，后者能够为解决人类老龄化问题做出贡献。我国于 2009 年提出了"感知中国"的概念，2010 年政府工作报告明确提出"加快物联网的研发应用"，由此物联网发展计划在我国正式上升到国家战略发展层面，2012 年工业和信息化部发布了《"十二五"物联网发展规划》。由此可见，物联网自提出以后不仅受到各个国家的广泛关注，也成了各国信息技术发展的重要战略方向。

　　从物联网的应用领域而言，相比于物联网存在的巨大潜力，物联网当前的应用仅是其中的一小部分。将物联网的技术应用到不同的领域中，可大大地提高生产和办公的效率以及人们生活的质量。在传统环境中，物体是孤立的，相关的信息是闭塞的，如传统的交通管理只能依靠经验统计拥堵时段，而在物联网环境下，信息可以实时采集利用，实现交通的实时管理。

　　从物联网技术总体发展而言，物联网方兴未艾，目前正处在产业化发展初期，尚未达到全面应用的时代。物联网的应用如图 2-3 所示。虽然物联网在医疗、环境、交通、农业、工业等方面的应用初步展现了其巨大的潜在价值,但要实现物联网的目标,当前还有不少的技术难题需要解决。物联网的技术主要包括感知与标识技术、网络与通信技术、计算与服务技术,以及管理与支撑技术四大体系,也即如图 2-2 所示,由物联网、大数据、务联网和 CPS 共同推进制造物联网的发展,其中大数据、务联网、CPS 将在后续章节中进行介绍,本节我们主要从物联网的感知与标识技术、网络与通信技术方面出发,对物联网的关键技术进行介绍。

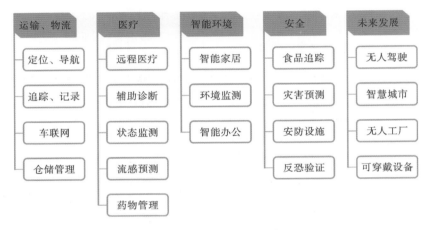

图 2-3 物联网的应用

2.1.2 RFID 技术

RFID 技术在物联网技术中有着重要的作用,不仅因为它是物联网概念的起始点,更在于它的使用之广、影响之大。在实现万物互联之前,首先要解决不同物体之间的识别问题,才能将其准确地接入,从而达到任何物体都能接入的目标。物联网的识别技术包括物体识别和状态识别,首先需要解决的是对象的全局标识问题,即如何对物理世界中成千上万种物品进行有效地区分,形成物联网的物体识别体系,再进一步结合现有的识别技术进行识别。在分类方面,国际物品编码协会成立了 EPCglobal 组织来推广 EPC 编码。与传统的按产品分类编码不同,EPC 编码对每个产品进行全球唯一地编码,使每个产品可以被唯一地识别,这大大地推动了物联网的发展。在识别方面,根据识别对象的特征,识别技术可以分为两大类,分别是数据采集技术和特征提取技术。这两类自动识别技术的基本功能都是实现物品的自动识别和数据的自动采集。在目前广泛使用的识别技术(条码、二维码、磁卡、摄像头等)中,RFID 技术具有突出的优势,它是 EPC 编码的载体,是应用最广泛的识别技术。下面简要介绍 RFID 技术的发展、其系统组成和原理,以及它在制造中的应用。

1. RFID 技术的发展

RFID 技术起源于第二次世界大战,当时美军在战争中使用射频电波识别敌机和友机。其原理是通过空间耦合(交变磁场或电磁场)实现无接触信息传递,并通过所传递的信息达到识别的目的。当今 RFID 技术已经应用在社会的众多领域,如车辆管理、高速公路收费、港口或车间货物跟踪、管理和监控,地铁、公交电子票,动物跟踪和管理以及加工车间生产调度等,社会生活的方方面面都有 RFID 技术的影子。2008 年北京奥运会和 2010 年上海世博会对入场观众的引导也使用了 RFID 技术。由此可见,RFID 技术在提高各行各业的信息化水平上有着不可比拟的优势。RFID 技术以往主要用于物流管理、调度管理、供应链等方面,然而凭借非接触信息读取和大容量信息存储的特性,近些年来 RFID 技术在生产制造业方面的运用也得到了较快的发展。RFID 技术改变了管理系统与下层控制和生产系统之间的信息交流方式,大大提高了企业的信息化水平。与以上提到的常见识别技术相比较,RFID 技术具备如下一些特有的优点[2]:

① 非接触性,非视距,自动识别,适用于自动化水平高的生产线;

② 信息处理速度快,存储容量大;

③ 读取数据的有效距离大,不受空间限制;

④ 极强的环境适应性,抗干扰能力强,几乎不受污染与潮湿环境的影响,同时还避免了机械上的磨损以及油脂、污渍等带来数据无法读取的困扰;

⑤ 多目标识别和移动识别;

⑥ 标签保存的数据可动态改写,实时更新数据信息。

2. RFID 技术系统的基本组成

RFID 技术系统通过无线的方式对存储于 RFID 标签中的数据进行自动采集,以获取被标识对象的相关信息。典型的 RFID 数据采集系统由 RFID 读写器、天线、射频标签三部分组成(见图 2-4)。其中 RFID 读写器用于对射频标签的数据进行读写,同时也为无源标签提供能量;天线通常分别内置于读写器和射频标签中;射频标签作为数据的载体,记录着被标识对象的实体数据信息。在实际应用中还需要一个接收和处理数据的中间件,将 RFID 技术系统采集的数据信息转换成应用软件系统可以识别和利用的信息。这些中间件用来实现读写射频标签,分析射频标签数据或发送数据等,它们与 ERP(企业资源计划)、CRM(客户关系管理)以及 SCM(软件配置管理)等应用软件结合起来,能有效地提高各行业的生产效率。

图 2-4　射频识别系统的基本组成

3. RFID 技术系统的基本工作原理

RFID 读写器通过天线发出含有信息的射频信号,当射频标签进入 RFID 读写器的有效读取范围时,射频标签中的天线通过耦合产生感应电流,从而获取能量,通过自身的编码处理,将信息通过载波信号发回给 RFID 读写器。RFID 读写器接收到射频标签返回的信号,经过解调和解码之后,将射频标签内部的数据识别出来。计算机数据采集系统将对数据进行处理、分析、保存。RFID 技术系统的基本工作原理如图 2-5 所示。

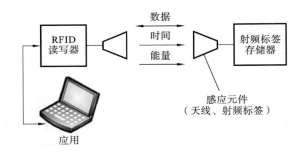

图 2-5　RFID 技术系统的基本工作原理示意图

从射频标签到 RFID 读写器之间的通信及能量感应方式来看,RFID 技术系统一般可以分为电感耦合系统和电磁反向散射耦合系统等两类。

(1)电感耦合:即变压器模型,通过空间高频交变磁场实现耦合,依据的是电磁感应定律,即只要穿过回路的磁通量发生变化,电路中将产生感应电动势。

(2)电磁反向散射耦合:即雷达原理模型,发射出去的电磁波,碰到目标后反射,同时携带回目标信息,依据的是电磁波空间传播规律。

4. RFID 技术在制造中的应用

当前,在生产制造中 RFID 技术已广泛应用于产品全生命周期管理,特别是原材料和产品管理,比如在离散制造环境中,RFID 技术可弥合车间物流和制造信息流之间的鸿沟[3];Qu 等提出 RFID 技术使能的车间物料管理系统,用于管理空调装配车间的物料分配[4];RFID 技术使能的实时制造信息追踪系统,目的在于解决实时制造数据获取和制造信息处理的问题[5];在分布式制衣车间,将 RFID 技术和云技术整合进实时产品监测系统中,用于对制衣过程进行实时监测[6];在普适制造中,Zhang 等提出基于智能物件(绑定 RFID 标签)与 Web 服务技术的在制品管理框架[7];Huang 等将 RFID 技术部署在无线制造车间中,提出在制品(work in process,WIP)库存管理方法[8]。

RIFD 技术也越来越多地应用于生产计划和调度中,例如,Zhong 等提出 RFID 技术使能的先进产品计划与调度框架,其通过增强信息共享,协同生产计划、调度、执行与控制等不同环节的决策和操作,最终协调不同的决策者[9];Qu 等根据实时信息控制机制和系统开发环境,讨论了项目级别的 RFID 技术实现问题,其应用 RFID 技术系统实时地协同和交互进行生产计划与执行过程,目标是实现敏捷地控制智能装配车间的制造过程[10];Dai 等针对发动机阀门的生产提出 RFID 技术使能的实时制造执行系统,其整合了企业资源计划系统和制造执行系统[11]。

2.1.3 物联网的其他关键技术

1. 感知传感技术

传感器负责将物理世界中的温度、湿度、力、光、电、声、位移等信号,转化为机器所能接收的信号,从而实现对物理世界的感知和识别,是机器理解世界的"感觉器官",是网络系统传输、分析和反馈的最原始的数据来源。因此,传感器技术的发展直接决定了原始数据的质量。随着科学技术的不断发展,传统的传感器正逐步实现微型化、智能化、信息化、网络化,经历了传统传感器—智能传感器—嵌入式 Web 传感器的内涵不断丰富的发展过程。然而,传感器技术的发展是一个系统工程,它包括多种发展成熟度差异性很大的技术,依附于感知机理、感知材料、工艺技术和计测技术等,对整体基础技术和综合技术要求较高。目前,传感器在被检测对象类型、精度、稳定性、可靠性、低成本和低功耗等方面还没有达到规模应用水平,是物联网产业化发展的主要瓶颈之一。其研究主要集中于几个方面:一是传感器精度问题,如何实现低成本、高精度的测量是不断追求的目标;二是为适应不同场合的需要,满足设计尺寸要求,传感器的微型化具有重大的意义,如何通过微机电系统(micro-electro-mechanical system,MEMS)加工、新材料和新方法使传感器微型化、低功耗是当前需要解决的问题;三是在物联网环境下,需要建立传感器网络节点设计理论,使各个网络节点的传感器能够和其他传感器相互识别、连接、协同[12]。

2. 网络与通信技术

在物联网中,各种形态不一、种类不同的传感器之间的通信问题,除了上述从单个节点的设计出发解决外,还要从整体的角度进行规划。高效的通信网络是物联网信息传递和服务支撑的基础设施,通过泛在的互联功能,使感知信息可靠、安全地传送。其重点在于首先要能够提供泛在的互联网,使所有的节点能够方便、快速、安全地接入网络;其次是有合理的传输协议,提高传输效率,解决不同传感器之间、不同传感网络之间的通信交流问题。因此需要从下面几个方面出发来解决网络与通信的问题。

(1)标准化接口及传输标准。要实现智能化、自动化的处理、预测,需要以大量数据为基础,在数据的采集与接入方面,通过互联网可解决数字信息、资源的互联互通。然而对于种类繁多、功能不同的硬件资源,还需要进一步结合物联网技术,提高其对各类资源的感知能力、接入能力和传输能力,如综合利用RFID、传感器、GPS等感知技术实现感知,并通过互联网等实现数据上传交流。此外,还需要实现数据的互操作。数据往往来自不同的传感器,并存在于各类的硬件资源,位于不同的网络之中。要实现数据的互操作,将信息网中的处理结果、调试指令等作用于物理设备,使设备的状态及时返回,就需要制定统一的标准化接口及传输标准,以降低软硬件资源的接入门槛,扩大接入范围,提高传输效率,实现可靠的数据互操作。

(2)组织结构和底层协议。传统的网络组织结构和底层通信协议是服务于计算机网络通信的,它的传输数据量大,数据实时性不高。而物联网中大量设备对单个节点的数据量要求不高,但是对实时性要求较高;其次,传感器网络的管理主要是对传感器节点自身的管理以及用户对传感器网络的管理。相比于传统网络,物联网的设备类型、数据类型更加丰富,需要一个高效的底层通信协议来满足不同传感器之间的通信要求;传感器网络的目标与互联网的目标不同,互联网侧重于相互之间的通信,而传感器网络的目标是实现相关对象的状态检测。

(3)网络自身检测和维护。由于传感器网络是整个物联网的底层和信息来源,网络自身的完整性、完好性和效率等性能至关重要,故需要对传感器网络的运行状态及信号传输通畅性进行监测,研究开发硬件节点和设备的诊断技术,实现对网络的控制。高密度的大量节点之间的相互连接应该考虑网络的自组织能力,在节点发生故障时能有效地实现网络拓扑结构的动态变化,保证网络稳定运行。

(4)普适计算能力。制造物联网的发展还需要集成普适计算技术。采用微小计算设备,或采用嵌入式等方法,实现移动、无缝、透明和泛在的计算支持,为物联网提供无处不在的计算能力,满足大规模实时计算的需求,同时使人摆脱计算设备的约束,提高人的活动能力。普适计算还可对大数据进行初步处理,包括采样、去噪、过滤、合并、数据格式标准化,将数据转化为简单的事件,以便更好地为信息系统提供可靠的信息,减少无效信息的传递,提高效率。另外,借助普适计算和传感器的结合,实现对环境的实时感知处理,从而形成普适智能,实现物联网中的环境智能。

(5)网络安全。与互联网相比,传感器网络除了要面对一般无线网络所面临的信息泄露、信息篡改、重放攻击、拒绝服务等多种威胁外,还面临传感节点可能被攻击者物理操纵,控制部分网络,甚至可以对人直接造成威胁等问题。此外,相比于计算机网络,传感器网络的分布范围更广泛,节点更加分散,应该有有效防止网络节点被攻击者所利用的措施。因而,必须建立有效的技术方案来保障传感器网络的安全性能。

总之,在制造的环境下,物联网技术实现制造资源的感知和接入,不仅大大地增大了感知的范围,提高了感知的能力,同时也拓展了智能制造和云制造的服务范围,可更好地掌握产销流程,提高生产过程的可控性,减少生产线上的人工干预,即时、正确地采集生产线数据,以及合理地安排生产计划与生产进度;进一步可实现以及时、准确的信息代替实物库存,即合作企业之间及时、准确地了解到对方的生产情况,通过准确的信息来代替自身库存缓冲,使生产稳定运行,实现以虚拟库存代替实物库存,为智能生产构建一个高效节能、绿色环保、环境舒适的人性化工厂[3]。

2.2　大数据

美国的信息存储资讯科技公司易安信(EMC)对每年产生的数据进行量化研究,在 2014 年 4 月 9 日公布了《充满机会的数字宇宙:丰富的数据和物联网不断增长的价值》研究报告。报告通过国际数据公司(IDC)的研究和分析,揭示出无线技术、智能产品和软件定义企业的出现是如何在全世界急剧增长的数据中发挥核心作用的。同时,由于物联网规模每年呈指数增长,2013 年到 2020 年数据量将增长 10 倍,从 4.4 万亿 GB 到 44 万亿 GB。随着工业化和信息化的深度融合及物联网和互联网的成功应用,信息技术渗透到生产制造中的各个环节,如前述的 RFID 技术、工业传感器、CAD/CAE/CAM/ERP 等已在工业中广泛应用。制造企业中不可避免地出现海量的数据,如何有效地利用数据的价值,使生产更加智能化,是当前亟需考虑的问题。本节从大数据的含义出发,分析制造中的大数据问题,并结合当前数据挖掘的主要方法,探讨大数据在制造中的应用。

2.2.1 大数据的含义

自 20 世纪 80 年代起,现代科技可存储数据的容量每 40 个月即增加 1 倍;截至 2012 年,全世界每天产生 2.5 EB 的数据[13]。如图 2-6 所示,数据从传统的模拟量到数字化的变革是巨大的,人类所产生的数据呈现出爆炸式的增长,不管在数据的存储方式,还是数据量上都有着质的改变。虽然大数据还未有一个统一的定义,但其规模性(volume)、高速性(velocity)、多样性(variety)、价值性(value)的"4V"特性已被广泛接受。

(1)数据量大:如图 2-6 所示,1986 年的数据总量不到 3 EB,而到 2007 年数据总量已经增长到了将近 300 EB,增长了近百倍。这是人们不得不面对的数据量问题。

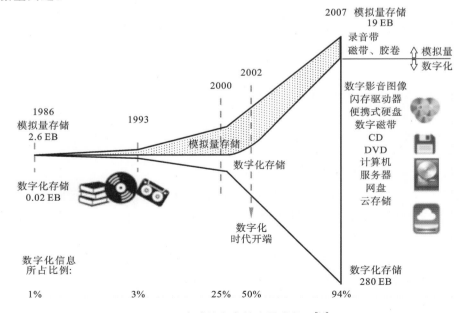

图 2-6　全球信息存储容量成长图[14]

（2）产生速度快：从数字时代开始到现在，这么短的时间之内人类所产生的数据量，比人类过去历史上产生数据的总量还多，并且增长速度还在不断地提高。每时每刻都在产生着大量的数据，例如当前谷歌（Google）每天运算的数据量达到 20 PB，欧洲核子研究中心每天产生 15 PB 数据，全球每天有 1.8 ZB 的数据被复制。如何高速、实时地处理这些数据是大数据必须要面对的问题。

（3）多样性：从原始人的字符、壁画到现代的书籍、音乐、视频、语言等，由于自然本身的多样性和人类技术的发展及对自然的深入认识，数据的种类不断得到丰富，在存储结构上已形成结构化、半结构化、非结构化等多种形式共存的局面。此为大数据的多样性特征。

（4）价值密度低：大数据在价值方面的特征体现在其数量大而价值密度低的特点上。与传统的科学理论不同，大数据的利用率可能很低，如长时间的监控数据中可能只有异常发生时的监控数据才能体现出其价值所在。

尽管大量的数据给人们带来新的困扰，但是更重要的是大数据提供了解决问题的新方法。以大数据为代表的数据密集型计算已成为继第一范式、第二范式和第三范式——实验、理论和仿真之后的第四种科学研究范式。经过最初的以实验为主的第一范式和数百年前出现的以理论研究为主的第二范式之后，随着 20 世纪中期计算机的发展，科学出现了计算分支，以对复杂现象进行仿真研究；而大数据的出现催生了一种新的科研范式：通过实验仪器收集或模拟仿真方法产生数据，然后用软件处理，并将所形成的具有意义的信息和知识存储于计算机之中，以供科技人员研究之用，从而将实验、理论和仿真三种科学研究范式有机地统一起来。

2.2.2 制造中的大数据问题

制造企业之所以出现大数据，主要归因于互联网的发展及其在各个行业的不断渗透，并与制造业本身不断的数字化和信息化密切有关，如第 1 章对制造物联网的展望中提到的"下一代互联网"和"未来互联网"的发展，以及将未来互联网的四大支柱技术与制造技术相结合的智慧制造模式。这种智慧制造模式是一种基于社会信息物理系统的制造模式，它进一步结合了社会系统，拓展了基于信息物理系统的生产模式。

在"四网"高度融合的制造系统中，正是由于引入人际网、物联网和务联网，系统产生了海量的各种结构类型的数据。比如，随着制造自动化水平日益提高和生产过程监测手段的不断增强，制造过程以前所未有的速度产生着海量的与工艺设备、生产过程和运行管理相关的数据；人际网中，存在人与人交互等非结构化的数据;物联网中大量的传感器实时产生大量的数据流、生产状态信息和生产进程信息;更不用说,贯穿多个网络的数字化制造、仿真等所产生的大量数据。

可见,在基于 SCPS 的制造模式下,制造企业在各个环节都可能产生海量的数据,从而引发数据的爆炸式增长,这无疑会产生规模更大、种类更繁杂的数据集,这也给企业带来所谓 4V 特性的大数据挑战问题[15]。制造中大数据的4V 特性,与互联网大数据一脉相承,但又包含有其独特的制造业特征[15],具体如下。

(1) 数据体量大:制造企业中的各种传感器和智能终端产生大量的数据,尤其是引入物联网和社交网络的企业,将产生海量的大数据,PB 数量级规模数据集将成为未来企业数据的常态。

(2) 数据类型繁多:在制造系统中,务联网、物联网、社会性网络会产生大量的结构化数据、半结构化数据和非结构化数据,如表 2-1 所示。传统企业的数据一般来源于信息管理软件(如 ERP、CRM 等)生成的结构化数据;而当今,以XML 模式为代表的半结构化数据和标签、博客、微博、电子邮件、图片、音频、视频等非结构化数据在企业中呈现爆发式增长,而且增长速度远远超过结构化数据的增长速度,特别是在社会性网络生成的海量网络数据中,实体类型越来越多,描述越来越细,关系越来越繁杂。

表 2-1　制造业中的大数据分类与实例

类别	例子	说明
结构化数据	关系型数据库,MRP、MRP II、ERP、CRM	存在于关系数据库或数据表(如 Excel)中,可以用二维表结构逻辑来表达和实现的数据
半结构化数据	XML 等标记语言表示的数据、电子邮件和 EDI(电子数据交换)等	具有一定的结构性,但不具有关系数据库或数据表中的严格数据模型的数据
非结构化数据	书本、杂志、文档、语音、视频和图像等	除了结构化数据和半结构化数据的其他数据

(3) 处理速度快:与传统数据库相比,在基于 CPS/物联网监控的生产系统中,数据处理要求速度更快、实时性更高,能够实时采集生产中的数据,加以实时分析和监控,并将分析结果反馈至有关人员,辅助企业做出科学的决策和判断。

(4) 价值密度低:随着物联网和社交性网络的广泛应用,信息感知无处不在,比如在设备故障监控中连续不断地产生大量数据,而其中有用数据极为有限,即价值密度非常低。

由此可见,企业所面临的环境与过去有根本不同,由于价格低廉的移动设备、摄像头、传声器、条形码与 RFID 读写器和无线传感器网络的广泛使用,企业数据爆炸性地增长。过去的企业资料大部分是人工记下来的交易记录,随着数字技术和数据库系统的广泛使用,企业资源计划管理系统产生了物品购买交易数据(transactions)等;随着电子商务和客户关系管理系统的发展,企业间产生了互动数据(interactions);随着物联网、社交性网络和移动互联网的出现,机器自动生成了观察数据(observations),例如,企业生产时记录下来的监控数据等。随着社会媒体(人际网)和泛在计算的涌现,持续增长的用户和智能终端数据在规模和复杂性上都有着指数式的攀升,导致大数据出现,即"big data ＝ transactions ＋ interactions ＋ observations"。将这个公式简洁地表示为由交易、互动、观察所组成的数据形态,如图 2-7 所示[15]。

由此可见,大数据对当前制造业的转型升级有着重要的意义,制造中的大数据问题已成为智能制造迫切需要解决的关键问题,挖掘出数据的价值是提高制造企业竞争力的重要途径。要让数据驱动业务,就需要将数据作为制造系统的输入,进而在数据分析支持下实现数据实时反馈、生产全方位监控、模拟预测以及业务流程优化。制造中大数据的分析、处理问题详见 3.4 节"大数据驱动的主动制造体系架构"。

2.2.3　大数据挖掘

在制造大数据研究中,不少学者分析了在制造中的多种数据类型和事件。其中数据结构包括结构化、半结构化、非结构化,数据来源包括各种传感器数据、RFID 标签数据、产品设计与制造相关数据、物流状态、市场信息等。但是,由于数据的种类繁多,来源不一,其中可能包含真实数据和虚假数据、无关数据和关键数据,需要有良好的数据质量保障,否则无法得到令人满意的处理结果,甚至得到无效的结果;此外,还需要分析错误数据的来源,然后建立新的数据检验模型,从源头检查数据的有效性,例如要求数据满足物理原理。在传输方面采用轻量级的安全传输,以防止受到攻击而被注入大量伪造数据。在此基础上,再进一步考虑大数据的价值和应用。

如同以往在制造中人们常总结经验并制成图表或经验公式,用于指导一些理论上尚且没有确定解析的设计,如应用于疲劳等方面的判断一样,大数据同样为我们提供了一种新思路:试图借助计算机的能力,分析大量的历史数据,以

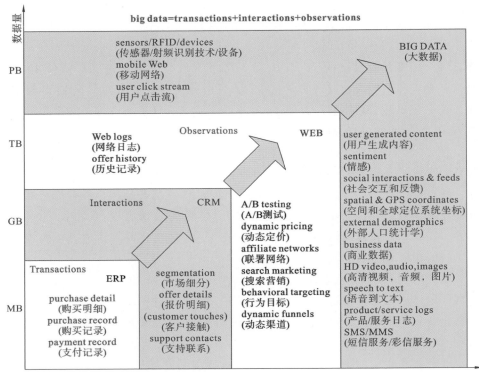

图 2-7 企业大数据演化

得到一个更为准确的解。以图像识别为例,以大量的数据为原料训练深度神经网络,而后系统可以自动识别图片。这里的图片不仅在于量大,更在于图片需要涵盖多种类型的元素,且每个元素的图片又具有多种不同的形态,这样系统才能自动从大量的图片中总结出每个元素的特点。从中可以看出大数据挖掘的两个重要因素:一是要有足够的数据,二是要有一个好的学习模型,可以高效地对数据进行总结归纳。从这个角度出发,大数据的关键不仅在于数据的数量,而且在于数据的质量,需要有不同元素、多个维度的数据。类比于图像识别中,每一张图片都需要从不同的方面来解释同一个东西,如不同的角度、场景、姿态等。

当前大部分企业掌握了大量生产相关数据,然而这些数据不一定是充足的。从异常监测的角度来看,正常生产的数据基本是一致的,即数据的价值密度低,这些数据可以很好地验证制造系统的设计,但是制造中我们更关注异常现象是如何产生的,又该如何预防。要解释一种异常现象,就需要找到相关因素,从这个角度而言,大量的常规数据对异常现象的分析贡献并不大,它们只能解释正常状态下的特征是怎样的,并不能解释在异常状态下的特征。因此,企业所拥有的数据量并不充足,它不能充分解释一种异常的状态及其相关特征等。我们需要的是大量的与异常现象相关的数据,它能从不同的角度来解释异常现象的产生过程及特征状态。因而,需要一种基于异常现象的数据采集,减少不必要的数据,减轻数据存储对企业造成的成本压力。在考虑用数据来解决问题时,首先要明确需要解决的问题是什么,再寻找相关的数据。

制造大数据的价值,首先是对制造过程的了解,能实现制造过程的可视化管理;其次是基于大量数据实现差异化制造的价值。具体可以表现在以下几个方面:基于大数据的市场分析,包括前期的调研、产品的服务与反馈;为定制化提供可能,差异化的数据使得差异化的设计制造成为可能;基于实时运行感知数据的设备故障诊断与预测、产品质量管理、整体优化与整合、产品创新、工艺规划。

大数据的处理方法,是使数据创造价值的手段,是解决从大数据到大知识的关键,是大数据与生产结合,实现上述目标的途径[16]。传统的数据处理手段无法发挥出大数据真正的价值,而新一代人工智能技术——如深度学习等机器学习方法,则为数据的处理提供了新的思路。深度学习(deep learning,DL)属于人工神经网络(artificial neural network,ANN)的范畴,是一种用样本数据深度训练神经网络的人工智能方法。近年来,深度学习受到很大的关注,并且在语音识别[17]、图像分类[18-20]和自然语言处理[21]等方面取得了很大的成功。但是,在机械设备故障预测与健康管理方面,深度学习的应用还很少,一些初步的应用如下:Ma 等人应用受限玻尔兹曼机(restricted Boltzmann machine,RBM)和线性分类器,对图片和传感器数据等多源异构数据实现统一的特征表示,进而预测电力变压器和断路器的故障[22];Tamilselvan 等人同样基于多源传感器数据,应用受限玻尔兹曼机实现电力变压器的故障诊断[23];Gan 等人提出基于深度置信网络(deep belief network,DBN)的层级诊断网络,用于滚动轴承的故障模式识别[24];Fu 等人应用深度置信网络分析振动信号的特征,监测端铣操作的切削状态[25];Chen 等人基于变速箱的振动信号,将卷积神经网络(convolutional neural network,CNN)应用于变速箱故障诊断与分类[26];郭亮等人基于深度学习理论下的轴承状态识别研究,通过深度神经网络建立了轴承状态监测模型[27];张存吉等人用卷积神经网络实现刀具磨损预测[28]。

本节简述了数据的来源、数据的应用和数据的处理方法。大数据在制造中的应用研究正处于起步阶段,如何使数据在制造中创造更多的价值,是当前亟

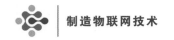

需研究的主要问题。

2.3　务联网

在制造中通过物联网的接入实现海量数据的采集和实时反馈,再借助大数据分析处理,我们能更好地了解到生产系统的运行状态、市场的需求等。然而仅有数据还不足以实现大量制造资源的共享,提高资源的利用效率。为此,需要务联网整合资源,打破合作的边界,提高资源的利用效率,经过聚合与协同使服务资源形成整体的生态系统,从而可以实现跨平台、跨组织、跨物理世界与虚拟空间、跨区域、跨领域的服务组合。本节以上述物联网和大数据为基础,探讨如何通过务联网来实现制造资源的服务化。

2.3.1　务联网的概念

务联网的概念首先由欧盟在第七框架的"未来互联网"计划中提出[4],是在计算机联网、终端联网、实物联网的基础上进一步建立起的各类服务联网的新兴应用方向。服务联网,直观的理解就是各种服务通过互联网按需提供给用户。这里所说的服务并不是传统意义上服务业中所指的服务,而是源自计算机领域为使软件的组件细粒度化并在互联网上可重复使用的概念,基于这个概念进一步扩展,物理资源也可以服务化。计算机软件应用方面的服务化,主要表现为云计算的发展,而进一步延伸为包括工业/制造、车载/物流业、金融/电子支付/电子商务、电网控制/eEnergy、电子医疗、电子政务和应用等均可服务化,即一切皆服务(everything as a service,EaaS)的理念。因此,务联网是一种更为广泛的面向服务相关技术的统称,包括面向服务的体系架构 SOA 和云计算等面向服务技术。

务联网具有如下特性。

(1)泛在化:在未来互联网环境下,人们能够随时随地通过各种方式访问务联网上的各类服务,不受时空限制,便捷高效,同时各类资源也可以在服务化封装后接入务联网之中。

(2)资源虚拟化和服务化:务联网以跨越时空的方式把现实世界的物理资源和数字世界的信息资源进行有效整合,再通过服务化技术实现资源的发现、管理与利用,支持服务的运行与交付。

(3)服务动态化:通过发现用户的个性化特征与应用环境特征,务联网可以动态地组织和聚合可用资源与服务,快速地按照用户的个性化需要提供服务菜单,并支持服务供需双方在虚拟空间和现实空间中的协作。

(4) 内容智能化:通过数据挖掘、信息检索、资源发现等智能化手段,挖掘用户的潜在需求,为用户提供满足其个性化需要的服务内容推荐与定制。

(5) 应用领域化:基于长尾理论,务联网的服务源、内容和业务将根据应用越分越细,形成越来越多的垂直领域细粒度服务,以满足用户更细微的需求。

2.3.2 SOA 和云计算

如上所述,务联网包括 SOA 和云计算等面向服务技术。它们分别从不同的角度对务联网的实现进行探索,SOA 从整体架构上进行研究,云计算则从计算机领域进行实践。云制造将这些理念进一步和复杂的制造资源、制造过程相结合,旨在实现制造服务化。下面主要对 SOA 和云计算的内容、特点和优势进行介绍,并在二者的基础上对云制造的产生进行简要介绍。

1. SOA

随着国际化市场竞争愈加激烈,企业组织变得愈加复杂,企业需要越来越快地响应市场的需求,整合现有的各种资源,实现业务流程动态重组。SOA 是一种新的系统架构,与服务不同,它定义了业务基础结构。更进一步讲,SOA 不受特定技术实现方式或技术结构影响,不允许组件之间相互依赖,是一种松耦合的高级结构[29]。它直接面向业务,替代了传统的企业集成架构(enterprise application integration,EAI),通过服务化封装,使系统以统一的、标准的方式进行数据共享和业务协同,达到数据整合、功能整合和流程整合,使企业在多变的环境中随时应变,及时满足发展的需要。

具体而言,SOA 的组成包括:应用程序前端、服务、服务资源池、服务总线(见图 2-8)。

图 2-8　SOA 的组成

应用程序前端是业务的触发点,是业务流程的所有者。服务是 SOA 的承载者,提供业务功能,可供架构内的其他服务、业务流程、前端应用等使用。服务中的协议规定了服务的使用范围、使用要求、可实现功能、约束等。服务中的实现提供数据业务逻辑,包含其他服务。服务中的接口定义服务连接方式。服务资源池存储着 SOA 中所有服务的协议。服务总线提供整个架构各个组件之间的连接通道。除此之外,SOA 作为一个基础架构,为实现以流程为中心的服务,还需要进一步采用业务流程管理(business process management,BPM)。SOA 在制造中的应用实例,详见 3.1 节"制造物联网的体系架构"。

基于上述的组成结构,SOA 可以大大提高系统的敏捷性,节约企业成本,实现技术中立,扩大服务重用优势,帮助企业稳步前进。下面进行简要说明。

(1)敏捷性:提高系统的敏捷性一直是系统架构的追求目标,包括 EAI 的提出也是为了更好地集成系统的各个部分,然而随着技术发展的多样化及业务流程的复杂化,系统规模庞大,集成与维护变得更加困难,传统的层级结构很难满足敏捷性的要求。SOA 采用松耦合的方式,使业务与特定的技术分离,对业务进行分解重组,同时通过服务文档、服务协议进行记录,大大提高了业务重组能力和系统维护性能,从而提高系统整体的反应速度与敏捷性。

(2)节约成本:首先 SOA 是一种更加开放的架构,它易于和其他应用或其他企业进行集成,可降低企业对特定供应商的依赖,从而使企业选择最优的合作伙伴,降低运营成本。其次,更快、更便捷地优化业务流程,意味着可用更低的成本达到更好的效果。

(3)技术中立:SOA 通过对底层技术进行抽象表示,直接面向业务流程,并通过服务对功能进行实现,具有技术中立的优点。换句话说,SOA 将服务的功能与服务的实现分开,从而可以更好地集中于业务流程的优化,不受技术限制。技术中立从结构上保证了企业可以更快地吸收新的技术和实现方案,有利于企业在高速发展的环境中保持竞争优势。

(4)服务重用:服务重用首先体现在通过对现有服务的修改、优化、编排,从而实现新业务,提高了系统的开发效率。再者,基于上述技术中立的优势,SOA 中的服务重用可避免技术的限制,提高了服务的适用范围。最后,服务重用可以促使服务趋于成熟,避免反复调试和测试,降低业务故障风险。

(5)帮助企业稳步前进:基于上述优势,SOA 可以更好地帮助企业稳步前进。具体而言,在结构松耦合和技术中立的支撑下,企业可避免在初期阶段就对系统进行全面的设计,可随着系统的发展逐步扩展。由于 SOA 不与特定的技术绑定,故它允许企业灵活地引进新的技术、新的功能。

2. 云计算

云计算(cloud computing)[5]是务联网在计算机领域的具体应用,也是当前务联网最具代表性的运用。在物联网、互联网高速发展的今天,如前所述大数据环境下,人们每天需要面对的数据呈几何倍数快速增长。虽然互联网可以让人们快速便捷地获取信息和相互交流,然而企业和个人都不得不面对在海量数据背后,对软件和硬件的配置、部署、维护、升级等的持续不断增长的需求。同时,随着系统的复杂程度越来越高,专业性越来越强,这种需求的持续增长使得越来越多的企业和个人难以承受,他们迫切需要一种以较低成本投入就能高效、便捷地获取信息的计算资源。此外,对于超强复杂计算能力的需求也至关重要。如果单独配置超级计算机,不仅入门成本高、维护成本高,同时还会造成资源的闲置和浪费。如何才能既满足企业的需求,又实现资源的高效共享,这是云计算拟解决的一个关键问题。伴随着互联网的高速发展,网络带宽的极大提高,芯片和磁盘驱动器产品功能的逐步增强,并行计算、分布式计算、网格计算技术和基于互联网服务存储技术的日益成熟,以及企业和用户对提高计算能力和资源利用效率的迫切需求,云计算应运而生。

云计算从实质上来讲并不是一种计算方法,而是一种新的服务化计算模式和商业模式,属于社会学的技术范畴。它是以应用为目的,通过互联网将大量必备的软件和硬件按照一定形式连接起来,并随着用户需求的变化而灵活并实时调整的一种优质、高效、低耗的虚拟资源服务的集合形式。云计算的目标是使计算与存储等信息技术资源能够如同水、电、煤、气等传统的公共资源一样被提供、使用和收费,使企业和个人无须投入大量资金就可以拥有满足自身需求的信息技术资源,极大限度地降低资源管理所消耗的成本,使用户能够享受高性能的软件资源、硬件资源、计算资源和服务资源,大大提高资源使用的便捷性、高效性和灵活性。它是继 20 世纪 80 年代大型计算机到客户端-服务器的大转变之后的又一种巨变。用户不再需要了解"云"中基础设施的细节,不必具有相应的专业知识,也无须直接进行控制。云计算描述了一种基于互联网的新的IT 服务增加、使用和交付模式,通常涉及通过互联网来提供动态易扩展且经常是虚拟化的资源。云计算的服务特征和自然界的云、水循环具有一定的相似性,因此,"云"是一个相当贴切的比喻。根据美国国家标准和技术研究院的定义,云计算服务应该具备以下几条特征:

(1) 随需应变自助服务;

(2) 随时随地用任何网络设备访问;

(3) 多人共享资源池;

(4) 快速重新部署灵活度;

（5）可被监控与量测的服务。

一般认为云计算服务还有如下特征：

（1）基于虚拟化技术快速部署资源或获得服务；

（2）减轻用户终端的处理负担；

（3）降低用户对于 IT 专业知识的依赖。

从用户的角度而言，在传统的计算机上执行计算任务时，由于计算机硬件的限制，当任务量变大时，计算的执行时间必须延长，用户只能被动地等待；当有新的计算需求时，需要购买一套新的计算软件和硬件（可能就只用一次），要从整体上进行升级，造成资源的闲置。而在云计算的环境下，计算能力、计算资源等软件和硬件按需使用、动态扩展，用户一台计算机上运行 100 h 的任务，在云环境下可以直接调用 100 台云计算机，在 1 h 内完成，大大提高了用户的生产效率；突发的计算需求，可按使用时间购买软件、硬件使用权来实现，节约用户的生产成本，同时提高资源的利用率。从这点而言，云计算给用户带来的变化是颠覆性的，它可以大大提高用户的计算能力，减少基础设施的预先投入，缩短用户的开发周期，降低高性能设备的使用门槛，使得高级计算不再仅仅是少数专业人员或大型企业才具备的能力。

云计算系统主要通过基础设施即服务（infrastructure as a service，IaaS）、软件即服务（software as a service，SaaS）和平台即服务（platform as a service，PaaS）来实现，使用户可以按需向计算平台提交自己的硬件配置、软件安装、数据访问等。

基础设施即服务是指厂商把计算机的基础设施通过网络，以服务形式，包括计算机、存储、计算能力、网络和数据库等，提供给用户的系统，其主要优势在于降低用户的硬件设备开销。用户可通过云服务使用高性能的计算机，无上限的存储服务等不必自主购买，同时按需使用，可减少资源的闲置。当前各大网络运营商提供的云存储、云主机等均属于此类服务。

软件即服务是指软件提供方将软件部署在远程服务器中，软件使用者注册账号，根据使用的软件功能、使用时间、使用范围，通过简易客户端或浏览器在网络环境下使用软件服务，并按需付费的系统。使用软件服务过程中，用户只需要登录账号，不必进行软件的安装、配置、维护。提供此类服务的公司众多，包括谷歌提供的免费文档服务，它允许用户使用浏览器访问其应用，并以此来完成文档编辑工作，以及 IBM 等公司提供的 ERP 应用等。

平台即服务是指厂商把软件开发、部署、测试、运行环境，以及复杂的应用程序托管等，以服务的形式通过互联网提供给用户的系统。其内容可涵盖文件系统、计算模型、数据库、同步机制、管理机制等。用户可在平台上完成软件设计、应用开发、应用测试和应用托管。

3. 云制造

服务型制造诞生在制造业和服务业相互融合的背景下,并通过网络化协作实现制造向服务的拓展和服务向制造的渗透。制造业企业为了获取竞争优势,将价值链由以制造为中心向以服务为中心转变。因此,制造中的务联网,不仅是将现有的务联网资源(云计算、云存储等)引入到制造系统中,形成"互联网+制造",而且更重要的是,在制造中实现务联网的思想理念,达到制造资源、制造能力的共享、整合、重组,打破传统企业之间的局限,即面向服务的制造技术,将制造资源和制造能力服务化,成为信息系统的另一重要组成部分,使系统内不同服务资源之间相互连接。在此基础上,"云制造"的理念[30]应运而生,它借鉴了云计算的计算和运营模式,在云安全、嵌入式、物联网、大数据、语义 Web、服务计算、高性能计算、智能科学和信息化制造等技术的支撑下发展而来,引起了学术界和工业界的高度重视和广泛关注。

云制造服务体系的层次化框架主要包括物理资源层、虚拟资源层、服务层、核心功能层和云平台用户层等。在虚拟资源层实现相应云制造资源的虚拟化和制造资源的感知与接入。许多技术能够用于制造资源的识别,如 RFID 技术,无线传感器网络,物联网,网络物理系统,全球定位系统,传感器数据分类、聚类和分析,以及适配器技术等。服务层用于将虚拟化的资源封装成服务发布到云平台,形成云制造资源池[31]。

云制造与传统制造模式不同,其资源与网格制造资源类似,具有分布性、多样性、异构性、独立性、异步协作性和共享性等特点。不同的云制造资源属性有很大的差异,因此,在云制造资源虚拟化之前,应根据面向服务的思想,按照云制造资源的属性及其在产品全生命周期活动中发挥的作用,对制造资源进行分类[32]。具体的制造资源分类和制造资源的特征,可参考第 4 章"制造资源的特点及资源模型需求"和"制造资源分类"的介绍。

云制造资源服务化主要是实现虚拟资源的服务化封装,将其以云服务的形式发布到云制造平台中。它包括虚拟资源描述模型构建技术和云服务的统一建模。不同类型的资源虚拟化采用的方法有所不同,但是其虚拟化的目的是一样的,都是为了后续的资源服务化和资源利用率提升。目前较为流行的服务化方法是将资源发布成 Web 服务,然后统一注册。云制造资源中的计算资源与云计算的类似,不同之处主要在于这些资源延伸到制造设备,详见第 4 章"制造资源服务化建模"的介绍。

与云计算资源虚拟化相比较,云制造资源服务化具有以下特征。

(1) 资源范围更广泛:云计算中所涉及的资源主要是数据、运算速度等虚拟资源,而云制造中所涉及的资源不仅有这些虚拟资源,还有物料、机床、零部件等实体资源。

(2) 封装过程更复杂:云计算中所涉及的资源基本上已是以一种虚拟的形式存在,将其进一步虚拟化封装的目的是统一这些资源的调用接口;而云制造中的许多资源则以一种实物的形式存在,这些制造资源的服务化封装过程不仅包含对实物进行虚拟化封装,还包含将其虚拟化封装包进一步服务化,这是一个包含了资源调用接口的统一和资源的语义 Web 表达的复杂过程。

(3) 服务对象更广泛:虚拟化封装后的云计算资源面向的服务群体主要是需要大数据计算的企业和科研单位等,而服务化封装后的云制造资源面向的服务群体不仅包括大型企业和科研单位,还包括众多中小型企业,甚至个人。

(4) 服务内容更具体:云制造提供的是一种商业化、服务化的网络制造新模式,一方面提供了一种跨平台的、灵活的、虚拟化的直接面向用户的云制造服务,方便了云制造的商业推广;另一方面在云制造服务或服务组合的执行过程中,与服务相映射的制造资源根据服务内容进行调配,将云制造的商业活动具体化,云制造给用户带来的服务和收益是看得见的。

基于服务组织架构和资源的服务化,云制造通过服务动态组合来实现业务流程,完成复杂任务,然而当组合的服务数量急速上升时,如何在大量的服务中准确定位到用户需求的服务并按需实现组合,是迫切需要解决的关键问题之一。目前着重于基于服务质量(quality of service,QoS)的服务选择、组合研究,进一步形成一个所谓的服务工程,包括采用面向服务的设计理论与方法。

2.4 信息物理系统

美国于 2005 年提出了将控制、通信、计算相结合的新一代智能控制系统——信息物理系统(CPS)。而当前制造业中提出的新型智能制造模式,如云制造、智慧制造、工业 4.0、智能制造等与 CPS 的理念是一脉相承的。云制造旨在对大量的制造资源进行虚拟化、服务化封装,并将其通过互联网以服务的形式发布,实现资源的按需使用,是工业信息化的进一步发展;而智慧制造[33]在CPS 的基础上进一步将社会系统与信息系统、物理系统相融合,提出了基于社会信息物理系统的生产模式;工业 4.0 以智能制造和智能工厂为主题,强调了软件技术在工业中的重要地位,旨在通过软件技术实现物理资源的信息化,从而构建面向制造业的 CPS,实现智能制造的理念。由此可见,CPS 是新型智能制造模式得以实现的共同基础。CPS 的建立还需要在传统技术的基础上对很多分析方法、问题处理方案进行重新思考[34]。

2.4.1　CPS 的定义

由于 CPS 覆盖范围广,涉及的领域多,对多个学科进行融合发展,因此尽管有众多的研究和应用,目前尚未对其有一个明确的定义。有学者从计算机科学的角度出发,提出 CPS 是物理进程和计算进程相互结合的产物,物理中的进程将实时反映到计算进程中,反之亦然;还有学者从信息处理及存储的角度出发,认为 CPS 是用于监控物理进程中实体网络的计算机系统;也有学者从嵌入式开发的角度出发,提出 CPS 的本质是具有可靠的计算、通信、控制能力的智能机器人系统。我国何积丰院士指出,CPS 可理解为在情景感知基础上的可信、可控、可扩展的网络化物理设备系统。如图 2-9 所示,CPS 的特点在于安全可靠地将物理系统和信息系统深度融合,通过 3C——计算(computation)、通信(communication)、控制(control)的有机融合、相互协调,实现实时感知和监测、动态追踪和控制,提供全面的服务[35]。

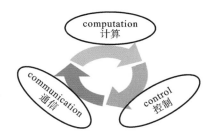

图 2-9　CPS 的抽象结构

2.4.2　CPS 的研究现状

CPS 应用于不同领域之中,涉及范围广、影响大,以至于很多国家、企业、研究机构、学者纷纷投身于 CPS 的研究之中。广泛的投入已取得丰硕的研究成果,国内外均有学者对 CPS 的研究成果及进展进行总结,如有的从系统角度,对 CPS 的概念、特征、组成、相关技术等进行回顾、总结,分析 CPS 的内涵和特点;有的从无线传感网络系统到 CPS 的过渡转变加以分析;也有的从建模的角度对 CPS 的研究进行总结;还有的从控制的角度分析 CPS 的发展沿革和根本要求等等。以下结合前人的研究成果、综合报告以及当前研究进展,从国家战略、学术研究、应用等方面对 CPS 的研究现状进行介绍。

从国家战略上来看,CPS 的概念最早由美国于 2005 年提出,随后于 2006 年 2 月发布的《美国竞争力计划》将 CPS 列为重要的研究项目。到了 2007 年 7 月,美国总统科学技术顾问委员会在《挑战下的领先——竞争世界中的信息技术研发》报告中将 CPS 作为八大关键信息技术的首位。欧盟计划从 2007 年到 2013 年在嵌入智能与系统的先进研究与技术(ARTMEIS)上投入 54 亿欧元,使其成为未来智能电子系统的世界领袖。

2013 年汉诺威工业博览会上德国联邦教研部与联邦经济技术部提出了工业 4.0 的概念,指出人类将迎来以 CPS 为基础的第四次工业革命,并将工业4.0 作为保障德国工业世界领先地位的重要战略。2015 年我国提出了"中国制造 2025"规划,在"两化融合"的基础上,提出了进一步结合云计算、物联网、移动互联网等新一代的信息技术推动制造业的发展,其实质也是促进物理系统和信息系统的深度结合。

在学术上,自 2008 年起,来自不同国家的学者每年都会举办一次 CPS Week 会议,对当前的研究进行交流。在研究团队中,加州大学伯克利分校的 Edward A. Lee 等人对 CPS 进行了系统的研究,其工作除了上述对 CPS 进行探索并给出定义外,还包括从计算机科学的角度对比物理系统和软件工程的区别,指出软件设计中面向对象、面向服务的编程方法不适用于多并发和使用环境复杂的物理系统;同时指出当前的系统中程序缺乏时间属性,对于本质上是并发的物理系统,软件中的线程技术不能满足 CPS 的要求,并建议重新考虑程序的抽象结构以提高 CPS 的可预测性和可靠性。而后在其研究中进一步明确信息系统和物理系统融合的方法是把物理系统信息化(cyberizing the physical,CtP)和网络系统物理化(physicalizing the cyber,PtC),指出 CtP 中不仅缺乏时间属性,而且信息系统中没有可描述系统的时间表达方法,因此提出了一个超密时间(superdense time)的概念。在 PtC 中,图灵、冯·诺依曼等提出的计算机模式适用于数据的处理,却不适用于 CPS 中的物理对象,其团队提出了 PTIDES(programming temporally-integrated distributed embedded systems)作为解决方法。其他研究团队也从不同的方向努力,有学者开发了可配置中间件服务;有学者采用面向特征软件的原则,设计了满足 CPS 不同应用需求的中间件;也有学者从工业自动化系统出发,研究了自动化系统中软件的设计方法,提出将面向对象和模型驱动设计的好处引入到工业自动化领域,分析当前主流

的设计语言和面向对象的设计语言在工业中的发展,再利用 UML 和 SysML
建立系统模型的架构,并采用 Java 程序设计语言做一个实验平台进行验证。另
外,事件处理是 CPS 中的一个重要方法,用于处理海量的实时数据,其概念、特
点、重要性以及在 CPS 环境下的新特性都是研究的重点。

2.4.3 CPS 的系统特性与挑战

如前所述,CPS 与物联网、大数据、务联网等新兴信息技术相辅相成、相互
促进,而 CPS 体现在已有信息技术基础上的进一步发展,以求实现物理进程和
信息进程的深度融合。下面从 CPS 与其他系统的异同出发,分析 CPS 的系统
特性及相关的挑战[36]。

(1) 全局性:局部物理空间发生的进程,可通过虚拟空间的整合形成一个整
体上安全、可靠、实时的感知和操作,即形成一种全局虚拟(globally virtual)、局
部物理(locally physical)的新模式。

(2) 深度嵌入性:物联网通过大量的传感器实现对物理环境的感知、接入,
而在此基础上,CPS 进一步要求具有嵌入的执行器,可实现实时的反馈、控制,
设备在一定程度上具有自主计算能力。

(3) 数据为中心:大量异构资源之间通过数据交互、数据融合,得到一个全
面而精确的事件信息,以大数据为基础解决异构资源之间的通信交流问题。

(4) 领域相关特性:鉴于现实系统的复杂性,每个不同的领域,其组织结构、
功能等属性大不相同,相应的信息系统的建立应该考虑到不同领域之间的差
别,结合具体领域进行展开。

(5) 实时性:与物联网相比,CPS 在实现万物互联的基础上进一步要求系
统能够实现实时控制。物理系统的时间特性是目前人类无法超越的问题,为解
决物理进程和信息进程的融合问题,物理进程和信息进程必须能够达到时间上
的同步。系统信息获取、传达的实时性直接影响着系统控制、决策的准确性、有
效性。

(6) 安全性:与物联网、大数据、务联网类似,随着接入范围的扩大,系统的
可攻击范围、影响范围也变大。一方面,与信息系统的深度融合,意味着传统上
的物理系统也需要面对新的网络攻击等安全问题;另一方面,网络信息空间与
物理系统结合,进一步扩大了信息安全的影响范围。由于系统内在的实时控制
要求,危害将不再局限于网络,可直接作用于物理世界。

即使处于制造业领先地位的德国和美国,也积极地发展 CPS,以抢占智能
制造的制高点。目前大量研究者都在对 CPS 进行研究,系统的实时性是 CPS

的关键问题。CPS 的发展能为智能制造的实现提供强有力的支持，如何结合大数据、务联网等新一代信息技术对制造过程进行实时监控、调度、预测是制造物联网的关键基础。

本章参考文献

[1] 孙其博，刘杰，黎羴，等. 物联网：概念、架构与关键技术研究综述[J]. 北京邮电大学学报，2010，33(3)：1-9.

[2] 李作海. 基于 RFID 的制造系统信息集成研究[D]. 广州：华南理工大学，2011.

[3] BUDAK E，CATAY B，TEKIN I，et al. Design of an RFID-based manufacturing monitoring and analysis system[M]. Istanbul：Istanbul Technical Univ. ，2007.

[4] QU T，YANG H，HUANG G Q，et al. A case of implementing RFID-based real-time shop-floor material management for household electrical appliance manufacturers[J]. Journal of Intelligent Manufacturing，2012，23(6)：2343-2356.

[5] ZHANG Y F，JIANG P Y，HUANG G Q，et al. RFID-enabled real-time manufacturing information tracking infrastructure for extended enterprises[J]. Journal of Intelligent Manufacturing，2012，23(6)：2357-2366.

[6] GUO Z X，NGAI E，YANG C，et al. An RFID-based intelligent decision support system architecture for production monitoring and scheduling in a distributed manufacturing environment[J]. International Journal of Production Economics，2015，159(C)：16-28.

[7] ZHANG Y F，QU T，HO O，et al. Real-time work-in-progress management for smart object-enabled ubiquitous shop-floor environment[J]. International Journal of Computer Integrated Manufacturing，2011，24(5)：431-445.

[8] HUANG G Q，ZHANG Y F，JIANG P Y. RFID-based wireless manufacturing for real-time management of job shop WIP inventories[J]. The International Journal of Advanced Manufacturing Technology，2008，36(7-8)：752-764.

[9] ZHONG R Y ，LI Z，PANG L Y，et al. RFID-enabled real-time advanced

planning and scheduling shell for production decision making[J]. International Journal of Computer Integrated Manufacturing，2013，26（7）：649-662.

［10］ QU T，ZHANG L，HUANG Z，et al. RFID-enabled smart assembly workshop management system[C]//2013 10th IEEE International Conference on Networking，Sensing and Control（ICNSC）. Evry：IEEE，2013：895-900.

［11］ DAI Q Y，ZHONG R Y，HUANG G Q，et al. Radio frequency identification-enabled real-time manufacturing execution system：a case study in an automotive part manufacturer[J]. International Journal of Computer Integrated Manufacturing，2012，25(1)：51-65.

［12］ 王保云. 物联网技术研究综述[J]. 电子测量与仪器学报，2009，23(12)：1-7.

［13］ 孟小峰，慈祥. 大数据管理：概念、技术与挑战[J]. 计算机研究与发展，2013，50(1)：146-169.

［14］ Wikipedia. Big data[EB/OL]. [2016-03-23]. https://en. wikipedia. org/wiki/Big_data.

［15］ 姚锡凡，周佳军，张存吉，等. 主动制造——大数据驱动的新兴制造范式[J]. 计算机集成制造系统，2017 ，23（1）:172-185.

［16］ 吴信东，何进，陆汝钤，等. 从大数据到大知识：HACE＋ BigKE[J]. 计算机科学，2016，42(7)：965-982.

［17］ GRAVES A，MOHAMED A R，HINTON G E. Speech recognition with deep recurrent neural networks[C]//2013 IEEE International Conference on Acoustics，Speech and Signal Processing. Vancouver：IEEE，2013：6645-6649.

［18］ KRIZHEVSKY A，SUTSKEVER I，HINTON G E. Imagenet classification with deep convolutional neural networks[C]//International Conference on Neural Information Processing Systems. Advances in Neural Information Processing Systems. Shanghai，2012：1097-1105.

［19］ ZHANG L P，XIA G S，WU T F，et al. Deep learning for remote sensing image understanding[J]. Journal of Sensors，2016.

［20］ SMIRNOV E A，TIMOSHENKO D M，ANDRIANOV S N. Comparison of regularization methods for imagenet classification with deep convolutional neural networks[M]//DENG W. 2nd AASRI Conference on Computational Intelligence and Bioinformatics. Amsterdam：Elsevier Science Bv. ,2014：89-94.

[21] MNIH A，HINTON G E. A scalable hierarchical distributed language model[C]//International Conference on Neural Information Processing Systems. Advances in Neural Information Processing Systems. Shanghai,2009：1081-1088.

[22] MA Y，GUO Z，SU J，et al. Deep learning for fault diagnosis based on multi-sourced heterogeneous data[C]//2014 International Conference on Power System Technology. Power System Technology（POWERCON）. Chengdu：IEEE，2014：740-745.

[23] TAMILSELVAN P，WANG P F. Failure diagnosis using deep belief learning based health state classification[J]. Reliability Engineering & System Safety，2013，115：124-135.

[24] GAN M，WANG C，ZHU C A. Construction of hierarchical diagnosis network based on deep learning and its application in the fault pattern recognition of rolling element bearings[J]. Mechanical Systems and Signal Processing，2016,s72-73(2)：92-104.

[25] FU Y，ZHANG Y，QIAO H Y，et al. Analysis of feature extracting ability for cutting state monitoring using deep belief networks[M]// SCHULZE V. 15th Conference on Modelling of Machining Operations. Amsterdam：Elsevier Science Bv. ,2015：29-34.

[26] CHEN Z Q，LI C，SANCHEZ R V. Gearbox fault identification and classification with convolutional neural networks[J]. Shock and Vibration，2015(2)：10.

[27] 郭亮，高宏力，张一文,等. 基于深度学习理论的轴承状态识别研究[J]. 振动与冲击，2016，35(12)：166-170.

[28] 张存吉，姚锡凡，张剑铭,等. 基于深度学习的刀具磨损监测方法研究[J]. 计算机集成制造系统,2017,23(10):2146-2155.

[29] KRAFZIG D，BANKE K,SLAMA D，et al. Enterprise SOA 中文版：面向服务架构的最佳实战[M]. 韩宏志,译. 北京：清华大学出版社，2006.

[30] 李伯虎，张霖，王时龙，等. 云制造——面向服务的网络化制造新模式[J]. 计算机集成制造系统，2010，16(01)：1-7＋16.

[31] 易安斌. 云制造资源服务组合优化选择问题研究[D]. 广州：华南理工大学，2016.

[32] 李永湘. 基于进程代数的云制造服务组合[D]. 广州：华南理工大学，2017.

[33] 姚锡凡，张剑铭，LIN Y Z. 智慧制造系统的基础理论与技术体系[J]. 系统工程理论与实践，2016，36(10)：2699-2711.

[34] KIM K，KUMAR P R. Cyber-physical systems：a perspective at the centennial[J]. Proceedings of the IEEE，2012，100(Special Centennial Issue)：1287-1308.

[35] 王中杰，谢璐璐. 信息物理融合系统研究综述[J]. 自动化学报，2011，37(10)：1157-1166.

[36] 黎作鹏，张天驰，张菁. 信息物理融合系统（CPS）研究综述[J]. 计算机科学，2011，38(9)：25-31.

第3章
制造物联网的体系架构及其发展

本章首先从物联网应用的角度出发,分析制造物联网的体系架构,然后阐述以制造物联网为基础的新一代智能制造体系架构,包括智能制造(信息物理系统)、智慧制造(社会信息物理系统)以及大数据驱动的主动制造的体系架构,这三种新一代智能制造体系架构体现了制造物联网体系架构的新发展。

3.1 制造物联网的体系架构

目前物联网已经在生产企业中获得了广泛应用,特别是 EPC 系统的出现让源于 RFID 技术的物联网技术有了新的定义和应用。EPC 系统是在计算机互联网和 RFID 技术的基础上,利用全球统一标识系统编码技术给每一个实体对象一个唯一的代码,构造一个实现全球物品信息实时共享的实物互联网的系统。

同时,人们对物联网的体系架构进行了广泛、深入的研究,提出了多种不同形式的体系架构,如物品万维网(Web of things,WoT)的体系架构、基于传感网的物联网应用架构和物联网自主体系架构等。从抽象应用角度来看,物联网基本应用架构包含传感层(感知层)、传输层(网络层)和应用层[1],如图 3-1 所示。其中,感知层的主要功能是识别物体、采集信息和自动控制,是物联网识别物体、采集信息的基础;网络层由互联网、电信网等组成,负责信息传递、路由和控制;应用层实现所感知信息的应用服务,包括信息处理、海量数据存储、数据挖掘与分析、人工智能等技术。但这种基本架构缺少具体的实现方法。

目前应用最广泛和最成熟的架构是如图 3-2 所示的基于 RFID 技术的 EPC 系统架构[2],它由标签、读写器、EPC 中间件、EPC 信息服务(EPCIS)、对象名解析服务(ONS)以及企业的其他内部系统组成,主要用于物品的跟踪和管理。

目前物联网应用多数沿用 EPC 体系架构[1],但这种应用广泛的 EPC 体系架构并不能满足制造物联网/智能制造的需求。当前物联网已成为实现"两化

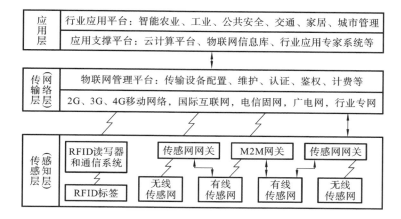

图 3-1 物联网基本应用架构

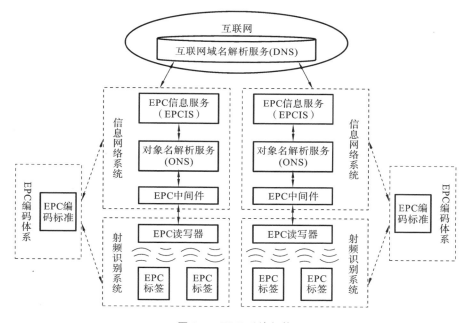

图 3-2 EPC 系统架构

融合"的重要手段[1],主要工作集中在以下几个方面。

(1)生产业务协同化。物联网技术,可将企业内部的生产业务和物流管理与企业上、下游及社会协作单位连接起来,通过对整个生产业务和物流管理的优化控制,实现企业内部和企业间的业务协同化,从而从整体上提升工业生产的效益。

(2)生产过程智能化。物联网可实时监测生产过程中的设备状态、原材料消耗和产品质量状况,通过对生产过程的智能监测、控制、优化和决策,实现企业生产过程智能化。

（3）产品服务网络化。将智能传感器嵌入产品和设备中，物联网就可实现产品和设备的远程监测和维护，不但可以减少产品和设备的维护费用，而且可以使企业有能力实现产品的制造和使用全生命周期服务，是实现生产制造型企业向制造服务型企业转变的有效途径。

（4）节能减排和环境保护。物联网技术可以实现生产过程中能源生产、输配和消耗全程的实时监测和管理，通过优化能源的生产和使用，可以极大地降低能耗，减少碳排放。通过对生产过程中各种污染源的实时监测，可减少污染物的排放，防止突发环境污染事故。

（5）工业安全生产管理。将智能传感器嵌入设备中，再安装在有潜在危险的生产现场，物联网就可以及时感知环境的安全状况，在危险发生前报警，可以极大地提高人员和设备的安全保障水平，防止灾难性事故发生。

制造物联网/智能制造更强调智能技术在产品的全生命周期中的应用和业务的协同，需要根据制造业的特点和应用需求来研究物联网应用体系架构。智能制造领导联盟针对需求，制定了实现智能制造的运行和技术路线图[3]，并提出如图 3-3 所示的智能制造平台架构[4]。

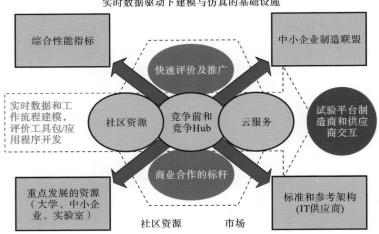

图 3-3　智能制造平台架构[4]

Lucke 等认为，智能工厂应用系统由硬件系统和情景感知的应用程序（软件）组成，其中硬件系统包含嵌入式系统、无线通信技术、自动识别（auto ID）技术和定位技术，应用程序（软件）包括联邦平台、情景识别和传感器融合。智能工厂体系架构如图 3-4 所示[5]。在相关研究领域，唐任仲等提出了一种包括业务环境层、信息交互层、信息处理层、智能服务层和系统支撑层在内的 U-制造参考体系架构[6]。

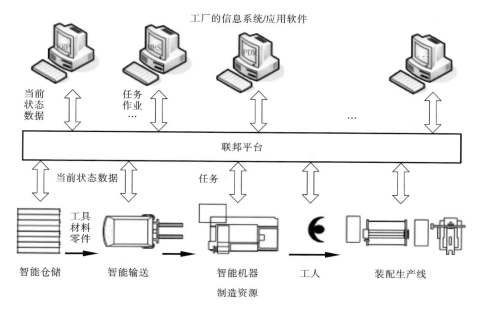

图 3-4　智能工厂体系架构

物联网旨在通过传感器技术实现对物品的智能化识别、定位、跟踪、监控和管理。在制造业中,虽然以 RFID 技术为代表的物联网解决了企业应用系统的数据录入和数据采集的瓶颈问题,但这些应用的领域和规模都存在一定的局限性。当今,企业面临变化莫测的市场,一方面,需要有极强的灵活性和应变能力,特别是随着企业应用规模越来越大、越来越复杂,物联网中的传感器产生大量的数据流事件,需要复杂事件处理(CEP)和事件驱动架构(event-driven architecture,EDA)的支持;另一方面,也需要 SOA 和云计算技术的支持,以便通过松耦合、可重用、可互操作的面向服务技术快速地响应业务变化需求,还需要将物联网、SOA、EDA 和云计算等技术结合起来,探讨物联网事件驱动的面向云制造服务的架构[7]。

在物联网使能的云制造服务集成中,一方面,在垂直跨层的服务集成上,需要通过企业服务总线(enterprise service bus,ESB)或务联网集成各种服务,如设备、流程服务和应用等;另一方面,在水平跨域的异构设备集成上,通过物联网实现人与物、物与物的互动,如图 3-5 所示。

这种事件驱动的面向云制造服务的架构实现了 EDA 和 SOA 的优势互补,

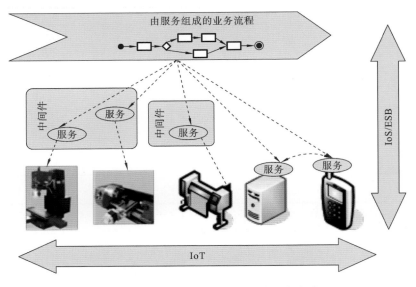

图 3-5　物联网事件驱动的云制造服务集成

形成了 EDSOA(event-driven SOA)。SOA 从系统解构的角度入手,将整个应用分解为一系列独立的服务,并通过松耦合方式把服务串连起来,灵活地应对复杂多变的市场环境,但 SOA 不完全具备动态感知、协同工作、长时间运行和异步处理的能力;而云制造正需要这样的能力以实现设备资源的协同感知和实时响应业务需求,也就是说,需要 EDA 的支持。EDA 作为一种提供事件产生、路由、消费、回调等机制的架构模式,虽然可弥补 SOA 的缺陷,但也存在设计复杂、可理解性差以及高并发通信和处理等问题,反过来,EDA 也需要 SOA 弥补其自身的不足。

　　EDA 和 SOA 都能够增加企业应用集成的敏捷性,但是二者采用不同的方式来达到。SOA 使用同步的请求/响应模式,发布者和需求者只有一对一的关系;而 EDA 采用基于异步的发布/订阅模式,发布者完全不知道需求者的存在,可以将事件传送给任意数量的需求者。二者的对比如表 3-1 所示。由此可见,EDA 与 SOA 是优势互补的技术,服务和事件处理的结合产生了更好的敏捷性和实时响应,适用于需要物联网感知支持的云制造环境。

　　SOA 集成的重要手段是通过 ESB 来实现的。当前 ESB 不仅为 SOA 的实现提供支持,而且还提供事件驱动的支持,即支持表 3-1 中的所有功能,也可用于 EDSOA 集成。一种基于 ESB 集成的 EDSOA 模型如图 3-6 所示,其左侧表示 SOA,是由服务提供者、服务请求者和服务注册中心三种角色组成的 Web 架

表 3-1　EDA 与 SOA 对比

比较项目	SOA	EDA
核心概念	服务	事件
使用模式	请求/响应模式	发布/订阅模式
触发方式	操作调用	事件触发
通信机制	同步	异步
耦合约束	松耦合的交互	分离的交互
参与方之间的关系	1∶1(一对一)	$n∶n$(多对多)
业务处理方式	预定的线性、串行路径	动态非线性、并发路径

构模型,而其余部分表示通过 ESB 实现 RFID 事件处理功能以及事件生产者与消费者的发布/订阅模式,其中 MySQL 数据库用来保存事件,ESB 在这里起到连接和服务中介的作用,将系统所执行的业务活动、流程或规则视为服务。

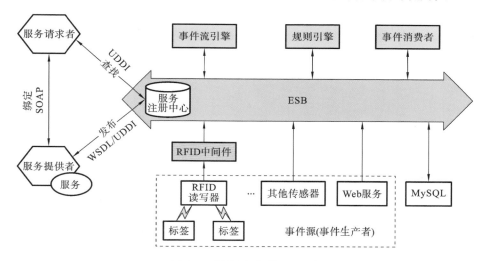

图 3-6　用 ESB 实现 EDSOA

　　一种事件驱动的面向云制造服务架构(event-driven SOA for cloud manu-facturing,EDSOA4CM)[7]如图 3-7 所示,它包括如下层次:① 制造资源层。包括各种制造资源(模型资源、软件资源、计算资源、存储资源、数据资源、知识资源、设备资源等)和制造能力。物联网实现各类制造物理资源的互联互通,实现物理世界与数字世界(虚拟世界)的连接。② 虚拟资源层。虚拟化工具将各类制造资源虚拟化,将 SOA、云计算的计算资源延伸和拓展为非常广泛的制造资源。③ (复杂)事件处理层。包括传感器中间件和复杂事件处理。④ 服务(组件)层。

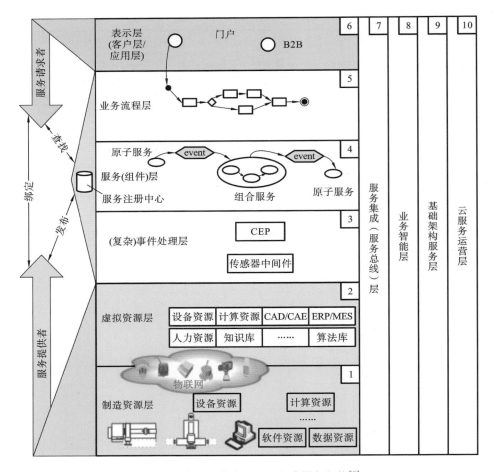

图 3-7　事件驱动的面向云制造服务架构[7]

提供各种核心服务,包括原子服务和组合服务。⑤ 业务流程层。通过匹配、编排,将服务绑定为一个流程,支持用户根据业务需求定义业务流程。⑥ 表示层(客户层/应用层)。用户可以通过不同的终端与制造云服务进行交互;支持用户注册、验证,以及任务需求描述、创建等。⑦ 服务集成(服务总线)层。提供请求/响应,以及发布/订阅的中介、路由和传输等功能。⑧ 业务智能层。定义业务规则和提供智能支持。⑨ 基础架构服务层。提供服务监控以及保障诸如安全、性能和可用性等服务质量。⑩ 云服务运营层。管理虚拟化和服务化后的制造资源,为服务发布、查找、绑定、调度与部署等提供支持,按需为用户提供服务。

图 3-7 中,左侧表示三个参与者(服务提供者、服务请求者和服务注册中心)以及三个基本操作(发布、查找和绑定)之间的关系。EDSOA4CM 相比于其他

的云制造服务架构,增加了(复杂)事件处理层,并将业务流程层表示成事件驱动模式,同时支持 EDA。EDSOA4CM 将事件处理的能力引入云制造架构中,一个事件的产生可以触发一个或多个服务被调用,这样事件流可以根据系统预先的设置流转,当出现业务需求变化(如紧急产品加工)或机器故障等异常情况时,可按事件优先级别或其他调度策略,动态调用云制造资源,使企业具备对异常情况做出即时反应的能力。

泛在计算类似于物联网概念。ITU 把泛在计算描述为物联网基础的远景,泛在计算由此成为物联网通信技术的核心。已有学者将泛在计算相关的技术应用于相关制造业务场景,提出泛在制造、无线制造等概念。

如图 3-8 所示的是基于泛在计算技术的制造全生命周期应用[8],包括市场分析、概念形成、产品设计、原材料准备、毛坯生产/零件加工、装配调试、产品使用和维护及产品回收、拆卸处理/材料重用等阶段。基于泛在计算交互设备,如RFID 设备、可穿戴设备、语音/手势交互终端、平板电脑、掌上电脑、各种无线(或有线)网络设备等,制造企业可以自动、实时、准确、详细、透明地获取企业物理环境的信息。此外,用户(包括产品全生命周期各阶段不同角色参与者)不再只局限于用鼠标和键盘的操作模式查找相关信息,还可以通过更加普适化、虚

图 3-8 泛在制造——基于泛在计算技术的制造全生命周期应用

拟化、智能化和个性化的方式,来实现制造全生命周期不同制造阶段、不同制造环境的信息交互,从而提高用户的业务效率。

3.2　基于 CPS 的智能制造的体系架构

智能制造被认为是新一轮工业革命——第四次工业革命的主导生产模式,其关键基础技术是物联网、务联网和信息物理系统。与传统企业集成(制造系统集成)不同的是,智能制造包括一个 cyber system(cyber space)——信息系统(信息空间)。cyber system 虽然译为信息系统,但它是指在计算机以及计算机网络里的虚拟现实,与以往企业集成的信息系统(information system,IS)的内涵有本质区别。

以前工业革命所追求的是大规模生产,随着计算机和网络技术的发展而出现的传统制造系统集成技术是为了解决"信息化孤岛",面对软硬件结构等的动态变化,系统自适应能力较差,导致系统维护和扩展成本较高,加上紧耦合的集成模式,不利于企业业务流程的调整和重组,缺乏可扩展性和灵活性等问题而产生的。新工业革命——工业 4.0 所追求的是大规模定制、个性化生产,而其主导的生产模式——智能制造,将信息系统与物理系统以及它们内部子系统采用松耦合的方式集成。因此在新一代集成制造应用中,除了基于服务实现跨平台的应用、提升应用程序之间的互操作性之外,更重要的是采用 SOA 和云服务,通过松耦合的方式连接,基于组合服务实现组织内或跨组织的复杂业务流程,敏捷地应对不断变化的业务需求。

如 2.3 节所述,SOA 是一组软件设计和开发的规范,它将应用程序的不同功能单元(称为服务)通过良好的接口和契约联系起来,使得构建在各类系统中的服务可以以一种统一和通用的方式进行交互,服务可在不同业务过程中重复使用,而且具体的服务实现不依赖特定的实现语言与工具,这种架构以服务为导向,支持服务发布、查找、绑定和调用,本质上通过松耦合、可重用、可互操作的服务更快地响应业务变化需求。云计算是效用计算、分布式计算、网格计算、虚拟化技术和 SOA 等诸多技术的发展结果,它把大量的高度虚拟化的计算资源管理起来,组成一个大的资源池,通过网络为用户提供按需即取的计算服务。一方面,SOA 与云计算具有一定的相似性,二者均强调服务的概念。SOA 的基本元素是面向软件的服务,云计算是 SOA 理念在 IT 基础架构上的延伸,进而将所有计算资源(包括硬件和软件)作为服务,为 SOA 带来更高效、更经济的一种架构选择。相比而言,SOA 更具战略性和抽象性,云计算更具战术性和具体性,而云制造则进一步丰富和拓展了云计算的资源共享内容和服务模式。如果将这三者视为面向对象中的类,并将 SOA 描述为抽象类,则云计算可以看作 SOA 的子类或架构实例,云制造则继承了云计算类,如图 3-9 所示[9]。另一方面,SOA 与云计算是互补的。云计算提供了可供 SOA 使用的远端云服务,而 SOA 提供了将云服务组合成满足复杂业务应用需求的方法。与此同时,二者关注点不同,SOA 侧重于采用服务的架构进行系统设计,关注如何处理服务,注重可重用性、敏捷性、松耦合性等;而云计算则侧重于服务的提供和服务的使用,关注如何提供服务,更注重虚拟化、按需动态扩展、资源即服务等。

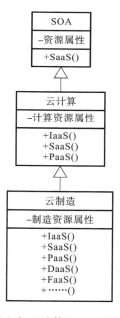

图 3-9　SOA 与云计算和云制造之间的关系

基于云计算理念而提出的云制造除了继承云服务的属性和行为外,还具有自身的独特属性和行为,即在服务方式上,它除了三种主要的云服务模式——基础设施即服务、软件即服务和平台即服务外,还具有设计即服务(design as a service,DaaS)、生产加工即服务(fabrication as a service,FaaS)、实验即服务(experimentation as a service,EaaS)、管理即服务(management as a service,MaaS)、维修即服务(maintenance as a service,MAaaS)、物流即服务(logistics as a service,LaaS)等服务模式。

从抽象角度来看,云制造除了继承了云计算类外,还包括非常广泛的制造资源(如计算资源、设计资源、加工资源、协作资源、设备资源、物流资源、人力资源等)和制造能力(制造过程中有关的论证、设计、生产、仿真、实验、管理、集成等);并且其资源种类复杂、异地分布,不同的制造资源具有不同的功能和属性。制造资源工作时具有独占性,即不能同时加工两个或两个以上的任务;一个制造任务通常由按一定顺序排列的几道工序组成,每道工序需要不同的制造资源来完成加工;现实制造中存在实体交流问题,需要考虑实体物流交互对流程时间和流程成本的影响。

一种基于 CPS 的智能制造的体系架构如图 3-10 所示,其中信息系统由务联网联结各种制造云服务(如 MaaS、DaaS、EaaS、LaaS)构成,物理系统由物联网联结各种物理制造资源构成,二者进一步通过通信网络层连接而形成信息物理系统。此时,系统输入或输出不仅仅是由原子构成的材料或产品(半产品),而且进一步包括了由比特数据构成的智能材料或智能产品。

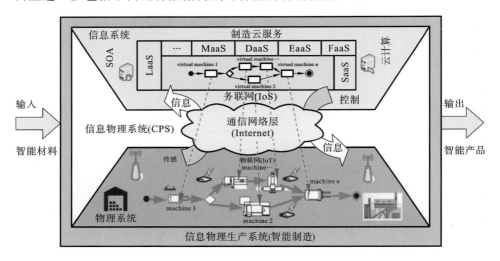

图 3-10　基于 CPS 的智能制造的体系架构

3.3　智慧制造的体系架构

制造系统(制造企业)集成不仅是物和设备的集成,而且是以信息集成为特征的技术集成,而人机物协同集成的智慧制造更是制造系统集成追求的高层次发展目标。同时,制造系统是一个复杂社会技术(socio-technical)系统,需要将社会系统加入制造系统中来加以集成研究。符号学作为跨学科研究的方法,除了应用于自然科学之外,更多地用于人文社会科学,被称为这些学科的共同方法论。下面将横跨自然科学和人文社会科学的符号学作为工具,对涉及人机物这样复杂的智慧制造系统加以分析。

符号学(semiotics)是有关于符号的科学,符号可以是语言或非语言。符号学作为一门独立学科,兴起于 20 世纪 60 年代,传统的符号学包括语法、语义和语用三个层次,分别涉及符号结构、意义及使用三个方面的内容。Stamper 于 1973 年将上述分类进行了扩展,增加了物理层、经验层及社会层三个层次,形成组织符号学(organizational semiotics),如图 3-11 所示。

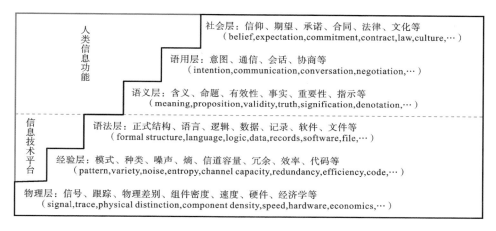

图 3-11　组织符号学阶梯模型

图 3-11 所示各层的说明如下。

(1)物理层:在信号及标志层上关注符号物理学方面的特性,如信号发生频率、速度等,这些属性与信息系统采用的硬件类型是相对应的。

(2)经验层:研究使用不同的媒介及装置时符号的统计学特性,包括信道及其容量、熵和噪声等,保证符号在信息系统中高效地传播,是 Shannon 的(统计)通信理论研究内容。

(3)语法层:研究符号的结构或组织方式,如信息存储、传播等要遵循的格式、语言规范等。

(4)语义层:研究符号的意义,包括命题、事实、指示等。

(5)语用层:研究符号有目的的使用,包括意图、通信、会话和协商等。

(6)社会层:研究使用符号对人类行为的影响,如对人的期望、信仰的影响,以及由此产生的承诺与义务等。

将符号学运用于智慧制造系统分析,分别得到如图 3-12 所示的洋葱模型和图 3-13 所示的阶梯模型[10],二者均包括社会系统、信息系统和物理系统。其中,与"人"相关的部分,由符号学的社会层与语用层构成,形成智慧制造中的社会系统,与社会世界相呼应;与"(计算)机"相关的部分,由符号学的语义层与语法层构成,形成智慧制造中的信息系统,与网络虚拟世界或信息空间相呼应;而与"物"相关的部分,则由符号学的经验层与物理层构成,形成智慧制造中的物理系统,与物理世界相呼应。

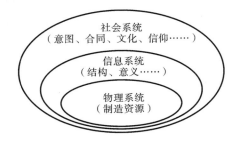

图 3-12　基于符号学的智慧制造系统洋葱模型

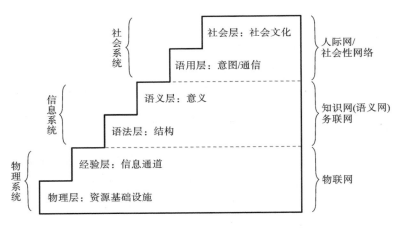

图 3-13　基于符号学的智慧制造系统阶梯模型

进一步融合"四网"(物联网、知识网、务联网和人际网)得到如图 3-14 所示的智慧制造系统的符号学阶梯模型。其中,社会系统关注人与人的交互、人的(隐性)知识和集体智慧,主要利用人际网或社会性网络技术加以实现;信息系统关注数据、信息、知识的处理,数据挖掘和知识发现等,利用知识网、务联网技术加以实现;而物理系统关注物理(制造)资源集成和信号通信,利用物联网技术加以实现。社会世界与物理世界形成现实世界,社会世界中的人可通过务联网、物联网作用于物理世界。信息系统与物理系统结合就形成信息物理系统,它进一步与社会系统结合形成社会技术系统,也即社会信息物理系统 SCPS。

将 SCPS 进一步细化,得到如图 3-15 所示的智慧制造的体系架构[11],它包

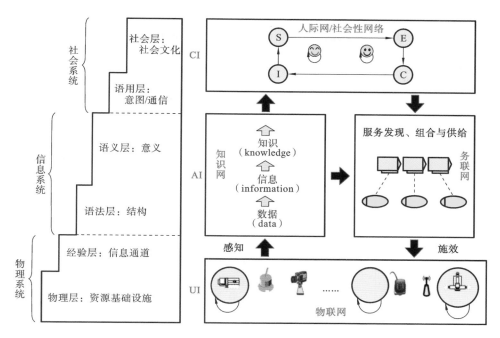

图 3-14　融合"四网"的智慧制造系统的符号学阶梯模型

括如下层次：① 制造资源层。它包括各种制造资源（模型资源、软件资源、计算资源、存储资源、数据资源、知识资源、制造设备等）和制造能力。② 虚拟资源层。它通过虚拟化工具将各类制造资源虚拟化，使制造资源的集中管理和使用成为可能，并将 SOA、云计算的计算资源延伸和拓展为非常广泛的制造资源。物联网实现各类制造资源的互联互通，实现物理世界与虚拟世界的连接。③ 服务层。它定义与业务功能或者业务数据相关的接口，提供各种核心服务，包括原子服务和组合服务。④ 业务流程层。它通过匹配、编排，将服务组合成一个流程。⑤ 服务集成（服务总线）层。它提供从服务请求者到正确的服务提供者的中介、路由和传输功能。⑥ 基础架构服务层。它提供服务监控以及保障诸如安全、性能和可用性等服务质量。⑦ 云服务运营层。它管理虚拟化和服务化后的制造资源，为服务发布、查找、绑定、调度与部署等提供支持，按需为用户提供服务。⑧ 事件处理层。它包括物联网传感器中间件的简单事件处理和复杂事件处理等。⑨ 业务智能层。它定义业务规则和提供智能支持。⑩ 语义 Web 层。它将数据提升为信息、知识或智慧。⑪ 应用层。它通过社会性网络（人际网），将企业与合作者、客户，以及企业职员都纳入一个网络之中，用户可以访问和使用云制造系统的各类云服务，包括注册、验证以及任务的需求描述、创建等。

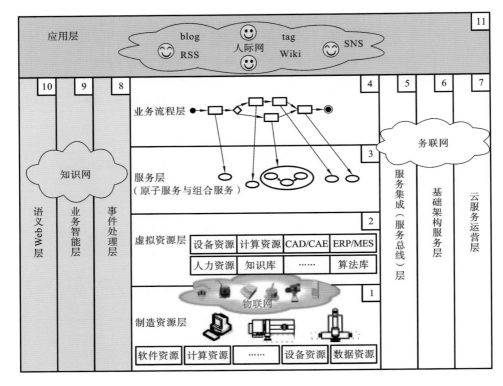

图 3-15　智慧制造的体系架构

该架构体现了物联网、务联网、知识网、人际网与制造技术的融合，也实现了社会化企业（企业 2.0）、语义网络化制造、云制造和制造物联网的功能整合。其中，物联网实现制造中的物与物之间的互联互通和资源感知，是连接架构第 1层的物理资源和第 2 层的虚拟资源的桥梁；第 2～7 层体现了务联网（SOA 与云计算）理念，实现云制造的功能，为用户提供各种服务；第 8～10 层的知识网（含事件处理、业务智能、语义 Web 等技术）为制造智能化提供了使能技术；第 11层的人际网为人的集成和（隐性）知识共享提供渠道。

3.4　大数据驱动的主动制造体系架构

在廉价、无所不在的传感器和无线网络驱使下，以 RFID 技术为代表的物联网传感技术在生产中获得应用，满足了制造车间的实时信息采集、物品跟踪和生产监控等方面的需求。随着制造自动化水平日益提高和生产过程监测手段不断增强，制造过程以前所未有的速度产生着海量的与工艺设备、生产过程和运行管理相关的数据,形成制造大数据。

无论是工业 4.0,还是云制造、智能物联、智能制造,其主要特征都是智能和互联,都旨在通过充分利用新一代信息技术,把产品与制造资源有机结合在一起,推动制造业向基于大数据分析与应用的智能化转型升级。而要实现智能化转型,面临的最大挑战在于如何从大数据中挖掘有用的信息和知识,并加以有效利用。

如 2.2.2 节所述,制造大数据的存在已成为制造系统中的常态。大数据存在于产品全生产周期的各个环节,贯穿整个制造价值链,被喻为新的石油和新的生产要素。对海量数据的运用将成为企业未来竞争和增长的基础。由此可见,不管是从制造企业本身的发展需求还是从市场需求的角度出发,都需要从大数据视角来探讨制造问题。当前人们已意识到大数据在制造中的作用,已在诸如设备维修、生产故障检测和分类、故障预测以及预测制造等相关方面进行了初步尝试性探索。然而,这些研究都只处于起步的初始阶段,对数据驱动的制造研究无论在深度上还是在广度上都需要加以深入拓展,尤其是将工作重点从早期预警转化为业务优化[13]。

要让数据驱动业务,就需要将数据作为制造系统的输入,进而在数据分析支持下实现数据实时反馈、生产全方位监控、模拟预测以及业务流程优化。虽然通过物联网或 CPS 可有效利用车间实时状态信息,但是大多研究采用事后的被动性或反应性(reactive)策略,缺少事前的主动性,未能充分发挥大数据在业务中的作用。此外,制造系统作为社会技术系统,需要从社会和技术的角度出发,将人文社会科学与自然科学相结合,探讨和发展制造理论与技术问题,而现在还缺少这样的结合研究[10]。实际上,社会性网络和移动互联网已成为企业大数据的重要来源,从某种程度上来说,新一轮工业革命就是由社会因素引起的产业革命[14]。大数据已影响到人类工作、生活和思维的方方面面,也关系到制造企业未来的发展和生存。

虽然大数据还未有一个统一的定义,但其 4V 特性却被广泛接受。制造企业之所以出现大数据,主要归因于互联网发展及其在各个行业的不断渗透,并与制造业本身不断的数字化和信息化密切相关。互联网应用的不断深入,尤其是其走向社会化、移动化、物联化和服务化,导致大数据出现。

在基于 SCPS 的制造系统(如前述的智慧制造)中,底层的设备感知与控制主要由物联网来完成,数据收集与管理、事件处理、数据挖掘与主动调度等由知识网和务联网来实现(知识网与务联网构成信息系统),而机器还不能实现的重要决策问题则由人际网(社会系统)中的人来完成。实际上,制造系统问题离不开人的参与,如目标函数选择、调度方案取舍等,都需要人参与到其中来。知识网对物理世界(物联网)、信息世界(务联网)、社会世界(人际网)产生的大量结构化、半结构化、非结构化数据进行整理和分析,挖掘出有价值的信息和知识,以便及时做出决策或对未来做出预测,为产品的全生命周期管理提供智能支持,如图 3-16 所示。

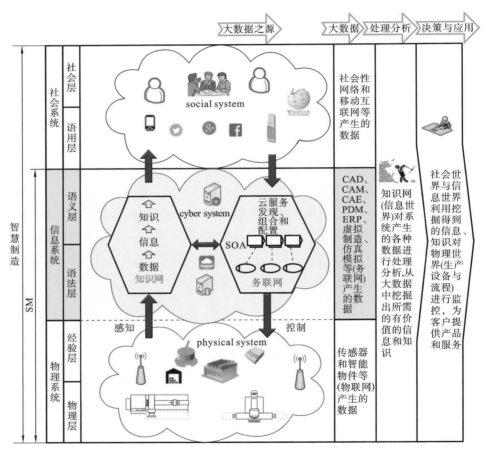

图 3-16 制造中的大数据问题

主动制造是结合主动计算、主动行为、数据分析和制造技术而提出来的一种基于数据全面感知、收集、分析、共享的人机物协同制造模式,它利用泛在的感知收集各种类型的相关数据,通过对所收集的(大)数据进行深度分析,挖掘出有价值的信息、知识或事件,自主地反馈给业务决策者(包括企业职员、客户和合作企业等），并根据系统健康状态、当前和过去的信息以及情景感知，预测用户的需求，主动配置和优化制造资源，从而实现集感知、分析、定向、决策、调整、控制于一体的人机物协同的主动生产，进而为用户提供客户化、个性化的产品和服务[15]。

从大数据运用的深度和广度而言，与现有相关制造模式相比较，主动制造深度融合了大数据的理念和方法论，充分利用情景感知和大数据价值，并进一步融入了包括社会性网络数据（信息、知识）在内的更大范围数据，如图 3-17 所示。

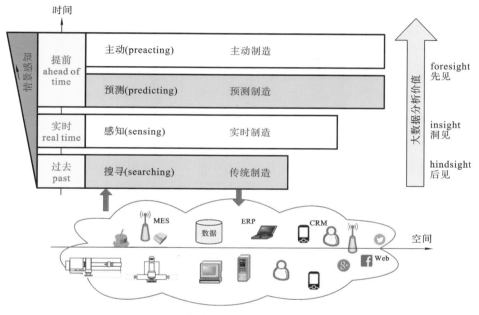

图 3-17　主动制造与相关制造模式比较

传统制造（反应型制造）主要搜索过去的历史数据，只是利用了数据的浅层价值，而且涉及的数据量和种类以及范围也相对较小。虽然随物联网、普适计算等发展而兴起的实时制造可有效地利用生产实时数据（信息），但它仍与传统制造模式类似，大多采用事后的被动策略。

与传统制造或实时制造相比，预测制造可较好地利用实时数据和历史数据，比如实现对生产中的设备故障与健康状态的预测，但按照 OODA（observe-orient-decide-act，观察—定向—决策—行动）循环模型，它还缺少"决策"和"行动"环节，还没有充分利用大数据的深层价值。

主动制造在预测制造基础上，充分利用大数据的深层价值——达到数据分析的规范性最高层次，从而为制造决策问题提供全面的支持，如图 3-18 所示。

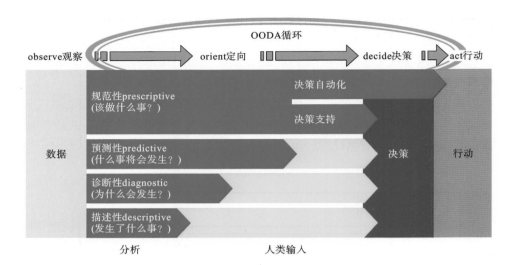

图 3-18　数据分析能力的类型

　　一种结合组织符号学和 OODA 模型而提出的大数据驱动应用的通用体系架构如图 3-19 所示,它包括的层次有:① 资源层;② 感知层;③ 数据层;④ 预测层;⑤ 决策层;⑥ 应用层。它们分别对应于组织符号学的物理层、经验层、语法层、语义层、语用层和社会层。

　　在图 3-19 所示的大数据驱动的通用体系架构基础上,结合基于 SCPS 的制造理念,一种大数据驱动的主动制造系统的体系架构如图 3-20 所示。它包括如下层次:① 制造资源层。它包括制造设备等硬件资源、软件资源和制造能力,与组织符号学的物理层相对应。② 虚拟资源层。它通过物联网、虚拟化技术将底层的制造资源虚拟化,支持制造资源实时感知与监控。③ 数据层。它包括制造系统中的各种结构化、半结构化、非结构化数据。④ 服务层。它以"一切皆服务"为理念,将数据、信息、知识、软件、设备、设计、决策、制造等服务化,尤其是语义 Web 服务化。⑤ 主动事件驱动业务层(机器自主决策层)。它通过主动计算,将服务组合成一个主动事件驱动的业务流程。⑥ 服务集成(服务总线)层。它可实现不同服务之间的通信和集成。⑦ 基础架构服务层。它能保障诸如安全、时间、价格、可靠性和可用性等服务质量,提供服务监控等功能。⑧ 云服务运营层。它按云服务理念按需为用户提供制造服务。⑨ (主动)事件处理层。它用于处理实时数据流,监控系统的运行状态,通过复杂事件处理机制将简单事件组合成有意义的复杂事件,为主动事件驱动业务流程提供支持。⑩ 业务智能层。它对(大)数据进行挖掘,形成有意义的信息和知识,为决策提供支持。

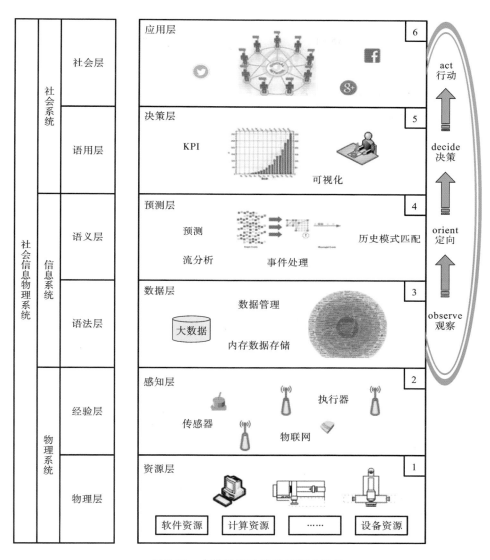

图 3-19 大数据驱动的通用体系架构

⑪ 语义 Web 层。它将数据提升为信息、知识或智慧。⑫ 决策层。它根据从数据挖掘中所获得的信息、知识和关键绩效指标（key performance indicator，KPI），由人进行高层次的决策。⑬ 应用层。它通过人际网，将利益相关者纳入一个社会性网络（社区）之中，分享信息、知识，访问和使用其中的各类服务，协同创新，满足客户的个性化需求。

图 3-20 所示的大数据驱动的主动制造系统体系架构的水平层次与图 3-19

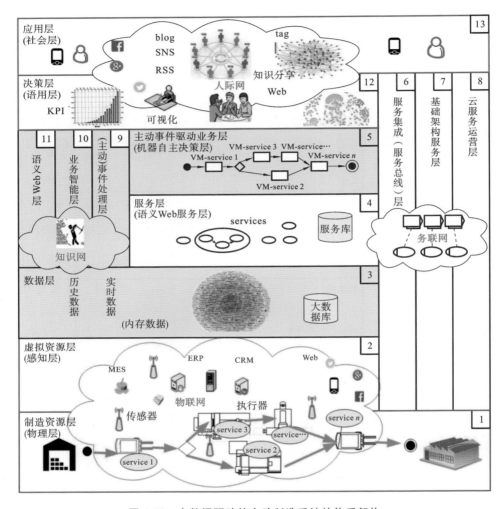

图 3-20　大数据驱动的主动制造系统的体系架构

所示的大数据驱动的通用体系架构层次基本一致,但融合了物联网、务联网、知识网和人际网的理念,同时由于主动制造还有服务化和事件驱动架构等方面的特定需求,因此它还包括服务层和主动事件驱动业务层以及跨越多个水平层次的垂直层次。联结第 1 层和第 2 层的物联网,可实现制造中的物与物之间的互联互通和资源感知;联结第 4~8 层的务联网(SOA 与云计算),可实现事件驱动的云制造功能;联结第 9~11 层的知识网(含复杂事件处理、业务智能、语义Web 等),将第 3 层的数据提升为有意义的信息、知识或复杂事件,为第 5 层的主动事件驱动的业务流程以及第 12 层人的决策提供信息、知识、智慧的支持;

联结第 12 层和第 13 层的人际网,为人的决策与知识共享提供支持。

这种大数据驱动的主动制造延伸和发展了物联网事件驱动的云制造模式,进而形成了主动事件驱动的社会信息物理系统,其运作机制如下:通过第 1 层的制造资源互联互通以及第 2 层的虚拟化资源感知,形成第 3 层的历史大数据和实时数据流;经由第 4~11 层的务联网和知识网,通过文本挖掘、社会网络分析、深度学习、语义 Web 和云处理等大数据挖掘(知识发现)方法使历史大数据升华为有意义的信息、知识和形成预测模型,以及通过复杂事件处理使实时数据流上升为有意义的复杂事件,进而根据系统内外环境的变化以及模型的预测实现第 5 层的主动事件驱动的机器自主决策,或将所提取的信息、知识、事件或初步决策主动推送到第 12 层和第 13 层的社会系统(人际网)中,由人做进一步决策或确认;最后再经由务联网和物联网实现对制造资源的控制,使产品得以在物理系统中实现制造。

大数据驱动的主动制造嵌入了 OODA 和主动事件驱动计算的理念,同时充分利用大数据的深层价值,即通过感知获得数据,并从数据中挖掘出其所蕴含的信息、知识甚至智慧,或获得有意义的事件,为人的业务决策提供支持,并根据系统内外环境的变化进行事件驱动的自动决策,实现集分析、定向、决策、调整、控制于一体的主动生产,从而达到充分利用大数据价值的目的。这种理念与智慧制造的理念极为相似,二者殊途同归。

从人工系统的智能(智慧)实现途径来看,主动制造通过"观察(感知)—定向—决策—行动"来模拟人类的主动行为,也即从人工智能的行为主义角度出发研究制造系统问题,不同于从符号主义或联结主义角度出发研究的现有智能制造。因此,从人工智能研究学派角度来看,主动制造是智能制造的一个新类别。

本章参考文献

[1] 陈文艺. 物联网技术的现状及其在工业信息化中的作用[J]. 西安邮电学院学报,2010,15(6):73-76,95.

[2] 沈苏彬,范曲立,宗平,等. 物联网的体系结构与相关技术研究[J]. 南京邮电大学学报(自然科学版),2009,29(6):1-11.

[3] SMLC. Smart process manufacturing:a technology and operations road-map [R/OL]. [2016-11-24]. https://smart-process-manufacturing. ucla. edu/presentations-and-reports/spm-operations-technology-road-map/Smart

ProcessManufaturingAnOperationsandTechnologyRoadmapFullReport.
pdf/view.

[4] DAVIS J, EDGAR T, PORTER J, et al. Smart manufacturing, manufacturing intelligence and demand-dynamic performance[J]. Computers and Chemical Engineering, 2012, 47(12): 145-156.

[5] LUCKE D, CONSTANTINESCU C, WESTKÄMPER E. Smart factory—a step towards the next generation of manufacturing[C]//MITSUISHI M, UEDA K, KIMURA F. Manufacturing Systems and Technologies for the New Frontier. London: Springer, 2008: 115-118.

[6] 唐任仲, 白翱, 顾新建. U-制造: 基于 U-计算的智能制造[J]. 机电工程, 2011, 28(1): 6-10.

[7] 姚锡凡, 金鸿, 李彬, 等. 事件驱动的面向云制造服务架构及其开源实现[J]. 计算机集成制造系统, 2013, 19(3): 654-661.

[8] 周佳军, 姚锡凡, 刘敏, 等. 几种新兴智能制造模式研究评述[J]. 计算机集成制造系统, 2017, 23(3): 624-639.

[9] 姚锡凡, 练肇通, 李永湘, 等. 面向云制造服务架构及集成开发环境[J]. 计算机集成制造系统, 2012, 18(10): 2312-2322.

[10] 姚锡凡, 李彬, 董晓倩, 等. 符号学视角下的智慧制造系统集成框架[J]. 计算机集成制造系统, 2014, 20(11): 2734-2742.

[11] 姚锡凡, 练肇通, 杨屹, 等. 智慧制造——面向未来互联网的人机物协同制造新模式[J]. 计算机集成制造系统, 2014, 20(6): 1490-1498.

[12] TANSLEY S, TOLLE K M. The fourth paradigm: data-intensive scientific discovery[M]. 1st Edition. Redmond, WA., USA, 2009.

[13] MAGOUTAS B, STOJANOVIC N, BOUSDEKIS A, et al. Anticipation-driven architecture for proactive enterprise decision making[C/OL]. [2016-11-02]. http://ceur-ws. org/Vol-1164/PaperVision16. pdf.

[14] YAO X, LIN Y. Emerging manufacturing paradigm shifts for the incoming industrial revolution[J]. International Journal of Advanced Manufacturing Technology, 2016, 85(5): 1665-1676.

[15] 姚锡凡, 周佳军, 张存吉, 等. 主动制造——大数据驱动的新兴制造范式[J]. 计算机集成制造系统, 2017, 23(1): 172-185.

第4章
制造物联网建模技术

制造物联网的制造资源涉及众多行业,而且制造物联网服务的种类繁多,同时对制造物联网服务的描述还有自然语言千差万别、专业术语多等特点。传统的信息建模方法无法完整、准确地描述制造物联网制造资源的信息,要实现制造物联网环境下资源的共享,使得使用者可以从海量的资源中快捷地搜索、匹配到满足自身需要的制造物联网服务,则应建立制造物联网各种制造资源的模型,形式化地表示制造物联网服务的知识,这是实现有效集成和管理面向服务制造的基础。本章主要介绍制造物联网中的建模技术,包括制造资源服务化建模、复杂事件处理建模、本体建模、生产车间调度建模和基于进程代数的制造资源服务组合建模等。

4.1 制造资源服务化建模

下面首先以JAX-WS为建模工具,探讨制造资源服务化建模问题。JAX-WS是一个概念框架,由于具有良好的层次结构,能有效地支持逻辑推理,并且是从语义和知识层次上对信息系统进行描述的概念模型,故广泛应用于知识工程、信息存储与检索、智能信息集成和信息安全等领域。

4.1.1 制造资源的特点及资源模型需求

1. 制造资源的特点

制造物联网是在现有制造技术和物联网技术的基础上发展起来的,制造物联网服务平台使得未来的制造使用者随时获取满足自身需求的制造服务成为可能,就如同现今获取水、电、天然气、网络信息资源那样便捷。制造物联网环境下制造资源的主要特点如下。

(1)分散性。制造物联网服务平台所共享的制造服务分布于不同的物理和网络地址,而与之对应的资源分散于不同的地域,以服务形式存在的制造资源突破了地理位置的限制。而制造物联网这种网络化制造新模式可通过一定的技术手段达到"分散资源和能力集中使用"和"集中资源和能力分散服务"的目的[1]。

（2）多样性和复杂性。制造物联网资源池中有着海量的资源，它们种类繁多且形态复杂。制造服务平台通过一定的资源发现和匹配技术在制造物联网资源池中搜索并匹配到满足制造需求者要求的资源。

（3）异构性。制造物联网服务平台所共享的资源来自位于不同地理位置的制造企业或组织，而它们对资源的管理规范和技术标准有所不同，这就导致了资源描述的不一致性，资源管理起来较为复杂，资源的异构性问题显得尤为突出。而制造物联网所提供的一系列技术能够对异构制造资源进行分类描述，并将其封装成可满足制造需求者所提出的任务请求的制造服务。

（4）自治性。制造物联网服务平台所共享的资源从总体上来说分别属于不同的独立实体，在行为上具有相对独立的运行和管理机制，在制造物联网服务平台的交易过程中需要资源提供者和资源使用者进行一定的交互与协商。

（5）动态性。制造物联网服务平台所共享的资源数量并不是预先固定且一成不变的，这些制造资源所表现出来的能力是随着时间和其自身状态的变化而动态变化的。资源提供者所共享的资源伴随着一个不断注册、属性变更和注销的动态过程，制造物联网服务平台也会根据制造需求者的任务请求而动态地增减制造资源。

（6）状态实时性。为及时响应制造需求者的任务请求，快速地组合各类制造服务来高效地完成制造任务，制造物联网服务平台需要能够提供一些用于信息交互的工具和手段，将制造物联网服务的实时状态及时反映出来，使得用户能够实时了解制造任务的完成进度。

（7）组合性和协同性。在制造物联网服务平台运营过程中，仅调用单个制造资源就可完成某个制造任务的情况是比较少的，通常要将多个制造资源按一定的规则组合起来以完成某一项制造任务，而这一过程需要多个制造资源以相互协同的方式来完成。

（8）主动性。在现有的信息化制造模式中，企业如果没有制造设备资源，则无法完成生产订单，制造设备资源等若长期闲置，企业就会难以创造收益，展现出来的是一种被动制造模式。而在制造物联网中，制造资源和制造能力经封装与组合而成的制造物联网服务具有一定程度的主动性，借助语义知识、数据深度挖掘与分析、统计推理等技术可主动地寻求制造需求者，实现一种智慧化的主动制造模式。

2. 资源模型需求

制造物联网服务平台中有制造资源提供者、制造资源使用者和制造物联网服务平台运营者三种用户,他们各自对资源模型有着不同的侧重点和需求。

(1) 从制造资源提供者的角度来看,资源模型应能够描述制造资源所能提供的服务能力,能够全面反映制造资源及其提供者的主要特征,并使注册流程方便快捷。

(2) 从制造资源使用者的角度来看,资源模型应能够反映资源的功能属性以及其所关心的各类属性指标,如资源服务的时间、成本、满意度、及时性、历史评价等。

(3) 从制造物联网服务平台运营者的角度来看,资源模型应能够使其更方便、更高效地对各类制造服务进行综合管理。

4.1.2 制造资源分类

制造资源分类就是把某些具有共同属性和特点的制造资源归并于一起,是资源描述与建模的前提和基础,为最终实现制造物联网资源的服务化封装提供支持。制造物联网服务平台所共享的资源主要包括制造能力和制造资源两种类型[2],如图 4-1 所示。其中,制造资源是一种客观存在的、具有静态传输介质的物理资源形式;而制造能力则是一种无形的、动态的资源形式,它是指生产制造企业为成功执行某一制造任务所需具备的条件,是在生产制造过程中结合具

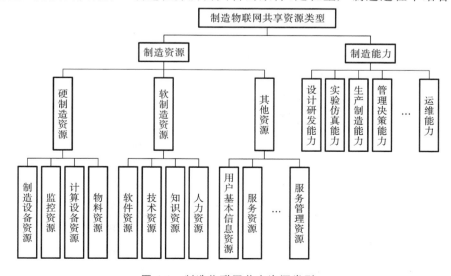

图 4-1 制造物联网共享资源类型

体制造资源所展现出来的某种或某些能力,如设计研发能力、实验仿真能力、生产制造能力、管理决策能力、运维能力等。

制造资源可分为硬制造资源、软制造资源和其他资源,下面对各项进行具体说明。

硬制造资源主要包括生产加工过程中所使用的各种制造设备资源、监控资源、计算设备资源和物料资源等。其中,制造设备资源是指在产品全生命周期中所使用的生产、加工、实验、仿真、运输等各类物理设备,如切削设备、铸造设备、锻压设备、焊接设备、热处理设备、监测设备、机器人、仿真设备、实验设备、叉车、自动导引运输车等;监控资源主要用来监测和控制其他制造资源,如RFID读写器、摄像头、传感器、适配器、虚拟管理器和远程控制器等均为监控资源;计算设备资源主要是指支持制造企业和制造物联网服务平台运行的各类存储器、运算器、服务器等计算系统硬件基础设施;物料资源就是生产某类产品所用到的原材料、毛坯、半成品和成品,以及水、电、润滑剂等。

软制造资源包括软件资源、技术资源、知识资源和人力资源。其中,软件资源是指产品设计、仿真、分析、工艺规划、生产制造和企业经营管理等过程中所涉及的各类系统软件和应用软件,如AutoCAD、CAXA、SolidWorks、ANSYS、ADAMS、Mastercam、CAPP、PDM、ERP、SPSS、Office、Visual Studio、Eclipse等软件;技术资源是指在产品全生命周期中所累积的设计标准、工艺规范、经验模型、营销方案、产品案例库等资源;知识资源是指贯穿于产品生产制造过程的一系列相关知识,如市场信息知识、制造工艺知识、著作权和发明专利等资源;人力资源就是在产品生产制造整个过程中,具备从事某类操作、研发设计、市场调研、营销策划、技术应用、项目管理、售后服务等能力的团队或专业技术人员,如车间操作人员、设计专家、仿真工程师、项目主管等。

其他资源是指除上述硬制造资源和软制造资源之外的资源,例如用于记录制造资源提供者和制造资源使用者的用户基本信息资源,为服务用户而提供的各类信息咨询、技术培训、物流服务和售后服务等服务资源,根据用户所提交的请求搜索并匹配到最优服务去执行制造任务的业务流程服务管理资源等。

下面以制造资源中的制造设备资源为例,在资源形式化描述的基础上对资源服务化封装方法进行说明。

4.1.3 制造设备资源服务化建模实例

1. 制造设备资源形式化描述

资源虚拟化描述可以为制造物联网中很多后续环节提供重要信息。在制造物联网环境下,直接对具有自治性、分散性、多样性、动态性和异构性的制造设备资源进行统一建模,工作量大且复杂。应以一种全局的角度去分析并理解制造设备资源的特点,从而加快对制造设备资源统一建模和描述。由于形式化描述方法具有易于理解、分析能力强、与具体细节无关等特点,故首先根据制造设备资源的本质和特点对其进行形式化描述。根据制造设备资源的特点和用户的需求,可利用如图 4-2 所示的几种主要属性来描述制造设备资源。

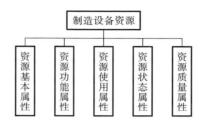

图 4-2　制造设备资源的五种主要属性

如可用一个五元组对制造设备资源进行形式化描述,具体表示为 CloudEquipmentRS＝＜RSBasic,RSFunction,RSApplication,RSState,RSQuality＞。

RSBasic(基本属性)用于描述制造设备资源的基本信息,可形式化描述为 RSBasic＝＜MERProvider,MERProviderID,MERName,MERID,MERType,MERMainProcedure,MERManufacturer,MERLocation,MERContact,MERUseMode＞。其中,各属性项的具体含义如表 4-1 所示。

表 4-1　RSBasic 的各属性项及其含义

属　性　项	具　体　含　义
MERProvider	制造设备资源提供方
MERProviderID	制造设备资源提供方的唯一标识
MERName	制造设备资源名称
MERID	制造设备资源的唯一标识
MERType	制造设备资源类型
MERMainProcedure	制造设备资源能够完成的主要工序
MERManufacturer	制造设备资源生产厂家
MERLocation	制造设备资源所在地
MERContact	制造设备资源的联系方式
MERUseMode	制造设备资源的使用方式,主要包括租赁、购买、外协代加工等

RSFunction(功能属性)用于表征制造设备资源的主要技术参数和功能,可形式化描述为 RSFunction＝＜StructureDimension,ShaftNumber,MainProcessParameter,SpindleStroke,SpindleSpeed,Feedrate, RapidTravellingSpeed,WorkbenchSize,WorkbenchStroke,ControlSystemType,ProcessPrecision,SurfaceRoughness,PositioningAccuracy,RepeatedPositioningAccuracy＞。其中,各属性项的具体含义如表 4-2 所示。

表 4-2　RSFunction 的各属性项及其含义

属　性　项	具　体　含　义
StructureDimension	制造设备资源的结构尺寸
ShaftNumber	制造设备资源的轴数
MainProcessParameter	制造设备资源的主要加工参数
SpindleStroke	制造设备资源的主轴行程
SpindleSpeed	制造设备资源的主轴转速
Feedrate	制造设备资源的进给速度
RapidTravellingSpeed	制造设备资源的快速移动速度
WorkbenchSize	制造设备资源的工作台尺寸大小
WorkbenchStroke	制造设备资源的工作台行程
ControlSystemType	制造设备资源的控制系统类型
ProcessPrecision	制造设备资源的加工精度
SurfaceRoughness	制造设备资源的表面粗糙度
PositioningAccuracy	制造设备资源的定位精度
RepeatedPositioningAccuracy	制造设备资源的重复定位精度

RSApplication(使用属性)用于描述制造设备资源使用特征的相关信息,可形式化描述为 RSApplication＝＜AvailableTime,CostPerHour,HistoryConsumerSatisfaction＞。其中,各属性项的具体含义如表 4-3 所示。

表 4-3　RSApplication 的各属性项及其含义

属　性　项	具　体　含　义
AvailableTime	制造设备资源可以被使用的时间
CostPerHour	制造设备资源每小时收取的加工服务费用
HistoryConsumerSatisfaction	制造设备资源的历史用户满意度

RSState(状态属性)用于描述制造设备资源在整个生产制造和服务过程中的情况,可形式化描述为 RSState＝＜MERCurrentState,MERCompletedtask,MERQueuetask＞。其中,各属性项的具体含义如表 4-4 所示。

表 4-4　RSState 的各属性项及其含义

属 性 项	具 体 含 义
MERCurrentState	制造设备资源当前状态属性,主要包括维修、空闲、未满负荷、满负荷、超负荷和失效
MERCompletedtask	制造设备资源已经完成的加工任务记录
MERQueuetask	制造设备资源排队等待的加工任务记录

RSQuality(质量属性)用于描述制造设备资源提供服务的能力,可形式化描述为 RSQuality＝＜ProcessQualifiedRate,ServiceDescriptionConformity,Timeliness＞。其中,各属性项的具体含义如表 4-5 所示。

表 4-5　RSQuality 的各属性项及其含义

属 性 项	具 体 含 义
ProcessQualifiedRate	制造设备资源的产品加工合格率
ServiceDescriptionConformity	制造设备资源服务描述符合度
Timeliness	制造设备资源服务及时性

2. 制造设备资源描述实例

以某企业一个可供外协加工的 ZK5150 型立式数控钻床为例进行描述。该立式数控钻床的主要技术参数如表 4-6 所示。该企业的身份标识为 GZ150001,该立式数控钻床的标识为 10001,服务时间为 2008 年 09 月至 2018 年 07 月,每小时的加工服务费用为 50 元。

表 4-6　ZK5150 型立式数控钻床主要技术参数

主要参数项	单 位	技 术 参 数
外形结构尺寸(长/宽/高)	mm	1800/1900/2360
机床轴数	个	3
最大钻孔直径	mm	50
主轴行程(Z 轴)	mm	240
主轴转速	r/min	45～2000(12 级)
切削进给速度(Z 轴)	mm/min	600

续表

主要参数项	单 位	技 术 参 数
快速移动速度($X/Y/Z$ 轴)	m/min	15/15/4
工作台工作面尺寸(长/宽)	mm	850/400
工作台行程(纵向 X 轴/横向 Y 轴)	mm	700/400
数控系统类型	—	凯恩帝(KND)数控
加工精度	mm	0.02
表面粗糙度	μm	3.2
定位精度(X、Y 坐标)	mm	0.025
重复定位精度(X、Y 坐标)	mm	0.015

根据以上给出的实例模型,利用 XML(extensible markup language,可扩展标记语言)进行具体描述,其代码如图 4-3 所示。

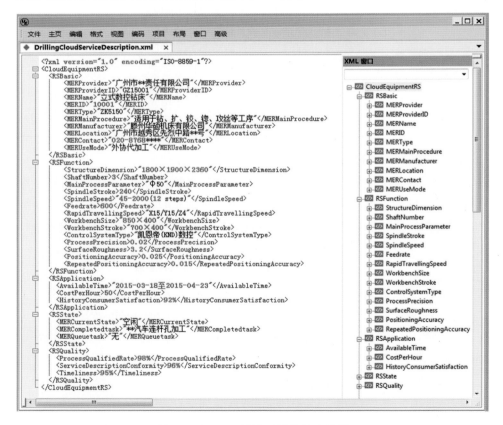

图 4-3 ZK5150 型立式数控钻床描述

3. 制造设备资源的服务化封装

1）开发平台和工具的选择

目前，用于 Web 服务开发的主流平台有 J2EE 平台和 Microsoft. net 平台两种。J2EE 平台具有可伸缩性、灵活性、易维护性和开源性好的特点，且可以满足跨平台的要求，应用较多。以制造设备资源为例，选用开源工具 Eclipse 来构建制造物联网服务。

JAX-WS 的全称是 Java API for XML-based Web service，用于开发和构建 Web 服务。该技术提供了较为完整的 Web 服务堆栈，可减少开发与部署 Web 服务的工作量。在利用 JAX-WS 开发 Web 服务时，开发者可通过 Java 程序定义远程调用所需要的服务端接口 SEI（service endpoint interface），然后提供相应的实现，即可方便地开发 Web 服务。用户在开发客户端时，可利用 JAX-WS 的应用程序编程接口来构建代理，并调用远程服务器端[3]。

JAX-WS 带来的益处很多，可以很方便地用于开发、发布和访问 Web 服务。因此，在此利用 Web 服务技术来实现制造设备资源的服务化封装，通过 JAX-WS 来开发 Web 服务，采用 WSDL（Web services description language）对 Web 服务进行描述，并编写相应的客户端调用 Web 服务。

2）制造设备资源服务化封装方法

首先，将前述制造设备资源形式化描述信息映射为一个类模板 Virtual Machine，其类图如图 4-4 所示。

然后，利用该类模板对制造设备资源进行虚拟化，并利用 JAX-WS 开发 Web 服务，对制造设备资源进行服务化封装，具体实现过程如图 4-5 所示。

3）制造设备资源服务化封装结果

例如，一个零件需要进行钻削加工以完成整个产品的制造。首先，可利用类模板 Virtual Machine 对一个可对外提供钻削服务的钻床资源进行虚拟化，得到 CloudDrilling。然后，通过 JAX-WS 的 Annotations 添加相应标注，并利用 JDK（Java development kit）的 wsgen 工具执行相关命令，生成服务器端的辅助类。最后，编写服务器端启动程序，并利用 Endpoint 的 publish 方法将钻削加工服务发布到注册中心。如图 4-6 所示，在服务发布成功后 JAX-WS 会提示相关信息，并将发布到注册中心的云服务查看地址显示出来。

Web 服务以 WSDL 形式被描述，因此可以在浏览器中输入 http://localhost:8086/CloudDrillingService? wsdl 来查看制造物联网服务，查看的结果如图 4-7 所示。

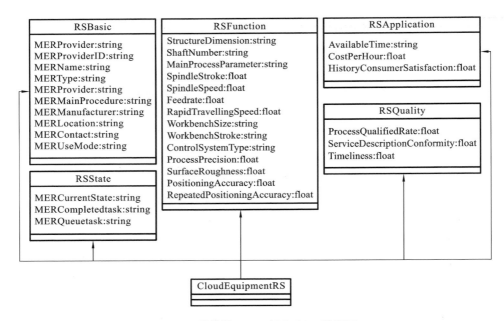

图 4-4　类模板 Virtual Machine 的类图

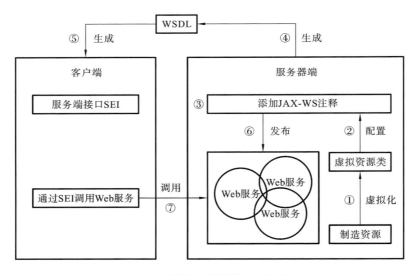

图 4-5　服务化封装的实现过程

开发服务器端并成功发布 Web 服务后,就可以通过 JDK 的 wsimport 工具执行相关命令,生成 WSDL 对应服务地址的客户端辅助类,然后编写相应的客户端测试类即可访问并调用 Web 服务。调用结果如图 4-8 所示。

图 4-6   制造物联网服务发布结果

图 4-7   制造物联网服务查看结果

图 4-8   制造物联网服务调用结果

4.2 复杂事件处理建模

近些年,以 RFID 技术为代表的物联网解决了企业应用系统数据录入和数据采集的瓶颈问题,物联网应用通过 RFID 中间件来实现数据的采集和初步处理。随着企业规模越来越大,越来越复杂,物联网中传感器产生大量的数据流事件,需要采用复杂事件处理技术[4,5]来实时处理这些海量事件。因此在制造物联网系统中,一方面,需要在垂直跨层的服务集成上,通过企业服务总线[6]或务联网[7,8]集成各种服务,如设备、流程服务和应用等;另一方面,需要在水平跨域的异构设备集成上,通过物联网实现人与物、物与物的互动。与此同时,需要云计算作为物联网的"大脑",实现信息处理和智能决策,并整合互联网上分布的各类资源,向用户提供按需计量的服务。

4.2.1 复杂事件处理技术

RFID 中间件处理后的数据只是最原始事件的数据,没有考虑事件之间的时序关系、因果关系、归属关系等内容,不能直接用来反映制造物联网加工生产的实时情况,必须对其进行更为深入的挖掘,由此引入复杂事件处理技术。复杂事件处理技术是一种新型的处理实时信息的技术,它能进一步过滤数据,使用户得到自己所关心的数据,而不用被其他无用数据所干扰。复杂事件处理技术不仅能聚合多个简单事件,而且也能聚合多个复杂事件,从而形成更为复杂的事件。

Esper 引擎是一款针对复杂事件处理的开源复杂事件处理引擎,它采用类似于SQL 的语言定义复合事件,基于自动机原理对复杂事件进行检测。Esper 引擎能够有效利用滚动窗口等技术对实时数据流事件进行处理,同时还能定义复杂的事件模式,用来将复杂事件聚合成更高级别的复杂事件,其工作原理如图 4-9 所示[9]。

经过 RFID 中间件处理后的原始事件能非常便利地利用事件流连接器和适配器(event steam connectors & adapters)向 Esper 引擎输入事件流,当Esper引擎完成事件的进一步整合和处理后,利用输出适配器(output adapters)可以将最终的结果输出。历史数据接入层(historical data access layer)能让Esper 引擎访问关系数据库,从而获取 Esper 引擎正在处理的事件的相关信息。Esper 引擎(Esper engine)主要通过事件查询和事件模式这两种方式对原始事件进行处理。Esper 引擎的工作流程(以车床加工为例)如下。

(1)创建一个事件类。这个类创建可以通过 Java 语言、XML 或者 MAP 语言完成。例如车床加工的事件类如表 4-7 所示。

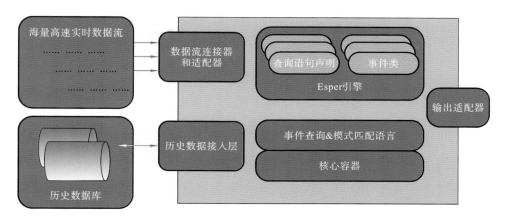

图 4-9　引擎工作原理[9]

表 4-7　车床加工事件类

LatheEvent
－class：LatheEvent
＋getTag()
＋getPrice()
＋getTime()

（2）创建一个 UpdateListener 接口。该接口的作用是对事件进行监测，一旦有与事件模式相匹配的事件发生，就调用 UpdateListener 中定义的事件处理方法。

（3）创建一个 Configuration 实例，也就是完成对事件的注册。

（4）获取对象。通过 EPServiceProviderManager 获得 EPServiceProvider 对象，即将上一步注册的事件与 Esper 引擎进行匹配。

（5）通过 EPServiceProvider 和 EPL(event process language，事件处理语言)查询语句创建 EPStatement。这一步是 Esper 语法的核心，通过 EPL 对事件进行过滤、重组等操作，将多个简单事件聚合成复杂事件，或将复杂事件聚合成更为复杂的事件。

（6）将 UpdateListener 和 EPStatement 级联，监听器中的 EPL 语句与 main 方法里的 EPL 语句相呼应。

（7）向 Esper 引擎发送事件，使用 EPService.getEPRuntime().sendEvent()的方法向引擎发送事件。

4.2.2　复杂事件处理建模实例

面向制造物联网的车间调度系统能够整合分布在互联网上的各类生产制造资源,面向客户的需求提供个性化的、按需分配的服务。物联网能够将设备功能以服务的形式发送给上层应用程序,以供业务流程调用,同时能通过 RFID 等技术感知设备的实时生产状态;而业务流程则需要依靠几个子流程组成的服务或者由多个服务组成的组合服务来实现其具体应用[10]。

事件驱动的制造物联网系统可以看作以云计算为整个系统控制中心的一类事件驱动系统,以物联网等技术感知反馈,其组成如图 4-10 所示。该系统是一个从情景感知到事件识别再到事件响应的闭环控制回路,它根据制造物联网系统的内外部实时信息和事件,动态地响应并调整生产调度决策,从而使得业务流程可以按"动态调整→循环调度→迭代运算→动态调整"的自适应模式运行。如果不以物联网技术提供的情景感知功能作为系统的反馈,则该系统就会成为开环系统而不具备实时的情景感知能力与自适应能力。

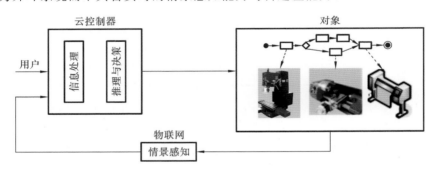

图 4-10　事件驱动的制造物联网系统组成

1. 面向制造物联网车间调度的复杂 RFID 事件处理

泛在物联网中 RFID 读写器的类型不尽相同,所以由这些 RFID 读写器收集到的信息的组成格式也会各不相同。如何对这些信息进行合理采集,同时利用有效的技术对这些采集到的数据进行深度处理,是当前物联网技术所面临的又一大难题。在利用 RFID 技术对制造物联网车间调度过程进行情景感知应用时,上层的应用程序可以利用两种方式对 RFID 数据进行调用,一种是直接访问 RFID 数据库,另一种则是利用 RFID 中间件对数据进行访问。该实例采用后者来探讨制造物联网车间调度所面临的复杂事件处理问题,利用 RFID 中间件将原始数据预处理成可读性更强的简单 RFID 事件,这将大大简化复杂事件处理的开发过程。

对应用层事件的处理技术按数据的复杂程度及其在时序上的分布一般可分为以下三类:简单事件处理(SEP)技术、事件流处理(ESP)技术和复杂事件处理(CEP)技术。其中事件流处理技术只是侧重于对一定时间内所有到达的数据的实时处理,而复杂事件处理技术则是关注在一定时间内有没有既定的事件模式得到匹配,由此可以看出,事件流处理技术只实现了复杂事件处理技术的一个方面,从而可以将事件流处理技术看作复杂事件处理技术的一个子集。

在 RFID 读写器的实际使用中,不可避免地会因为一些实时的扰动而产生错误信息,同时 RFID 读写器采集的数据大多都是重复且冗余的,这些数据可读性差,直接利用这些数据进行开发的成本代价高。因此有必要利用 RFID 中间件对数据进行预处理,来消除重复、错误的数据。然而经由 RFID 中间件处理后的数据还只能转化为简单的 RFID 事件,它所能提供给上层应用程序并且能让上层应用程序直接调用的信息也非常有限,此时还需要利用复杂事件处理技术将这些简单的 RFID 事件进一步聚合成上层应用程序关心的复杂事件。

复杂事件处理技术最初始的应用便是满足金融行业中对主动数据库技术的需求。当金融线程上的数据发生变化时,人们往往希望数据库主动地应对这些变化,其最关键的部分就是利用中间件技术、互联网技术,以及离散事件仿真技术来对复杂事件的模式进行检测和对检测出来的复杂事件进行深入分析。将复杂事件处理技术与主动数据库技术相结合,国内外学者对此做了大量的研究并总结了基于有限自动机、有向图、Petri 网,以及匹配树等技术的一些基本事件监测模型。由于上述技术并没有结合 RFID 数据重复度高、误读率高等特点,而且 RFID 数据在时间上的排列形成了复杂隐含知识,因此直接利用这些事件监测模型并不能让复杂的 RFID 应用面临的关键问题(例如数据基于时间的语义分析、数据基于逻辑的时态分析和数据的实时处理效率等)得到有效解决。与此同时,上述事件监测模型在实际应用过程中也都存在偏差[11]。同时,复杂事件处理技术得以快速发展,也要归因于物联网大规模应用所带来的 RFID 中间件需求的增长。多数国际著名软件公司已注意到这样的趋势,先后推出了一系列符合 EPCglobal 规范的中间件产品。由 EPCglobal 公司推出的标准和规范得到了全球范围内的广泛支持,这些统一的标准和规范包括 RFID 标签的识别标准、RFID 数据的捕获标准以及 RFID 数据的交换标准。遵循 EPCglobal 标准而编写的 RFID 中间件,能够很方便地对底层异构的 RFID 读写器进行集成,同时也能利用相似的处理技术对 RFID 数据进行过滤和预处理,并产生中间应用层事件,但中间应用层事件依然是语义有限的简单事件,在面向制造物联网车间调度过程中还需要进一步聚合,才能为调度决策制定提供依据。

本实例将利用开源的中间件产品 Fosstrak 和 Esper 引擎,对面向制造物联网车间调度过程中所产生的各类生产事件以及事件处理进行研究。以一个简单的加工过程为例,对生产制造过程中产生的各类事件进行描述,然后利用 Esper 引擎对这些事件进行检测、聚合等操作,实现对事件的响应和基本的报警操作,具体的操作如图 4-11 所示。其中,参与调度过程的工件和每一台机床都会被分配唯一的标签,RFID 读写器采用遵循 EPCglobal 范式的读写器仿真软件 Rifidi,能模拟实际环境对标签进行读写操作。通过 Fosstrak 中间件提供的 ALE Logical Reader API,即完成了模拟读写器与逻辑读写器的联通,此时再利用 Esper 引擎定义所需的事件模式,用于驱动 ALE 中间件将上层应用系统感兴趣的调度事件聚合并向上层应用系统发送相关报告。

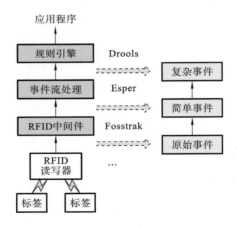

图 4-11　RFID 事件处理

2. 复杂事件处理仿真

在前述的事件驱动的制造物联网车间调度架构基础上,将其与一个实际轴加工的例子相结合,探讨制造物联网车间调度所包含的事件描述以及对应的复杂事件处理。在实际生产过程中,不失一般性,认为要完成一个轴的加工必须经过以下操作流程:下料台原料检测→车床粗车削操作→铣床半精铣削操作→磨床精磨削操作→质量检验。其软件仿真平台的搭建如图 4-12 所示,利用 Rifidi 平台集成的 Prototyper 工具,创建了一批待加工原材料、下料台、多个机床和最终的质检台。

1) 需求分析

当加工原材料(毛坯)到达车间时,首先会全部进入下料台,同时向加工车

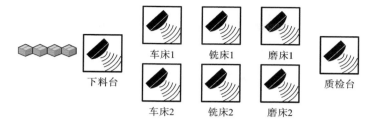

图 4-12　基于 Rifidi 平台的轴加工平台搭建示例

间提出加工请求,此时安装在下料台的 RFID 读写器将会检测原材料是否通过了下料台的检测。RFID 读写器采集到的标签数据将会上传至 Esper 引擎平台,若 Esper 引擎匹配到了原材料到达事件,则会在信息发布台报告该事件;若在超出一定的时间范围后,安装在下料台的 RFID 读写器始终都能采集到同一标签数据,这时 Esper 引擎平台就将报告"匹配原材料停滞时间过长",反之则报告原材料正常离开。其他工作台会出现类似的到达事件、超时事件、离开事件等,通过 Esper 引擎定义的事件模式,系统可以获得可读性更强的车间实时生产情况。该实例采用业务流程模型与标注语言(BPMN)[12]对轴加工过程进行需求分析和业务建模,如图 4-13 所示。若加工过程一切正常,则在工件离开质检台后会触发"结束事件"并发送加工完成报告;若发生 Esper 引擎平台定义的各类错误事件,则系统会立即触发"错误事件"(Ⓝ)预警并发送加工错误报告,同时对加工过程的实时事件系统发送相应的报告。

2)系统实现

(1)感应抽象层。Rifidi 平台是 Pramari 为实现 RIFD 读写模拟而推出的一款开源产品,通过 http://sourceforge.net/projects/rifidi/files/能方便地下载,安装后,在使用之前必须先配置 JDK 开发环境。它所集成的 Prototyper 工具能用拖动的方式非常便利地创建标签、读写器以及加工流程图。本实例所需的各类模拟读写器以及分配的标签如图 4-14 所示。图中左上角为建立的 RFID 读写器,分别安装在各自对应的工作台上;左下角为分配给若干毛坯的产品电子代码;右侧建立的模拟加工流程与图 4-12 所示的轴加工平台对应。

(2)应用引擎层。Esper 应用引擎层的实现主要包括以下两个方面。

① 各类简单加工事件类的定义。

轴加工过程主要涉及以下几种到达/离开事件类型:

- XialiaotaiArrived/DepartedEvent
- Chechuang1Arrived/DepartedEvent

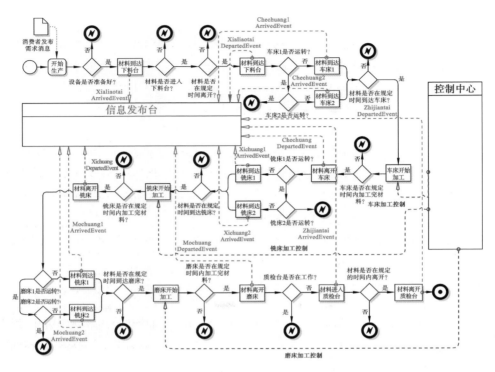

图 4-13　轴加工的需求分析和业务流程

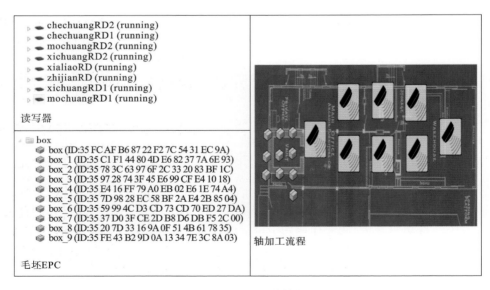

图 4-14　Prototyper 创建的轴加工流程图

- Chechuang2Arrived/DepartedEvent
- Xichuang1Arrived/DepartedEvent
- Xichuang2Arrived/DepartedEvent
- Mochuang1Arrived/DepartedEvent
- Mochuang2Arrived/DepartedEvent
- ZhijiantaiArrived/DepartedEvent

其中,各类基本加工事件的结构相似,都是基于 RFID 读写器的事件。其最主要的属性是事件的标签属性,用于指明该事件发生时工件所处的工作台。以工件到达下料台为例,其代码结构如图 4-15 所示。

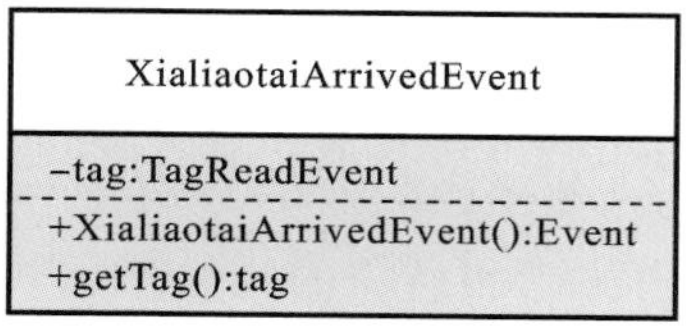

② Esper 引擎实例的实现。Esper 引擎平台通过创建监听器来监测事件的发生,下面主要介绍各类复合事件对应的 EPL 代码,其他的事件代码可类似写出。

XialiaotaiArrivedEvent
–tag:TagReadEvent
+XialiaotaiArrivedEvent():Event +getTag():tag

图 4-15 下料台事件 UML 图

(a) 原材料滞留事件。

设定原材料在下料台的检测时间为 180 s,Esper 引擎平台在监测原材料到达下料台事件后 180 s 内,若没有检测到原材料离开下料台事件,则创建原材料在下料台滞留时间过长的复杂事件,其代码如下:

```
"select xialiaotaiarrived,tag from
pattern[every xialiaotaiarrived= XialiaotaiArrivedEvent- >
timer: interval (180sec) and not XialiaotaiDepartedEvent (tag.
tag.ID= xialiaotaiarrived.tag.tag.ID)]"
```

其他加工超时或滞留超时事件对应的代码可用类似的结构写出。

(b) 毛坯移动事件。

经由下料台处理后,毛坯(经过下料台处理后的工件统称为毛坯)沿业务流程移动至车床,若此时车床处于空闲状态,其代码如下:

```
"select xialt2chec,tag from
pattern[every xialt2chec= XialiaotaiDepartedEvent- >
Chechuang1ArrivedEvent (tag.tag.ID= xialt2chec.tag.tag.ID) and
not exists (select *  from Chechuang1ArrivedEvent. std: unique
(tag.tag.ID).win:time (60sec) as d where xialt2chec.tag.tag.ID=
d.tag.tag.ID) where timer:within (60sec)]"
```

其中"xialt2chec"表示有下料台移动至车床。在 60 s 内(表示工件从下料台移动至车床的时间)Esper 引擎平台依次监测到同一个标签离开下料台后到达车床,并且在此过程中并没有其他的标签到达同一车床,由此创建毛坯移动事件。毛坯在其他工作台之间的移动事件对应的代码可用类似结构写出。

(c)跨工序事件。

例如原材料没有经过下料台处理而直接调用车床进行加工,类似事件可称为跨工序事件,其代码如下:

```
"select skipxialttag.tag from Chechuang1ArrivedEvent as skipxialttag
where not exists (select * from XialiaotaiArrivedEvent.std:unique (tag.
tag.ID).win:time (60sec) as d where skipxialttag.tag.tag.ID= d.tag.tag.ID)"
```

3)系统测试

(1)系统配置。本系统的开发环境是基于 Java 企业级应用规范的 Eclipse 平台,使用的版本是 Eclipse-jee-kepler-SR2。Eclipse 平台最大的特点就是可以让开发者将所需的其他开源软件以插件的形式轻松地植入系统中。在开始系统测试之前,必须将开源的 Fosstrak 项目以及 Esper 引擎导入 Eclipse 平台中,即利用 Eclipse 平台中的“build path”功能。该实例使用的是 Fosstrak 中间件的线下独立的应用程序 FosstrakAleClient,其程序配置和运行界面分别如图 4-16 和图 4-17 所示。

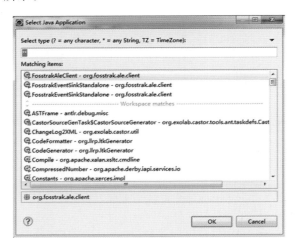

图 4-16 程序配置

(2)逻辑读写器配置。首先利用 Rifidi 平台所集成的 Prototyper 工具,用拖动的方式创建若干加工原材料以及与图 4-12 所示轴加工平台对应的 RFID 读写器,通过 Fosstrak 中间件提供的 ALE Logical Reader API,就能完成模拟读写器与逻辑读写器的联通,配置结果如图 4-18 所示。

图 4-17　运行界面

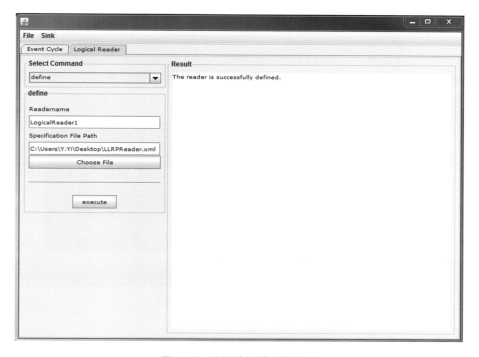

图 4-18　逻辑读写器配置结果

（3）提交订阅者。经过 Esper 引擎平台处理后的 RFID 数据可以通过订阅者窗口报告生产调度过程中产生的各类复杂事件，订阅者窗口配置界面如图4-19 所示。

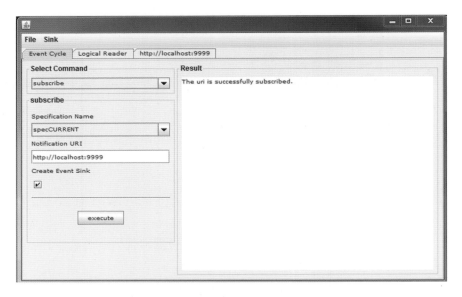

图 4-19　订阅者窗口配置界面

（4）测试结果。当原材料到达下料台（见图 4-20(a)）时，所对应的到达事件报告会提交在订阅者窗口（见图 4-20(b)），同时会将原材料的电子产品代码附在句尾用于区别不同原材料对应的不同事件。

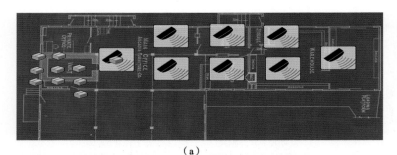

（a）

Tag arrived at location xialiaotai: 35FCAB68722F27C5431EC9A

（b）

图 4-20　原材料到达下料台

当原材料在下料台所停留的时间超过规定的时间时,在订阅者窗口中将会出现超时警报,如图 4-21 所示。

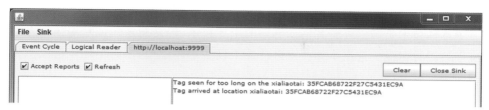

图 4-21　原材料在下料台的超时警报

若第一个毛坯在完成车床加工工序后,并未立即进行铣床加工工序,但因为误操作,又激活了磨床加工工序,同时第二个毛坯在第一个毛坯还未完成车床加工工序时离开了下料台,则在订阅者窗口会根据事件发生的先后顺序分别报告两个毛坯所对应的复杂事件,如图 4-22 所示。

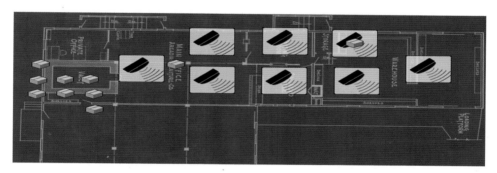

（a）

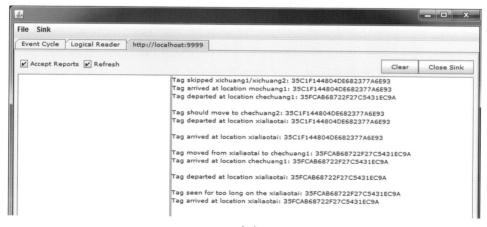

（b）

图 4-22　毛坯跨工序移动

4.3 本体建模

本体技术是国内外研究情景感知的主要技术,但是制造领域对本体技术的应用还较为粗浅。选用本体技术进行加工设备本体建模,可为下一步情景感知的实现打好基础。

4.3.1 本体语言及推理机制选用

1. 本体语言的选用

本体的结构主要分为概念、属性、实例。概念词汇描述某个特征事物或者领域;属性词汇连接概念词汇,形成相互关系;实例是概念的具体化。例如,在一个公司的部分结构、人员组成等设置中,财务部门、销售部门、生产部门、行政部门等都是组成公司的重要单元。图 4-23 所示的表示了某公司部门的层次结构。关系中最直观的便是类的层次关系,如果所有类 A 的对象同时也是类 A* 的对象,那就说明类 A 是类 A* 的一个子类。

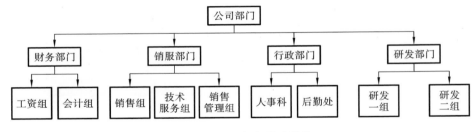

图 4-23 公司部门层次结构

本体除了父类子类之间的关系,也可以包含带属性的信息,比如财务经理管理财务部门;值约束关系,如生产设备只能由生产人员操作;不相交陈述,如财务人员与管理人员;对象间的从属关系,如各个部门至少拥有五个员工。

本体的组成包括类、属性、关系、函数、公理以及实例等[13],它们的含义如下。

(1)类(classes):它是同一领域概念的抽象,它描述具有共性特征的概念、客观事物的范畴。类最典型的关系为包含关系,而类必须与实例相关联才能实现其价值。

(2)属性(properties):属性描述本体概念间的关系,这既可以是类与类之间的关系,也可以是实例与实例之间的关系。属性在本体建模中主要分为两种,客观属性(object properties)和数据属性(data properties),其中客观属性表示概念间的相互关系。

(3) 关系(relations):关系描述类和属性之间的相互关系,这些关系包括从属关系、互斥关系、继承关系、相等关系等,可以将具有相同特征的概念相互联系在一起。

(4) 函数(functions):函数描述具有规律性的元素之间的关系,表示定义域内的元素所具有的共性关系。

(5) 公理(axioms):公理是指经过人类长期反复实践的检验,不需要再加以证明的命题。

(6) 实例(instances):实例是本体的最终目的,是类和概念具体化到客观事物的描述。

众多学者研究本体的实现方案并开发了多种类别的本体描述语言,其中 RDF(S)[14, 15]和 OWL[16]是现阶段运用最广,也是接受程度最高的本体描述语言,这两种语言由万维网联盟(W3C)提出并做推广,作为官方推荐通用标准语言,主要运用于 Web 服务中本体模型的描述。

RDF(S)是 RDF 和 RDF Schema(RDFS)的合称,其中 RDFS 是资源描述框架(resource description framework,RDF)的延伸版本。RDF 是基于 XML 的本体模式语言,通过描述概念、属性、实例等本体元素之间的关系来实现 Web 资源数据的创建,以实现知识、概念在网络上的共享与交互。RDF 数据模型简单,把 Web 资源、概念、实例等都看成一个个独立节点,通过连接弧连接各节点来实现资源关系描述。资源、属性、声明是构成 RDF 数据模型的主要元素。

Web 本体语言(Web ontology language,OWL)是 W3C 推荐的标准本体描述语言。OWL 是基于 XML 以及 RDF 的更高层次的本体描述语言,是一种严格意义上的逻辑描述语言,与 XML 和 RDF 相比,它具有更强的表达能力,可以实现对概念更具体的描述,还具有更强的可推理能力,其本体描述方式也有利于本体模型的重组和扩展。OWL 根据表达能力的需求分为三种子语言:OWL Lite、OWL DL 和 OWL Full。其表达能力依次递增,但相应地其所受限制也逐渐增加。这种分类有利于开发者根据自身需求和项目需求选择合适的语言。OWL 的三种子语言的功能如下。

(1) OWL Lite:OWL Lite 功能较为局限,无法很大程度地表达本体,适用于本体模型简单、分类层次需求低,且属性约束需求简单的用户。

(2) OWL DL:OWL DL 拥有更丰富的描述逻辑,可以满足用户最大程度的表达需求以及推理系统的后续推理需求。其保证了推理系统结果的完整性和可靠性,也就是说,推理计算可以在有限的时间内进行并结束。

(3) OWL Full:OWL Full 是三种子语言中开放性最大的,它允许本体在预定义词汇表上增加词汇,适合需要在语法自由的 RDF 上进行最大程度表达的用户。但是其推理相对比较困难,因为现阶段还没有支持 OWL Full 的推理软件。

鉴于 OWL DL 拥有可推理性好、表达性完整等优势,下面选用 OWL DL 作为后续本体模型的构建语言。

2. 本体推理机制的选择

本体的一致性是指本体在语法规则、逻辑基础以及具体的领域规则等方面的一致性。本体的一致性检查和从现有的信息中获取隐性的信息是进行本体推理的主要目标。而隐性信息的获取主要是指从现有显性的概念、声明中通过所制定的规则库推理出更多的概念、属性关系的过程。一般来说,可以把 OWL DL 看作描述逻辑[17]的具体化,OWL 是基于描述逻辑的 SHIQ 类,是一种具有明确的语义描述并提供实用语法的可推理子集,具有准确的证明体系。在运用过程中,OWL DL 可以简单看成由概念、属性、个体组成,概念表示领域实体,属性表示关系,个体表示具体实例。本节中本体推理选用 Jena 机制来实现。

Jena 是由美国 HP 实验室开发的,是一个基于 Java 语言的 API,主要应用于语义网(semantic Web)环境下系统的开发。Jena 是开源项目下的开放式语言框架工具包,其系统结构如图 4-24 所示[18]。Jena 为开发人员提供了包括 OWL、RDF、RDFS 本体的编程接口[19],并且拥有较为完整的本体解析、存储、推理和查询处理接口以及函数调用功能。Jena 的具体结构主要有以下几部分。

(1) RDF API。以 XML、N_triples 和 Turtle 格式读取、处理以及写入 RDF 数据。

(2) RDF 存储机制。允许在硬件资源上有效存储 RDF 三元组。

(3) 本体解析器。主要用于基于 XML 语法的文件的解析,包括 RDF、RDFS、OWL。

(4) Ontology 子系统。处理和操作 Ontology 文件,支持 RDFS、DAML+OIL、OWL 等语言,通过 OWL 和 RDFS 提供更丰富的表达形式。

(5) SPARQL 查询语言。用于信息的查询和搜索。

(6) 推理机子系统。用于搜索过程基于规则的推理。

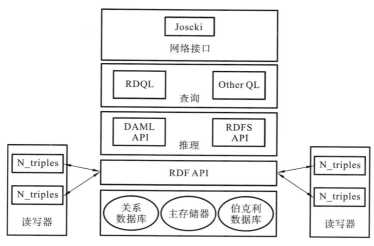

图 4-24　Jena 系统结构

4.3.2　面向制造物联网环境的加工设备本体建模

1. 设备本体构建的原则与方法

1）设备本体构建的原则

制造物联网环境下的每个加工设备本体作为环境下的单元,是实现加工设备自我情景感知以及本体间表达设备知识、互操作的基础,所以设计方案应当更加全面,设备本体的构建过程要遵循以下原则。

(1) 独立性、客观性与完整性。本体应该完整表达所描述的设备,保证描述语言所描述概念具有高度的独立性、客观性和完整性。

(2) 可扩展性。在构建不同设备本体的过程中应该有一个共享的词汇库、概念库,这有利于提高本体的可扩展性,同时可以实现在可预见的任务范围内提供相应本体构造的概念基础,使用户可以在现有概念框架的基础上完成新术语的定义,添加新词汇、新概念到原有词汇库及概念库中。

(3) 一致性。本体一致性有两方面的要求:第一,设备本体保持整个过程的一致性,即推理得到的概念与原有概念保持一致;第二,设备本体间应保持相应术语的一致性,即描述设备间同一领域的术语保持一致。这有利于后期本体间的相互通信、相互操作。

(4) 其他原则。本体构造过程不能依赖特定的符号编码;本体描述过程应尽量使用最少的声明,而本体的专门化和实例化要在个体描述中实现。

2）本体构建的方法

本体构建的方法如下。

（1）确定目标本体所属的领域与范围。第一，明确所需构建本体的专业覆盖领域，如为装备领域，进而明确目标本体的目标和作用；第二，确定专业领域中相应的信息，如术语的专业表达、描述的专业化，以及专业注释等。

（2）概念术语列举。将目标本体进行概念分解，逐步完善目标本体涉及的所有概念、属性、值域，以及各元素之间相互关系的列举，并保证其全面性。

（3）建立本体的框架。对上述列举完成的概念术语进行相关性分类，并通过不同部分的分类逐步将大类重聚在一起，层层分析从属关系，最终形成本体框架。

（4）构造元本体。元本体是领域概念的抽象，它定义了概念之间的关系。

（5）创建类和类的层次。主流的类层次定义方法有三种：自上而下法、自下而上法以及混合法。其中自上而下法先定义概念抽象类，再逐步往具体化发展；自下而上法的步骤恰好与自上而下法的相反。

（6）属性的定义和设定属性约束。本体概念之间的相互联系通过属性来表达，实现了独立概念的连接，使本体概念联系在一起，形成一个大的模型系统。属性约束规定了属性值相关的概念范围，包括类型、定义域、值域等。

（7）构建本体中的个体。

（8）选择本体建模语言。本节选择 OWL DL 本体描述语言来实现本体模型的构建。

（9）检验本体的合理性、准确性、客观性。检验本体是否达到目标需求的标准，验证概念之间是否相互矛盾，或者是否存在概念表达不完整等问题。

2. 构建加工设备本体

加工设备领域的本体构建是实现制造物联网情景感知的基础。区别于其他研究对整个领域进行单本体构建，如军事领域本体构建，设备的单本体主要针对一台加工设备，即环境中每个设备都是一个独立的本体，因此加工设备本体构建中针对设备的类型、分类等设备的基本情况进行完整详细的模型构建。下面以数控加工中心为例，阐述加工设备本体的构建过程。

构建数控加工中心本体时，将数控加工中心拆分为四个部分：控制模块、电气模块、机械模块以及刀具库。控制模块包括加工程序模块、反馈系统、通信系统等；电气模块包括控制电路、工作电路；机械模块包括轴、齿轮、联轴器等机械机构；刀具库主要包括各类刀具。数控加工中心本体的类层次如图 4-25 所示。

在类层次的基础上构建各个类之间的属性来表达它们之间的复杂关系，这些类通过属性相互作用，形成相对应的互操作性，而非各自独立。

（1）控制模块。控制模块主要负责确定工件的加工任务、自动加工等相关

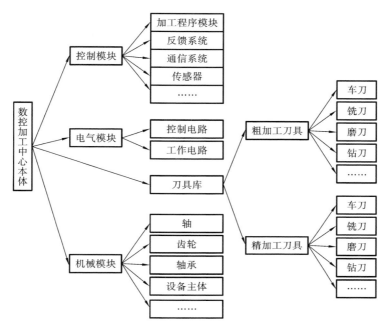

图 4-25　数控加工中心本体的类层次

控制过程。其中,通信系统的主要作用为工件到达后,匹配相对应的工件编码,向云端请求该工件的加工代码,并录入相关代码;当其他设备询问需求时,根据自身状况反馈信息。加工程序模块的主要作用为当通信系统完成加工代码接收后,自动录入代码进行自动化加工。各类传感器以及反馈系统主要针对加工过程的加工精度等工件需求进行测量、调整,保证满足需求。

(2)电气模块。电气模块主要保证数控加工中心的动力供给。其中,控制电路主要为控制模块提供动力,工作电路为机械加工部分提供动力。

(3)机械模块。机械模块主要由加工所需的各类机械结构、设备组成,包括设备主体、主轴、进给系统等。其中轴类主要作为加工过程的运动来源,其他运动是由轴类运动等带动产生的,是数控加工中心最核心的机械部分。各类齿轮、轴承系统可实现针对轴的不同强度、速度需求的有效控制。

(4)刀具库。刀具库主要提供加工所需的各类刀具,并能实现刀具的检测。

3. 设备本体实现

Protégé 是一款开源的本体建模软件,它提供免费、开放的本体编辑工具和知识库框架。Protégé 可以将本体输出为 RDF(S)、OWL 和 XML Schema 等格式。使用 Protégé4.2 完成设备本体类的建模,类层次如图 4-26 所示,通过加载 Graphviz 插件将类的层次结构以直观的图形表示。

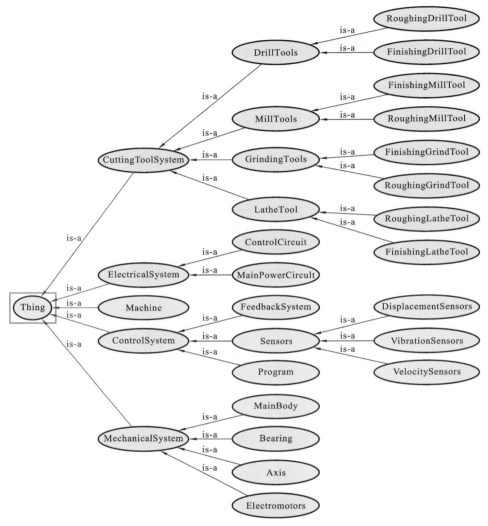

图 4-26 设备本体类层次图

依据上文所制定的本体构建方法，添加类的属性，实现类之间的相互关系。设备主要由各模块组成，因此制定了 hasParts 和 isPartsof 这一对对称属性。如上文所述，类的属性还包括数据关系属性，比如，传感器可能会收集到某些参数，参数传递到相对应的数据关系属性，进而实现本体模型与传感器的联系。部分类的属性如表 4-8 所示。

本体模型的构建还需要添加相对应的实例。而本节所构建的设备本体中，主要实例为设备本体、控制模块、机械模块、刀具库等各模块的部件实例。在构建本体实例过程中,根据属性的相关性建立信息库,确保实例构造过程的完整性与一致性。本体模型实例库如图 4-27 所示。

表 4-8　主轴类属性

属　　性	属 性 类 型
转速	数据关系属性
质量	数据关系属性
型号	数据关系属性
传感器	客观关系属性
⋮	⋮

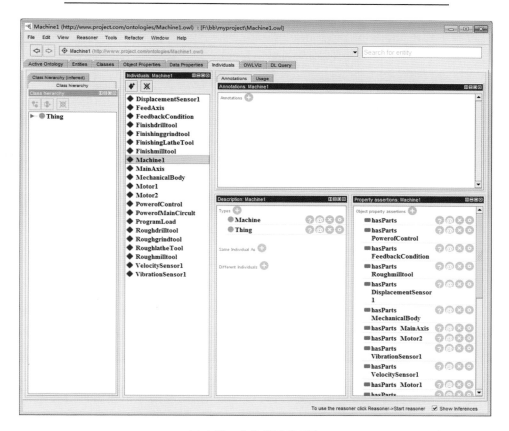

图 4-27　本体模型实例库

4.3.3　加工设备本体应用实例

1. Jena 推理示例

Jena 推理机内含一个通用逻辑推理引擎,可适用于一般程度的推理,也可完成对 RDF 的处理及转换,还可以通过植入外部推理机,如 Pellet 推理机,来增强 Jena 推理机的推理能力。Jena 的推理机制[20,21]如图 4-28 所示。其工作原理可以概括如下。

(1)通过 Model Factory 实现数据集与推理机的联系,然后根据所创建或读入的三元组信息资源以及本体模型包含的信息构建一个新的模型,存取推理机制。

(2)通过运用 Ontology API 和 Model API 对本体模型进行相关操作来实现对文件概念的推理,完成所需要的本体信息查询。再通过对所创建的模型进行查询,便可以返回原始数据中相应的陈述以及推理机推理出的隐含陈述。这一过程主要在 InfGraph 部分完成。

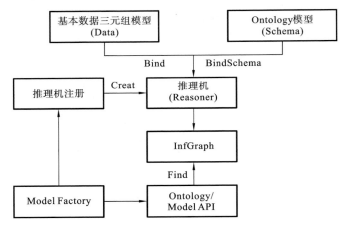

图 4-28 Jena 的推理机制

Jena 可以通过其内置的规则推理机实现对 RDFS 和 OWL 所建立的本体模型进行一般推理。有两个规则引擎嵌入 Jena 之中,分别是 RETE 引擎和 tabled Datalog 引擎,它们协同合作服务于 RDF 推理。推理规则存储在注册表中,通过调用注册表中的 Java 对象可实现调用规则加入推理中的操作,同时用户也可以根据自身需求增加规则库,可以在规则头、规则体中或者同时在这两部分中使用规则函数。

Jena 自身包含了一系列针对本体特点的推理规则,这类规则可以称为通用规则,主要用于检查本体的类关系、概念可满足性或者属性之间的关系,例如:

```
subClassOf (? x rdfs: subClassOf ? y), (? y rdfs:subClassOf ? z)
→(? x subClassOf ? z)
Inversewith (? x owl: Inversewith ? y), (? a rdf: type ? x), (? b
```

```
rdf: type ? y)
→ (? a owl: Inversewith ? b)
```

但是单纯使用通用规则并无法满足本体推理的实际需求,特别是某些专业词汇、信息的推理,因此 Jena 允许用户根据使用需求,定义自定义规则来实现其对特定信息的推理,自定义规则可以看作对通用规则的补充,它有助于 Jena 推理功能的完善。例如在生产环节中,设备与操作工人之间的关系的规则可以表达为:

```
Rule1: (? x operate ? y), (? z subclass of ? y) → (? x operate ? z)
Rule2: (? x work in ? y), (? y operate of ? z) → (? x operate ? z)
```

Rule1 说明,如果工人 x 能操作 y 类型的设备,而 z 类型设备是 y 类型设备的子类,则可推理出工人 x 具有操作 z 类型设备的能力。

Rule2 说明,如果工人 x 属于 y 部分的员工,而 y 部分负责操作 z 类型设备,则可推理出工人 x 具有操作 z 类型设备的能力。

本节将以工人操作设备的例子来验证本体推理的正确性以及有效性,以下描述展示了部分重要的本体概念和属性:

```
< owl:ObjectProperty rdf:about= "# CanOperate"/>
< owl:ObjectProperty rdf:about= "# isSimilarAs">
< rdf:type rdf:resource= "&owl;FunctionalProperty"/>
< /owl:ObjectProperty>
< rdf:Description rdf:about= "# WorkerNo.3">
< "CanOperate" rdf:resource= "# MachineNo.1"/>
< /rdf:Description>
< rdf:Description rdf:about= "# MachineNo.1">
< "isSimilarAs" rdf:resource= "# MachineNo.5"/>
< /rdf:Description>
< rdf:Description rdf:about= "# MachineNo.5">
< "isSimilarAs" rdf:resource= "# MachineNo.1"/>
< /rdf:Description>
```

上述描述指出工人 WorkerNo.3 有能力操作设备 MachineNo.1,而设备 MachineNo.5 与设备 MachineNo.1 相似,属于同一类设备,但在未推理的情况下,如果进行本体查询,无法得出工人 WorkerNo.3 也可以操作设备 MachineNo.5。如果使用 Jena 推理机推理,只要在推理机中添加以下规则:

```
Rule1: (? a http://www.semanticweb.org/JopShop.owl# CanOperate? b)^
(? b http://www.semanticweb.org/JopShop.owl# isSimilarAs? c)
```

```
-> (? a http://www.semanticweb.org/JopShop.owl# CanOperate? c)
```

然后对完成推理的新模型进行查询,便可得出工人 WorkerNo.3 也可以操作设备 MachineNo.5。图 4-29 所示为本体推理前的查询结果,图 4-30 所示为本体推理后的查询结果。

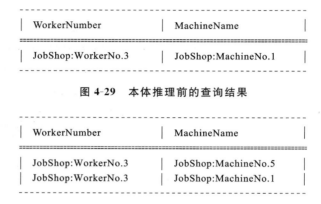

WorkerNumber	MachineName
JobShop:WorkerNo.3	JobShop:MachineNo.1

图 4-29   本体推理前的查询结果

WorkerNumber	MachineName
JobShop:WorkerNo.3	JobShop:MachineNo.5
JobShop:WorkerNo.3	JobShop:MachineNo.1

图 4-30   本体推理后的查询结果

2. 规则的添加

前面创建的加工设备本体模型主要将设备分成控制模块、电气模块、机械模块以及刀具库四部分,并完成设备相关实例化建模。

设备在接受新加工任务之前,需要对自身本体进行本体推理,判断设备此时是否能接受任务。如果能接受任务,则判断能接受哪种类型任务(如铣工序、钻工序等),设备周围环境是否符合加工需求。若推理结果表明设备能接受新任务,则进行新任务接受。本体推理中部分规则代码举例及说明如下:

```
Rule1:(? a http://www.project.com/ontologies/Machine1.owl# has-
Parts ? b),
 (? b http://www.project.com/ontologies/Machine1.owl# PowCondi-
ton ? c),ge(? c,220)
-> (? a http://www.project.com/ontologies/Machine1.owl# Condi-
tion\"AllowWorking\")
```

Rule1 说明,如果设备电源供应满足电压大于 220 V,则设备状态为允许加工状态。

```
Rule2:(? a http://www.project.com/ontologies/Machine1.owl# has-
Parts ? b),
 (? b http://www.project.com/ontologies/Machine1.owl# hasDWear ?
```

```
c).ge(? c,300)
-> (? a http://www.project.com/ontologies/Machine1.owl# Condi-
tion \"No accept Drilling\")
```

Rule2 说明了另外一种类型的问题,如果钻刀的磨损量达到一定级别,则该设备将无法接受钻工序的加工。

设备本体的模型推理机,根据实际情况下模块之间的关系,会制定相对应的推理规则,尽可能保证推理结果的完整性和准确性。

3. 查询语句的添加

在推理完成之后,需要通过查询新的本体模型的某些信息来获取目标信息,而在执行本体查询时,必须编写查询指令,进而完成本体推理查询。例如,在加工设备本体查询中,最终的目的是了解设备能否进一步接受新的任务等相关信息,因此,查询指令可编写如下:

```
queryStr = " PREFIX lathe:< http://www.project.com/ontologies/Ma-
chine1.owl# > "
    + "PREFIX xsd:< http://www.w3.org/2001/XMLSchema# > "
    + "PREFIX rdf:< http://www.w3.org/1999/02/22-rdf-syntax-ns# > "
    + "PREFIX rdfs:< http://www.w3.org/2000/01/rdf-schema# > "
    + "PREFIX fn:< http://www.w3.org/2005/xpath-functions# > "
    + "SELECT ? x ? y "
    + "WHERE{? x lathe:Condition ? y ."
    + "}"
```

该查询指令描述的主要内容为:查询文件名为 Machine1 的 OWL 本体模型文件中,实例设备 x 的工作状态 y。在后续的操作中,将会输出本体的查询结果,从而满足情景感知的下一步操作要求。

4. 查询与推理具体应用实现

下面以加工中心设备 Machine1 为例阐述整个本体建模推理过程。此处通过对加工中心设备 Machine1 进行本体建模,实现对实物设备的虚拟化,再通过上述 Jena 推理来完善 Machine1 的本体模型,并通过推理获取设备 Machine1 的实时状态,进而实现有效的服务。其具体内容为:完成 Machine1 的本体模型搭建,完成四个模块的本体建模,然后进入推理查询过程,通过 Jena 通用规则查询,获取初始本体的信息,如各组件的从属关系等。而实际操作中,基于实际参数的变化,设备可以通过编制规则库来完成更高层次的推理,获取更具价值的信息。

现在针对设备本体进行推理查询,推理设备是否能接受新加工任务,其使用 Jena 推理的主要代码为：

```
OntModel model = ModelFactory.createOntologyModel();
File mfile = new File("F:/bb/myproject/Machine1.owl");
FileInputStream min = new FileInputStream(mfile);
model.read(min, null);
String myrules=
"[rule0:(? a http://www.project.com/ontologies/Machine1.owl#
hasParts ? b)"
+ "(? b http://www.project.com/ontologies/Machine1.owl# PowCon-
diton? c)"
+ "ge(? c,220)"
+ "-> (? a http://www.project.com/ontologies/Machine1.owl# Con-
dition \"AllowWorking\")]"
```

//rule0 表示若本体中存在个体 a 的组成部分 b,且 b 的供能状态为 c,而 c 的状态为高于 220 V,则推理出 a 允许工作

```
+ "[rule1:(? a http://www.project.com/ontologies/Machine1.owl#
hasParts ? b)"
+ "(? b http://www.project.com/ontologies/Machine1.owl # hasL-
Wear ? c)"
+ "ge(? c,300)"
+ "-> (? a http://www.project.com/ontologies/Machine1.owl# Con-
dition \"No accept Lathe\")]"
```

//rule1 表示若本体中存在个体 a 的组成部分 b,且 b 车削刀具磨损状态为 c,而 c 状态的磨损量高于 300 μm,则推理出 a 不允许接受车削加工

```
+ "[rule2:(? a http://www.project.com/ontologies/Machine1.owl#
hasParts ? b)"
+ " (? b http://www.project.com/ontologies/Machine1.owl #
hasMWear ? c)"
+ "ge(? c,300)"
+ "-> (? a http://www.project.com/ontologies/Machine1.owl# Con-
dition \"No accept Milling\")]"
```

//rule2 表示若本体中存在个体 a 的组成部分 b,且 b 铣削刀具磨损状态为 c,而 c 状态的磨损量高于 300 μm,则推理出 a 不允许接受铣削加工

```
+ "[rule3:(? a http://www.project.com/ontologies/Machine1.owl# hasParts
? b)"
+ "(? b http://www.project.com/ontologies/Machine1.owl# hasDWear ? c)"
+ "ge(? c,300)"
+ "-> (? a http://www.project.com/ontologies/Machine1.owl# Condition \"
No accept Drilling\")]"
```

//rule3 表示若本体中存在个体 a 的组成部分 b,且 b 钻削刀具磨损状态为 c,而 c 状态的磨损量高于 300 μm,则推理出 a 不允许接受钻削加工

```
+ "[rule4:(? a http://www.project.com/ontologies/Machine1.owl#
hasParts ? b)"
+ "(? b http://www.project.com/ontologies/Machine1.owl# hasGWear ? c)"
+ "ge(? c,300)"
+ "-> (? a http://www.project.com/ontologies/Machine1.owl# Con-
dition \"No accept Grinding\")]"
```

//rule4 表示若本体中存在个体 a 的组成部分 b,且 b 磨削刀具磨损状态为 c,而 c 状态的磨损量高于 300 μm,则推理出 a 不允许接受磨削加工
⋮
//此处省略大部分规则描述
//基于通用规则库及自定义规则库对本体模型进行推理

```
Reasoner reasoner = new GenericRuleReasoner ( Rule. parseRules
(myrules));
InfModel myinf= ModelFactory.createInfModel(reasoner, model);
String queryStr;
```

//编写查询结果语句,例如本体主要查询设备的状态,即设备 n 的状态 conditionN

```
queryStr = " PREFIX lathe:< http://www. project. com/ontologies/Ma-
chine1. owl# > "
+ "PREFIX xsd:< http://www.w3.org/2001/XMLSchema# > "
+ "PREFIX rdf:< http://www.w3.org/1999/02/22-rdf-syntax-ns# > "
+ "PREFIX rdfs:< http://www.w3.org/2000/01/rdf-schema# > "
+ "PREFIX fn:< http://www.w3.org/2005/xpath-functions# > "
+ "SELECT ? x? y "
+ "WHERE{? x lathe:Condition ? y ."+ "}"
Query query= QueryFactory.create(queryStr);
QueryExecution qe= QueryExecutionFactory.create(query,myinf);
ResultSet results= qe.execSelect();
ResultSetFormatter.out(System.out, results,query);
```

具体到本实例,Machine1 电源供给模块,由于各模块的供电电压都在区间范围内,推理规则类似于上述代码中的 rule1,如主轴电压高于 220 V,表示主轴能参与工作。而在整个本体模型中,不同部件之间电源是串联关系,只有本体中的供能状态都符合要求,才能推理出设备"AllowWorking",否则为"NotAllowWorking"。同样地,故障模式出现也是如此,如钻削加工模式的某个环节出现了异常,会导致该模式的弃用。如 Machine1 中的钻削模式出现故障的原因在于其钻刀的磨损量达到 500 μm,高于 300 μm 的设定值,所以系统推理出钻削模式处于故障状态,并停止接受钻削任务。其他模块的推理过程也是如此。对 Machine1 进行本

体推理查询后,结果如图 4-31 所示,可以看出,设备 Machine1 现在的状态是"Al-lowWorking",也就是可以接受任务,但是由于特定的原因,它暂时无法接受钻削和磨削加工任务。检修工人为了进行设备的检修工作,也可以通过本体模型查询推理。比如钻削无法加工的原因是什么,通过构造查询语句,可以了解到对应的故障内容,节约故障排除时间。由此可见,对设备进行本体建模推理及查询,可以实时获知设备的信息,并可利用这些信息进行加工过程规划等后续操作。

Machine	Condition
lathe:Machine1	"No accept Drilling"
lathe:Machine1	"No accept Grinding"
lathe:Machine1	"AllowWorking"

图 4-31　加工设备 Machine1 本体推理查询结果

4.3.4　考虑服务关联的制造云服务本体建模

1. 服务关联关系分析

组合制造云服务(manufacturing cloud service,MCS)是由多个基本制造云服务以一定的规则组合而成的[22]。这些基本制造云服务称为子服务,它们之间的数据可能具有关联关系,或者服务提供者之间的业务合作或限制关系。这些关联关系将影响组合服务整体的服务质量(QoS)和组合服务的实施[23]。组合服务要求将各个子服务有机地聚集在一起,使得各个子服务能够相互适应,正确地执行任务。在组合 Web 服务中,子服务间的关联关系有 3 种:可组合关联关系、商业实体关联关系和统计关联关系[23,24]。

(1)可组合关联关系:是指两个存在数据逻辑关系的子服务能否组合的关系。用组合关联度来衡量这两个子服务可组合的程度。假设 $MCS_{j,l+1}$ 是 $MCS_{i,l}$ 的后续服务,服务 $MCS_{i,l}$ 和 $MCS_{j,l+1}$ 的输入与输出存在的可组合关联关系如图4-32所示。

(2)商业实体关联关系:例如现有两个制造云服务提供商——提供商 A 和提供商 B,如果他们存在于同一商业同盟,具有合作关系,或者分属于对立的商业同盟,具有竞争关系,则称他们所提供的这两个制造云服务之间存在商业实体关联关系。商业实体关联关系又可分为选择关联关系和服务质量关联关系。选择关联关系包括依存关系、从属关系和对立关系。依存关系是指两个子服务 $MCS_{i,l}$ 和 $MCS_{j,l+1}$,一旦其中的一个子服务被选取,另外一个也必须被选取;从属关系是指

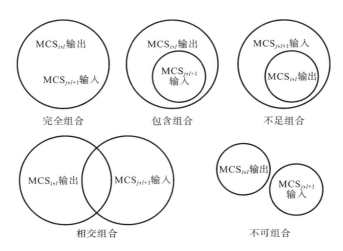

图 4-32　可组合关联关系

一旦子服务 $MCS_{i,l}$ 被选择来执行第 l 项子任务,那么用来执行第 m 项子任务的服务应该从 $\{MCS_{1,m}, MCS_{2,m}, \cdots, MCS_{i,m}, \cdots, MCS_{I,m}\}$ 中选取;对立关系是指一旦子服务 $MCS_{i,l}$ 被选择来执行第 l 项子任务,那么用来执行第 m 项子任务的服务不能够从 $\{MCS_{1,m}, MCS_{2,m}, \cdots, MCS_{i,m}, \cdots, MCS_{I,m}\}$ 中选取。服务质量关联关系是指制造云服务的服务质量取决于其他被选择的子服务的服务质量。

(3) 统计关联关系:指两个或者多个子服务是否经常绑定在一起执行任务的关联关系。如果两个或多个子服务常常被绑定到一起,用户经常选择它们一起来执行任务,则任务的响应时间将缩短。此外,随着这些服务的合作次数增多,这些服务的可靠性、可用性和信誉将会更高,再次选择时,合作的概率更大。

经上述分析可知,子服务间的关联关系对组合服务的整体服务质量有重要的影响,因而有必要在对服务进行虚拟化描述时就考虑服务间的关联关系。

2. 考虑服务关联的制造云服务描述模型

制造云服务描述是云制造中发现、搜索、匹配、评价、选择、组合和优化服务的信息基础。云制造资源的类型繁多,不同类型资源所包含的信息差别较大。因此有必要针对不同类型的资源,分别给出特定的虚拟化描述模型。这里以制造设备资源为例,对同类资源,抽出其中的共同属性和本质属性,给出考虑服务关联的制造云服务描述模型。

制造设备资源的描述模型分为四个部分,即提供者属性(provider attribute)、服务属性(service attribute)、使用属性(application attribute)和 QoS 属性(QoS properties),如图 4-33 所示。

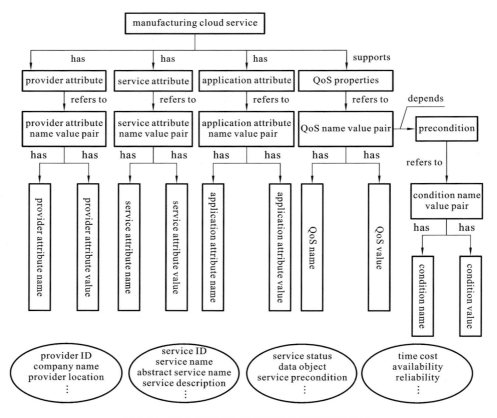

图 4-33　服务关联感知的制造设备资源描述模型

（1）提供者属性：主要用来描述服务提供者的信息，如服务提供者的标识号（provider ID）、提供者名称（company name）、提供者地址（provider location）等。

（2）服务属性：主要用来描述服务的基本信息，如服务标识号（service ID）、服务名称（service name）、服务所属抽象类名称（abstract service name）、服务功能的文字描述（service description）等。

（3）使用属性：主要是指服务的功能性描述和应用性描述，包括服务的性能参数和服务的状态，如服务状态（service status）、接收数据的类型（data object）、执行服务的前提条件（service precondition）等。

（4）QoS 属性：主要是指服务的非功能属性，如时间（time）、价格（cost）、可用性（availability）、可靠性（reliability）等。

由图 4-33 可知，支持服务关联的制造云服务描述模型中，关联的 QoS 信息由服务提供者的原始服务描述提供。QoS 属性描述由成组的服务质量名（QoS name)和服务质量值(QoS value)来实现,每组服务质量名和服务质量值称为服务质量名值对(QoS name value pair)。每个服务质量名值对中服务质量值的取值可能依赖于前提条件(precondition),而前提条件可能由若干条件名值对(condition name value pair)通过逻辑操作符"not""and"和"or"组合而成。其中三个逻辑操作符的优先级是:not>and>or。制造设备资源描述模型的形式语言描述文法如图 4-34 所示。

CloudService ::=(ProviderAttribute,ServiceAttribute,ApplicationAttribute,QoSProperties)

ProviderAttribute ::={ProviderAttributeName VaiuePair$_i$}

ProviderAttributeNameValuePair$_l$ ::=<ProviderAttributeName,ProviderAttributeValue>

ServiceAttribute ::={ServiceAttributeNameValuePair$_k$}

ServiceAttributeNameValuePair$_k$ ::=<ServiceAttributeName,ServiceAttributeValue>

ApplicationAttribute ::={ApplicationAttributeNameValuePair$_i$}

ApplicationAttributeNameValuePair$_j$ ::=<ApplicationAttributeName,ApplicationAttributeValue>

QoSProperties ::={QoSNameValuePair$_i$}

QoSNameValuePair$_i$ ::=q$_i$◄—Precondition$_i$

Precondition ::=ConditionNameValuePair | Precondition or Precondition | Precondition and Precondition | not Precondition

ConditionNameValuePair ::=<ConditionName,Condition Value>

q ::=QoSNameValuePair

QoSNameValuePair ::=<QoSName,QoSValue>

图 4-34　制造设备资源描述模型的形式语言描述文法

　　云服务的提供者必须保证其描述的具有相同服务质量名、不同服务质量值的服务质量名值对所依赖的前提条件不能同时为真,以确保避免因存在两个或两个以上的关联关系同时为真而引起 QoS 取值的冲突。遵循上述制造云服务描述模型的制造云服务描述实例如图 4-35 所示。

3. 服务关联的本体建模

　　本体是对概念模型的具体说明,其核心内容是某个领域内大家所认同的实体概念的有限集合。实体概念之间的关联关系表达了领域内的语义信息。本体构建的目标是获取、描述和表达某个领域的知识,确定该领域内公认的词汇,并从不同层次的形式化模型上明确定义这些词汇(术语)和词汇间的关联关系。构建制造云服务的本体模型是实现有效集成和管理制造云服务的关键。

　　本体有三个基本的语义构件模块:类、个体和属性。类是一个资源集合;个体是至少一个类的成员,而且它也是一种资源;属性用于描述一个资源。本体中还包含数据类型的定义,用于描述取值的值域。此处遵循 Gruber 提出的本体构建时应坚持的明确性、客观性、一致性、可扩展性以及最少约束性等五条原则[25],建立制造设备资源的制造云服务本体元模型,如图 4-36 所示。

Volkswagen:
ProviderID="0303"
CompanyName="Volkswagen"　　　　　　　　ProviderAttribute
ProviderLocation="Shanghai,China"
　...
ServiceID="03"
ServiceName="Automobile parts manufacturing"　　　ServiceAttribute
ServiceDescription="Provide automobile parts processing services"
　...
ServiceStatus="Idle"
DataObject="Process flow chart"
ServicePrecondition="Got design and simulation results　　ApplicationAttribute
　　　　　　　　　of the automobile parts"
　...
Execution Time=60 hours
Execution Time=50 hours←VirtualProductDataObject="Unigraphics"
Cost=1800 USD
Cost=1750 USD←ModeofPayment="VISA" and CompanyName="Pininfarina"
　...

　　QoSProperties　　　　　　　　　Precondition

图 4-35　制造云服务描述实例

本体语言应可帮助用户对制造云服务模型进行清晰的分析、形式化的概念描述,因此它应该满足具有定义优良语法、具有定义优良语义、支持逻辑推理、表达完整方便等要求。目前存在的主流本体描述语言有 OIL、DAML、KIF、OWL 等。其中,W3C 定义的 OWL 使用较为广泛。W3C 在 2004 年定义了 OWL 规范,并将其推荐为语义 Web 的标准描述语言。

本体编辑工具是用于本体知识表示工程、本体库的开发乃至语义网基础构建的软件体系的总称。随着研究的深入,出现了许多类型的本体编辑工具。此处选取当前广泛应用的 Protégé4.2 作为构建制造设备资源云服务本体的开发工具,构建制造设备资源云服务的本体,如图 4-37 所示。

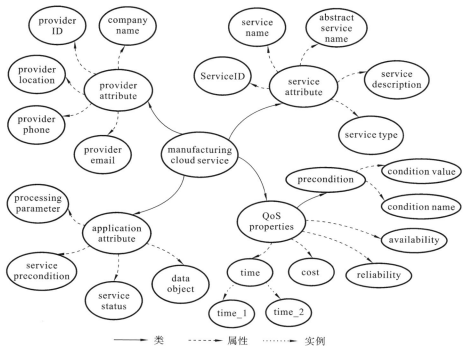

图 4-36　制造设备资源本体元模型

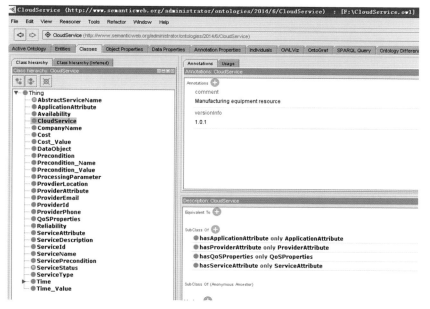

图 4-37　在 Protégé4.2 中构建制造设备资源云服务本体

4.3.5　制造服务关联本体建模实例

为了便于理解和分析,利用 Turtle(terse RDF triple language)来表述本体的实例化。Turtle 是最简单和最简洁的 RDF 序列化格式。Turtle 不是一种 XML,它是专门为 RDF 设计的,是一种友好的、可读性较好的语言,不适用于应用程序进行信息交换。标准的 RDF 交换语言是 RDF/XML。RDF/XML 使用标准的 XML 名称空间约定,对那些以 XML 元素的形式出现的完整 URI 进行缩写。因此,下面将举例说明,如何利用 Turtle 来描述 RDF/XML 所表述的本体。

下面所示的 RDF/XML 文档中的代码片段表达了图 4-38 所示的制造云服务的四类属性。

```
〈rdf:RDF xmlns="http://www.semanticweb.org/administrator/ontologies/
2015/4/CloudService#"
xml:base="http://www.semanticweb.org/administrator/ontologies/2015/4/
CloudService"
xmlns:rdfs="http://www.w3.org/2000/01/rdf-schema#"
xmlns:owl="http://www.w3.org/2002/07/owl#"
xmlns:xsd="http://www.w3.org/2001/XMLSchema#"
xmlns:rdf="http://www.w3.org/1999/02/22-rdf-syntax-ns#">
〈owl:Ontology    rdf:about="http://www.semanticweb.org/administrator/
ontologies/2015/4/CloudService"/>
    〈!声明属性-->
    〈owl:ObjectProperty  rdf:about= = "http://www.semanticweb.org/ad-
ministrator/ontologies/2015/4/CloudService# hasApplicationAttribute">
    〈owl:ObjectProperty  rdf:about= = "http://www.semanticweb.org/ad-
ministrator/ontologies/2015/4/CloudService# hasProviderAttribute">
    〈owl:ObjectProperty  rdf:about= = "http://www.semanticweb.org/ad-
ministrator/ontologies/2015/4/CloudService# hasQoSProperties">
    〈owl:ObjectProperty  rdf:about= = "http://www.semanticweb.org/ad-
ministrator/ontologies/2015/4/CloudService# hasServiceAttribute">
    〈!定义类-->
    〈owl:Class        rdf:about= = "http://www.semanticweb.org/adminis-
trator/ontologies/2015/4/CloudService# AppicationAttribute">
    〈owl:Class        rdf:about= = "http://www.semanticweb.org/adminis-
trator/ontologies/2015/4/CloudService# ManufacturingCloudService">
        〈rdfs:subClasOf>
        〈owl:Restriction>
            〈owl:onProperty rdf:resource= "http://www.semanticweb.org/ad-
```

```
ministrator/ontologies/2015/4/CloudService# hasApplicationAttribute"〉
        〈owl:allValuesFrom  rdf:resource= "http://www.semanticweb.
org/administrator/ontologies/2015/4/CloudService # ApplicationAttrib-
ute"〉
      〈/owl:Restriction〉
    〈/rdfs:subClasOf〉
    〈rdfs:subClasOf〉
      〈owl:Restriction〉
        〈owl:onProperty  rdf:resource= "http://www.semanticweb.org/
administrator/ontologies/2015/4/CloudService# hasProviderAttribute"〉
        〈owl:allValuesFrom rdf:resource= "http://www.semanticweb.org/
administrator/ontologies/2015/4/CloudService# ProviderAttribute"〉
      〈/owl:Restriction〉
    〈/rdfs:subClasOf〉
    〈rdfs:subClasOf〉
      〈owl:Restriction〉
        〈owl:onProperty  rdf:resource= "http://www.semanticweb.org/
administrator/ontologies/2015/4/CloudService# hasServiceAttribute"〉
        〈owl:allValuesFrom  rdf:resource= "http://www.semanticweb.
org/administrator/ontologies/2015/4/CloudService# ServiceAttribute"〉
      〈/owl:Restriction〉
    〈/rdfs:subClasOf〉
    〈rdfs:subClasOf〉
      〈owl:Restriction〉
        〈owl:onProperty  rdf:resource= "http://www.semanticweb.org/
administrator/ontologies/2015/4/CloudService# hasQoSProperties"〉
        〈owl:allValuesFrom rdf:resource= "http://www.semanticweb.org/
administrator/ontologies/2015/4/CloudService# QoSProperties"〉
      〈/owl:Restriction〉
    〈/rdfs:subClasOf〉
  〈owl:Class     rdf:about= = "http://www.semanticweb.org/adminis-
trator/ontologies/2015/4/CloudService# ProviderAttribute"〉
  〈owl:Class     rdf:about= = "http://www.semanticweb.org/adminis-
trator/ontologies/2015/4/CloudService# QoSProperties"〉
  〈owl:Class     rdf:about= = "http://www.semanticweb.org/adminis-
trator/ontologies/2015/4/CloudService# ServiceAttribute"〉
〈/rdf:RDF〉
```

　　图 4-39 所示的程序清单与前述 RDF/XML 代码片段表达的是相同的内容,即将图 4-38 序列化为 Turtle。Turtle 对每个三元组都使用简单格式,主语、

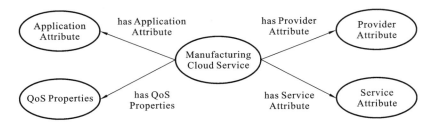

图 4-38　制造云服务的四类属性

谓语和宾语都写在同一行，由空格隔开，而且陈述句由一个点结尾。如：

```
:ApplicationAttribute rdf:type owl:Class.
```

这一句是使用资源 owl:Class 和 rdf:type 来表述 ApplicationAttribute 是一个类。

其中":ApplicationAttribute"是主语,"rdf:type"是谓语,"owl:Class"是宾语。

比较两段代码可知，Turtle 能够在很大程度上避免因前缀引起的文档零乱，它更容易被人们所读写，因此本节中给出的实例用 Turtle 描述。

```
@prefix:〈http://www.semanticweb.org/administrator/ontologies/2015/4/CloudService♯〉
@prefix owl:〈http://www.w3.org/2002/07/owl♯〉.
@prefix rdf:〈http://www.w3.org/1999/02/22-rdf-syntax-ns♯〉.
@prefix xml:〈http://www.w3.org/XML/1998/namespace〉.
@prefix xsd:〈http://www.w3.org/2001/XMLSchema♯〉.
@prefix rdfs:〈http://www.w3.org/2000/01/rdf-schema♯〉.
@base〈http://www.semanticweb.org/administrator/ontologies/2015/4/CloudService〉.


〈http://www.semanticweb.org/administrator/ontologies/2015/4/CloudService〉rdf:type
owl:Ontology.


♯声明属性
:hasApplicationAttribute rdf:type owl:ObjectProperty.
:hasProviderAttribute rdf:type owl:ObjectProperty.
:hasQoSProperties rdf:type owl:ObjectProperty.
:hasServiceAttribute rdf:type owl:ObjectProperty.


♯定义类
:ApplicationAttribute rdf:type owl:Class.
```

图 4-39　前述代码的 Turtle 格式

```
:ProviderAttribute rdf:type owl:Class.
:QoSProperties rdf:type owl:Class.
:ServiceAttribute rdf:type owl:Class.
:ManufacturingCloudService rdf:type owl:Class;
        rdfs:subClassOf [rdf:type owl:Restriction;
                owl:onProperty:hasApplicationAttribute;
                owl:allValuesFrom:ApplicationAttribute
            ],
            [ rdf:type owl:Restriction;
              owl:onProperty:hasProviderAttribute;
              owl:allValuesFrom:ProviderAttribute
            ],
            [ rdf:type owl:Restriction;
              owl:onProperty:hasServiceAttribute;
              owl:allValuesFrom:ServiceAttribute
            ],
            [ rdf:type owl:Restriction;
              owl:onProperty:hasQoSProperties;
              owl:allValuesFrom:QoSProperties
            ],
```

续图 4-39

前面建立的制造设备资源本体模型将制造设备资源的描述模型分为提供者属性、服务属性、使用属性和 QoS 属性四个部分，并完成制造设备资源的本体建模。在制造设备资源本体中添加图 4-35 所示的制造云服务描述实例 Volkswagen，其部分 Turtle 代码如图 4-40 所示。

```
@prefix:〈http://www.semanticweb.org/administrator/ontologies/2015/4/CloudService#〉
…
:Volkswagen rdf:type :CompanyName,
        owl:NamedIndividual;
    :hasServiceID "03";
    :hasProviderID "0303";
    :hasCost_Value :1750_USD,
                    :1800_USD;
    :hasTime_Value :50,
                    :60;
    :hasServiceName "Automobile_parts_manufacturing";
```

图 4-40　制造云服务描述实例 Volkswagen 的部分 Turtle 代码

```
                :hasServicePrecondition "Got_design_and_simulation_results_of_the_automobile_parts";
                :hasServiceStatus "Idle";
                :hasDateObject "Process_flow_chart";
                :hasServiceDescription "Provide_automobile_parts_processing_services";
                :hasProviderLocation "Shanghai,China".
    :60 rdf:type :Time_Value,
        owl:NamedIndividual.

    :50 rdf:type :Time_Value,
                owl:NamedIndividual;
                    :hasPreconditionValue "Unigraphics";
                    :hasPreconditionName "VirtualProductDataObject".

    :1750_USD rdf:type :Cost_Value,
                owl:NamedIndividual.

    :1800_USD rdf:type :Cost_Value,
                owl:NamedIndividual;;
                    :hasPreconditionName "CompanyName",
                                        "ModeofPayment";
                    :hasPreconditionValue "Pininfarina",
                                        "VISA".
```

续图 4-40

4.4　生产车间调度建模

　　生产车间调度的编排及其执行效率是影响制造业生产、运营效率的关键因素,有效的调度方案能减小设备的闲置率,从而降低企业的生产运营成本,同时也能缩短产品的生产周期,提高企业对动态环境的响应速度,从而在激烈的全球化市场中增强企业的竞争能力。随着制造业越来越向着集成化、网络化的方向发展,制造业的发展更加依赖高新技术应用的推动。虽然国内外众多科研工作者对应用服务提供商、制造网格、敏捷制造、全球化制造等先进网络制造模式开展了大量的研究,针对其典型的应用与实践取得了一定的研究成果,但这类先进网络制造模式存在的商用模式问题、车间生产制造资源的共享及调度问题和信息安全问题等,制约了其自身的应用推广和发展。这些问题集中反映到面向网络制造的车间调度层面,包括以下几个方面:首先,车间生产线制造过程处于复杂、动态的生产环境中，各类制造事件的产生、聚集具有不可预知性。其次，车间在进行任务编排时，必须能够实时获取相关车间的制造资源能力占用与空闲等方面的信息，并且及时处理这些海量信息。最后，由于面向网络的多车间制造的分布式特点，调度方案的确定已经不再局限于一个车间内部，而是将各个车间以共享服务资源的形式相互关联，形成一个基于时序约束关联的资源池。因此，本节以生产车间调度问题为研究对象，将制造物联网思想应用于车间调度生产过程。

4.4.1　面向制造物联网车间调度的业务流程

对制造业来说，业务流程是指从产品起始到产品完成，由多个工序或工作共同参与协同的完整过程，简言之，就是一组输入转化为输出的过程。有效的业务流程能保证企业高效运转，而相对应的，无效的业务流程则会让企业在生产运营过程中产生大量的问题，致使车间生产资源闲置浪费、企业生产运营效率低下。因此，编排一个可靠度高、鲁棒性强的业务流程，并且能够保证这个业务流程得到有效的执行、监控和动态调整，对制造企业至关重要。随着信息技术的飞速发展，传统固定、僵化的业务流程已经越来越缺乏市场竞争力。现代的业务流程必须具备很强的动态性能，企业必须以市场、客户的需求为导向，并将市场、客户反馈的信息加以实时处理，用这些信息驱动业务流程进行再造与重组，以此来更好地满足市场、客户日益增长的需求，提高企业生产效率和竞争力。由此，我们引入事件驱动思想，从而加强制造物联网车间调度业务流程的动态性能。

事件驱动的机制就是，当一个符合条件（condition）的事件（event）发生时，与这个事件匹配的动作（action）立即发生作用，即所谓的事件-条件-动作（event-condition-action，ECA）机制。以车间调度为例，当一台机床发生故障时，事件驱动机制能立即发现这个问题，并重新找到另一台合适的机床去代替故障机床，并重新制定加工流程。由此，事件驱动的业务流程能基于事件-条件-动作机制，实现主动式的事件驱动的服务响应。目前国内外支持事件驱动业务流程的实现主要有以下三种途径[26-29]。

（1）根据事件驱动业务流程的需求，对 BPEL（business process execution language）规范进行相应的扩展。但这种扩展了的 BPEL 应用可移植性不强，需要提供专门的接口才能在标准的 BPEL 引擎上执行；而且一旦业务流程变得复杂，对 BPEL 规范扩展的工作将变得更加困难。

（2）采用事件驱动的流程建模工具（例如 BPMN）对业务流程建模，然后利用转换代码将其映射为 BPEL。但这种转换还存在一定的局限性,例如 BPMN 到 BPEL 的转换并不是自动的,需要手动操作,同时并不是所有的 BPMN 模型都能转换成 BPEL 模型,而且这种转换了的模型也不是都能直接在 BPEL 引擎上执行。

(3) 利用 ECA 机制,即依据事件所对应的规则先进行预判,再根据规则指定的业务流程来确定执行动作。

此处采用第(3)种途径,利用 Esper 引擎和 Drools 规则引擎加以实现。具体流程执行过程如图 4-41 所示。

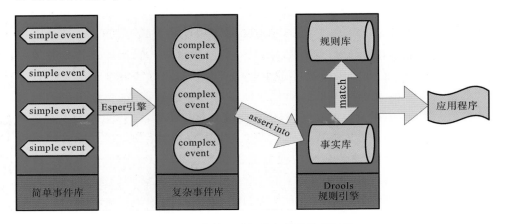

图 4-41 事件驱动的业务流程执行过程

一条完整的 ECA 规则必须包括规则的名称、判断的条件以及产生的动作,其中每个规则的名称和特定事件相对应,可以表示为:

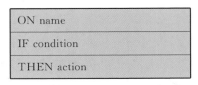

即当一个由 Esper 引擎监测的特定事件发生时,Drools 规则引擎会指定相应的动作对业务流程进行实时处理。面向制造物联网的车间调度引进了物联网技术,企业由此可以实时获取加工机床的工作状况和使用情况,所以这里采用静态调度与动态调度相结合的调度策略来解决调度理论研究(主要针对静态调度问题)与实际应用脱节的问题。具体的策略如下:当加工过程处于正常情况时,企业可以按照智能调度算法(遗传算法、蚁群算法等)规划好的流程调用制造资源;当加工过程出现异常情况(机床故障、加工交付日期提前、紧急插入

工件等)时,则先通过 Esper 引擎快速获取事件模式,利用 Drools 规则引擎中和事件模式绑定的处理规则,按 Rete 或 FIFO 等算法,实现动态环境下车间生产资源的实时调度。

4.4.2 面向制造物联网车间调度问题的描述

对一个典型的车间 FT46 调度问题的描述如表 4-9 所示。在一个生产车间中有多个工件(例如表中所示的 J_1、J_2、J_3、J_4)需要加工,其中要完成每个工件的加工必须按照既定的加工工序,例如表 4-9 中 J_1 的加工工序就是 $O_{11} \rightarrow O_{12} \rightarrow O_{13}$。每个加工工序可以选择在不同的机床($M_1$ 至 M_6)上进行,不同的机床所对应的加工性能也不一样。而调度的最终目的就是使某个或多个加工工序的性能指标达到最优。不失一般性,认为这些工件在加工过程中具备同样的优先级,且先来先服务,但紧急事件(交货时间提前、紧急插入工件、设备故障等)具备更高的优先级。

表 4-9　车间 FT46 调度问题的时间表　　　　单位:min

工件	操作	M_1	M_2	M_3	M_4	M_5	M_6
J_1	O_{11}	2	3	4	—	—	—
	O_{12}	—	3	—	2	4	—
	O_{13}	1	4	5			
J_2	O_{21}	3	—	5		2	
	O_{22}	4	3	—		6	
	O_{23}	—		4		7	11
J_3	O_{31}	5	6	—			
	O_{32}	—	4		3	5	
	O_{33}	—	—	13		9	12
J_4	O_{41}	9	—	9	9		
	O_{42}	—	6	—	4		5
	O_{43}	1		3	—	—	3

4.4.3 车间调度过程分析

当车间正常加工时,利用遗传算法得到的加工调度结果的甘特图如图 4-42 所示。在 Java 项目中,要实现对 SQL Server 数据库的访问,必须先下载 sqljd-bc.jar 包,并将其安装在 Java 文件中的 jdk\jre\lib\ext\ 文件夹下,然后在 Java 项目中引入这个包:import java.sql.＊。同时,在原数据库中还设计了用于存储加工信息的各类表格,包括加工任务表、加工流程约束表、加工时间约束表等。

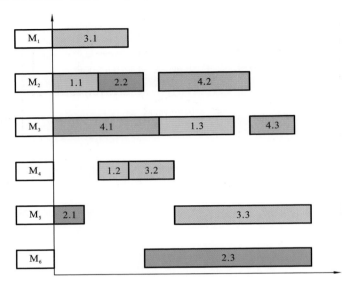

图 4-42   FT46 调度结果甘特图

这四个工件的加工顺序分别如下。

J_1 的加工顺序为:M_2(3 min)→M_4(2 min)→(空闲 2 min)→M_3(5 min)

J_2 的加工顺序为:M_5(2 min)→(空闲 1 min)→M_2(3 min)→M_6(11 min)

J_3 的加工顺序为:M_1(5 min)→M_4(3 min)→M_5(9 min)

J_4 的加工顺序为:M_3(9 min)→M_2(6 min)→M_3(3 min)

这里主要研究机床故障事件调度编排,包括每一台机床处于故障状态时的调度方案。

长时间运行的机床发生故障是现代制造车间常见的问题,现有的应对这种问题的主要手段就是关闭生产线,经过维修人员抢修再恢复生产,这自然造成了其他生产资源的闲置,降低了企业的生产效率。针对此类问题,提出如下解决方案。

当工件到达时,由事件控制中心监测生产车间机床的状态,若全部机床都处于正常情况,则按照静态调度规则安排生产计划;若监测到某个或多个机床处于故障状态,则要按照 Drools 规则引擎中匹配的调度方案进行紧急调度,如图 4-43 所示。

1. 故障事件

利用 Esper 引擎中的时间窗口,监听一段时间内故障事件是否发生。故障

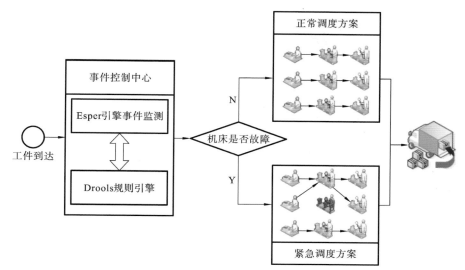

图 4-43　机床故障调度方案

事件包括事件发生的时间、所对应的机床以及此时机床所处的状态。一旦故障事件发生，则利用 sendEvent() 的方法，将事件传送出去。部分代码如下：

```
public class test {
    ......
    String epl = "select machineState = false from ErrorEvent.
win:time(30 sec)";
    ......
    epService.getEPRuntime().sendEvent(new ErrorEvent("machine1", 5,
fasle);
    ......
}
```

2. Drools 规则引擎

当 Drools 规则引擎接收到 Esper 引擎传输来的事件后，首先判断事件类型以及对应的机床，再将其与事件规则库中的紧急调度方法相匹配，并得出新的调度方案，在监听器中编写如下代码：

```
public class MyListener implements UpdateListener {
......
KnowledgeBase kbase = readKnowledgeBase();
StatefulKnowledgeSession ksession = kbase.newStatefulKnowledg-
eSession();
KnowledgeRuntimeLogger logger =
```

```
KnowledgeRuntimeLoggerFactory.newFileLogger(ksession, "test");
ErrorEvent e = new ErrorEvent();
e.setMachineStatus(false);
ksession.insert(e);
ksession.fireAllRules();
logger.close();
......
}
```

其中,KnowledgeBase 是 Drools 规则引擎中用来收集当前应用中所需规则的规则库对象,在一个 KnowledgeBase 当中可以包含规则的定义、规则流以及函数等,但是这些规则都不包含任何业务数据,都是由 StatefulKnowledgeSession 或者 StatelessKnowledgeSession 定义的 session 对象触发规则执行。两种定义方法的区别在于前者在触发规则后需要调用 dispose() 方法去释放内存资源,后者则不需要。定义好的 session 对象调用 insert() 即可将 Java 定义的 Fact 类插入到 WokingMemory 中去进行规则中的运算。

3. 调度结果

如图 4-44 所示,机床 1 处于故障状态时,得到新的加工流程如下。

J_1 的加工顺序为:M_3(4 min)→M_5(4 min)→M_3(5 min)

J_2 的加工顺序为:M_5(2 min)→(空闲 4 min)→M_2(3 min)→M_6(11 min)

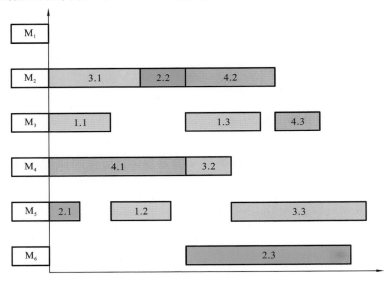

图 4-44　机床 1 故障调度结果甘特图

J_3 的加工顺序为：M_2(6 min)→(空闲 3 min)→M_4(3 min)→M_5(9 min)

J_4 的加工顺序为：M_4(9 min)→M_2(6 min)→M_3(3 min)

其他机床处于故障状态时的代码可类似写出，调度方案和各自调度结果的甘特图如表 4-10 所示。

表 4-10　各机床故障调度方案及其调度结果甘特图

故障机床	加工顺序	调度结果甘特图
M_2	J_1：M_3→M_5→M_3 J_2：M_5→M_1→M_6 J_3：M_1→M_5→M_5 J_4：M_4→M_4→M_1	
M_3	J_1：M_2→M_5→M_1 J_2：M_5→M_2→M_6 J_3：M_1→M_2→M_5 J_4：M_4→M_4→M_1	
M_4	J_1：M_2→M_2→M_1 J_2：M_5→M_1→M_3 J_3：M_1→M_2→M_5 J_4：M_3→M_6→M_1	
M_5	J_1：M_2→M_2→M_1 J_2：M_3→M_1→M_3 J_3：M_1→M_2→M_6 J_4：M_4→M_4→M_1	

续表

故障机床	加工顺序	调度结果甘特图
M₆	$J_1: M_2 \rightarrow M_5 \rightarrow M_1$ $J_2: M_5 \rightarrow M_2 \rightarrow M_3$ $J_3: M_1 \rightarrow M_2 \rightarrow M_5$ $J_4: M_4 \rightarrow M_4 \rightarrow M_1$	

4.5　基于进程代数的制造服务组合建模

云制造服务组合进程形式化模型(formal model for cloud manufacturing service composition progress,FM4CMSCP)主要用于描述服务组合中各基本云服务之间的业务逻辑关系和组织结构关系等[30]。考虑到云制造服务有着不同于一般 Web 服务的功能属性与非功能属性等特点,本节首先对传统进程代数进行语义扩展,提出云制造服务组合进程形式化模型的定义,重点研究选择、并发、顺序、循环四种基本服务组合类型的形式化建模,分别给出其进程代数描述。

4.5.1　扩展进程代数

进程代数具有严密定义的形式化语义,能够将服务的动态行为与操作语义联系起来,并能对其性质进行验证,越来越多地被工业界和学术界用于基于流程服务组合的建模和验证。经典的进程代数有 CCS(calculus of communication system)[31]、COWS(calculus for orchestration of Web services)[32]、π 演算(Pi-calculus)[33]、CSP(communicating sequential processes)[34]、ACP(algebra of communicating processes)[35]等。本章参考文献[36]使用 π 演算进行 Web 服务组合描述并使用验证工具 MWB(mobile workbench)进行验证。本章参考文献[37]在流程执行语言 BPEL 和 COWS 之间建立映射,从而可以借助 COWS 的验证工具 CMC(COWS model checker)[38]对 BPEL 程序的正确性进行验证。然而,上述研究主要集中于 Web 服务的功能建模和正确性验证方面,缺少考虑云制造服务的非功能属性以及费用、时间、物流等线下因素的影响。而对非功能属性以及费用、时间、物流等线下因素进行建模以支持服务组合验证与决策越来越受到重视,已有进程代数难以对此进行支持,有必要对其进行非功能属性扩展研究。在 COWS 的基础上,这里提出一种扩展了物流、QoS 信息等的进程代数 XPC4CMSC(extended process calculus for cloud manufacturing service composition),在满足云制造服务组合形式化描述及验证的同时,可对服务组合的 QoS 进行分析,分析结果可作为服务组合方案选择的参考依据。

1. QoS 定义

首先讨论 QoS 在 XPC4CMSC 中的含义。在 XPC4CMSC 中,QoS 可用一个六维数组表示。

定义 4.1(QoS) 非功能属性模型 QoS 是一个六维数组,QoS＝{Te, Ce, Re, Ae, LTe, LCe},其中:

Te(time element)是该服务操作响应时间函数,其值为辅助工作(例如工件的装夹等)所需时间 $T_{auxiliary}$ 与制造服务执行时间 $T_{execution}$ 之和,即 Te＝$T_{auxiliary}$＋$T_{execution}$。

Ce(cost element)是使用该服务操作应付费用函数,其值为服务提供者标出的服务收费 $C_{provider}$ 与第三方所要收取的认证服务等费用 C_{agent} 之和,即 Ce＝$C_{provider}$＋C_{agent}。

Re(reliability element)是该服务操作的可靠性函数。高质量的云制造服务应当是稳定、可靠的,拥有高执行成功率。可靠性函数可表示为被调用服务总次数 R_{invoke} 中服务成功执行次数 $R_{execution}$ 所占百分比,即 Re＝$(R_{execution}/R_{invoke})\times100\%$。

Ae(availability element)是该服务操作的可用性函数,是当用户需要时该服务即能工作的概率。

LTe(logistics time element)是使用该服务过程中的物流时间函数。由于云制造服务的特性,服务执行时间不仅比一般的 Web 服务执行时间长,而且往往还受物流时间的制约,因此有必要考虑物流时间因素对服务质量的影响。

LCe(logistics cost element)是使用该服务过程中所要花费的物流费用函数。

在 XPC4CMSC 中,以优化 QoS 为目标的服务组合方案选择问题为多目标问题。组合模型中第 k 个任务的候选服务($s_{k,1}$, $s_{k,2}$, …, $s_{k,n}$)的 QoS 矩阵表示为:

$$Q_k=[s_{k,1},s_{k,2},\cdots,s_{k,n}]^{\mathrm{T}}[\mathrm{Te}\quad\mathrm{Ce}\quad\mathrm{Re}\quad\mathrm{Ae}\quad\mathrm{LTe}\quad\mathrm{LCe}]$$

$$=\begin{bmatrix}Q_{k,1,1} & Q_{k,1,2} & Q_{k,1,3} & Q_{k,1,4} & Q_{k,1,5} & Q_{k,1,6}\\ Q_{k,2,1} & Q_{k,2,2} & Q_{k,2,3} & Q_{k,2,4} & Q_{k,2,5} & Q_{k,2,6}\\ \vdots & \vdots & \vdots & \vdots & \vdots & \vdots\\ Q_{k,n,1} & Q_{k,n,2} & Q_{k,n,3} & Q_{k,n,4} & Q_{k,n,5} & Q_{k,n,6}\end{bmatrix}$$

$$=[Q_{k,i,j}, 1\leqslant k\leqslant p,1\leqslant i\leqslant n,1\leqslant j\leqslant6] \tag{4-1}$$

在模型中，Te、Ce、LTe 与 LCe 是负向质量元素，即函数值越大，服务质量越差；Re 与 Ae 是正向质量元素，即函数值越大，服务质量越好。为了统一 6 种质量元素的量纲与方向，在计算组合模型的综合质量之前需要对 QoS 元素进行标准化处理[39]。

对于正向质量元素，选择

$$M_{i,j} = \begin{cases} (Q_{i,j} - Q_j^{\min})/(Q_j^{\max} - Q_j^{\min}), & Q_j^{\max} - Q_j^{\min} \neq 0 \\ 1, & Q_j^{\max} - Q_j^{\min} = 0 \end{cases} \tag{4-2}$$

进行标准化处理。

对于负向质量元素，选择

$$M_{i,j} = \begin{cases} (Q_j^{\max} - Q_{i,j})/(Q_j^{\max} - Q_j^{\min}), & Q_j^{\max} - Q_j^{\min} \neq 0 \\ 1, & Q_j^{\max} - Q_j^{\min} = 0 \end{cases} \tag{4-3}$$

进行标准化处理。

式(4-2)、式(4-3)中：i 表示云制造资源池中满足客户要求的候选服务序号，$1 \leqslant i \leqslant n$；$j$ 表示质量元素序号，$1 \leqslant j \leqslant 6$。

根据式(4-2)、式(4-3)可求得式(4-1)的标准化矩阵 $\boldsymbol{Z}_k$。将式(4-1)进行标准化处理，得组合模型中第 k 个任务候选服务的标准化 QoS 矩阵为：

$$\begin{aligned} \boldsymbol{M}_k &= \boldsymbol{Z}_k^{\mathrm{T}} \boldsymbol{Q}_k \boldsymbol{Z}_k \\ &= \begin{bmatrix} M_{k,1,1} & M_{k,1,2} & M_{k,1,3} & M_{k,1,4} & M_{k,1,5} & M_{k,1,6} \\ M_{k,2,1} & M_{k,2,2} & M_{k,2,3} & M_{k,2,4} & M_{k,2,5} & M_{k,2,6} \\ \vdots & \vdots & \vdots & \vdots & \vdots & \vdots \\ M_{k,n,1} & M_{k,n,2} & M_{k,n,3} & M_{k,n,4} & M_{k,n,5} & M_{k,n,6} \end{bmatrix} \\ &= [M_{k,i,j},\ 1 \leqslant k \leqslant p, 1 \leqslant i \leqslant n, 1 \leqslant j \leqslant 6] \end{aligned} \tag{4-4}$$

可用式(4-4)计算每个候选服务 $s_{k,i}$ 的 QoS 综合评价值：

$$\begin{aligned} \boldsymbol{P}_k &= \sum_{j=1}^{6} \boldsymbol{M}_{k,i,j} \boldsymbol{\lambda}_{k,j} \\ &= \begin{bmatrix} M_{k,1,1} & M_{k,1,2} & M_{k,1,3} & M_{k,1,4} & M_{k,1,5} & M_{k,1,6} \\ M_{k,2,1} & M_{k,2,2} & M_{k,2,3} & M_{k,2,4} & M_{k,2,5} & M_{k,2,6} \\ \vdots & \vdots & \vdots & \vdots & \vdots & \vdots \\ M_{k,n,1} & M_{k,n,2} & M_{k,n,3} & M_{k,n,4} & M_{k,n,5} & M_{k,n,6} \end{bmatrix} \begin{bmatrix} \lambda_{k,1} \\ \lambda_{k,2} \\ \vdots \\ \lambda_{k,6} \end{bmatrix} \\ &= \begin{bmatrix} P_{k,1} \\ P_{k,2} \\ \vdots \\ P_{k,n} \end{bmatrix} \end{aligned}$$

$$= [P_{k,i}, 1 \leqslant k \leqslant p, 1 \leqslant i \leqslant n] \tag{4-5}$$

式中：$\lambda_{k,j}$ 为第 k 个任务中第 j 维质量元素的加权因子，$0 \leqslant \lambda_{k,j} \leqslant 1$，$\sum_{j=1}^{6} \lambda_{k,j} = 1$。加权因子可以表达相应质量元素对综合服务质量评价的影响程度。对式（4-5）做 max 运算，可求得资源池中具有最优 QoS 综合评价值的制造服务[40]。

2. XPC4CMSC 语法

XPC4CMSC 语法如表 4-11 所示，其基本要素是伙伴和操作。伙伴名称用字母 $p, p', \cdots$ 表示，操作名称用字母 $o, o', \cdots$ 表示。通信节点由伙伴名称和操作名称组成。

表 4-11　XPC4CMSC 语法

XPC4CMSC 语法	注　释
$s ::=$	服务（services）
$\text{kill}(k)$	杀活动（kill）
$\|u \cdot u'! \bar{e}$	调用（invoke）
$\|g$	防卫性输入选择（input-guarded choice）
$\|s\|s$	并发组合（parallel composition）
$\|\langle\|s\|\rangle$	保护（protection）
$\|[d]s$	划界（delimitation）
$\|^* s$	复制（replication）
$g ::=$	防卫性输入选择（input-guarded choice）
0	空活动（nil）
$\|p \cdot o? \overline{w}.s$	接收进程（receive processing）
$\|g+g$	选择（choice）

XPC4CMSC 的计算实体是服务，服务是依靠前缀（_·_）、选择（_＋_）、并发组合（_｜_）、保护（⟨｜_｜⟩）、划界（[_]）和复制（*_）等运算符以基本活动，即空活动（0）、杀活动（kill(_)）、调用活动（_·_!_）和接收活动（_·_?_），建立起来的构造活动。运算符间的优先级按由高到低顺序规定如下：一元运算符，前缀运算符，选择运算符，并发组合运算符。运算符末尾出现的空活动 0 在情况允许下可省略，例如，可用 $p \cdot o? \overline{w}$ 代替 $p \cdot o? \overline{w}.0$。划界运算符 $[d]s$ 表示将

d 绑定在 s 的范围内。在非绑定情况下，名称、变量或标签可自由出现在 d 中。kill(k) 可强制终止 $[k]$ 中所有未保护的活动，敏感代码可放入保护运算符 $\{|\_|\}$ 中避免杀活动 kill(k) 的影响。如果一个项式可由另一个项式仅通过重命名其绑定的名称、变量和标签而得到，那么这两个项式是等价的。

3. XPC4CMSC 操作语义

XPC4CMSC 操作语义是根据结构等价规则和标签变迁关系来定义的。如表 4-12 所示，结构等价规则是由一套公式所表达的最小等价关系，可识别两个语句结构不同而本质上代表相同服务的项式。一个闭环服务 s_0 计算是一个前后连接的变迁序列：

$$s_0 \xrightarrow{\alpha_1} s_1 \xrightarrow{\alpha_2} s_2 \xrightarrow{\alpha_3} s_3 \cdots$$

其中：$\alpha_i(i=1,2,\cdots)$ 表示标签；服务 $s_i(i=1,2,\cdots)$ 称为 s_0 的归约。

表 4-12　XPC4CMSC 结构等价规则

序号	XPC4CMSC 结构等价规则
1	$^* 0 \equiv 0$
2	$^* s \equiv s \mid {}^* s$
3	$[d]0 \equiv 0$
4	$\{|0|\} \equiv 0$
5	$\{|\{|s|\}|\} \equiv \{|s|\}$
6	$\{|[d]s|\} \equiv [d]\{|s|\}$
7	$[d_1][d_2]s \equiv [d_2][d_1]s$
8	$s_1 \mid [d]s_2 \equiv [d](s_1 \mid s_2) \quad \text{if} \quad d \notin \text{fd}(s_1) \bigcup \text{fk}(s_2)$

表 4-12 中：fd(t) 表示 t 项式内自由出现的名称、变量或 killer 标签的集合；fk(t) 表示自由 killer 标签的集合。由于保护运算符 $\{|s|\}$ 的作用在于保护 s 避免杀活动 kill(k) 的影响，因此，$\{|s|\}$ 本质上与 s 表达相同的服务。$[d]s$ 也与 s 表达相同的服务，除变迁标签 α 包含 d，或者 s 中 d 的杀活动有效而 α 无杀活动以外。接收活动根据给定伙伴名称提供一个可调用操作。服务交互可在两并发服务执行接收和调用活动时发生。结构等价的服务具有相同的变迁关系。

4.5.2　云制造服务组合进程形式化模型的 XPC4CMSC 描述

定义 4.2(云制造服务组合进程形式化模型 FM4CMSCP)　云制造服务组

合进程形式化模型的 XPC4CMSC 可用一个五元组⟨Endpoint, Activity, Transition, Label, QoS⟩来描述,其中:

　　Endpoint 是云制造服务节点,是由伙伴名称和操作名称组成的集合。

　　Activity 是调用活动、接收活动等的集合。

　　Transition 是变迁函数。

　　Label 是标签函数。

　　QoS 是上面定义的云制造服务的非功能属性模型。

　　图 4-45 所示服务模型可用 XPC4CMSC 语言描述为:

$$[e_1, e_2, \text{Te}(x), \text{Ce}(x), \text{Re}(x), \text{Ae}(x), \text{LTe}(x), \text{LCe}(x)] (\text{Start. Endpoint. End})$$

其中:

$$\text{Start} \triangleq e_1! \langle \varepsilon_{\text{guard}_1} \rangle$$

$$\text{Endpoint} \triangleq e_1? \langle \text{true} \rangle. [t_2] (\llbracket \text{Activity} \rrbracket | t_2! \langle \rangle. e_2! \langle \varepsilon_{\text{guard}_2} \rangle)$$

$$\text{End} \triangleq e_2? \langle \text{true} \rangle. (\text{kill}(k_{t_2}) | \langle | t_2! \langle \rangle | \rangle)$$

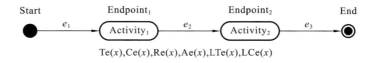

图 4-45　云制造服务组合的 XPC4CMSC 语义模型示意图

1. Sequence 组合形式化描述

　　如图 4-46 所示,不同服务操作之间按照先后顺序依次执行,形成一条有序执行的串行链,后面的服务操作需等其前面的服务执行完毕,并满足变迁触发条件时才能执行。

Start　　　　Endpoint₁　　　　Endpoint₂　　　　End

●　—e₁→　(Activity₁)　—e₂→　(Activity₂)　—e₃→　◉

Te(x),Ce(x),Re(x),Ae(x),LTe(x),LCe(x)

图 4-46　Sequence 组合的 XPC4CMSC 语义模型示意图

　　图 4-46 所示服务模型可用 XPC4CMSC 语言描述为:

$$[e_1, e_2, e_3, \text{Te}(x), \text{Ce}(x), \text{Re}(x), \text{Ae}(x), \text{LTe}(x), \text{LCe}(x)]$$

$$(\text{Start. Endpoint}_1. \text{Endpoint}_2. \text{End})$$

其中:

$$\text{Start} \triangleq e_1! \langle \varepsilon_{\text{guard}_1} \rangle$$

$$\text{Endpoint}_1 \triangleq e_1? \langle \text{true} \rangle. [t_2] (\llbracket \text{Activity}_1 \rrbracket | t_2! \langle \rangle. e_2! \langle \varepsilon_{\text{guard}_2} \rangle)$$

$$\text{Endpoint}_2 \stackrel{\triangle}{=} e_2 ? \langle \text{true} \rangle. [t_3] (\llbracket \text{Activity}_2 \rrbracket | t_3 ! \langle \rangle. e_3 ! \langle \varepsilon_{\text{guard}_3} \rangle)$$

$$\text{End} \stackrel{\triangle}{=} e_3 ? \langle \text{true} \rangle. (\text{kill}(k_{t_3}) | \{ | t_3 ! \langle \rangle | \})$$

Sequence 组合服务响应时间为：$\text{TIME}_{\text{sequence}} = \sum \text{Te}(x_i)$

执行费用为：$\text{COST}_{\text{sequence}} = \sum \text{Ce}(x_i)$

可靠性为：$\text{RELIABILITY}_{\text{sequence}} = \prod \text{Re}(x_i)$

可用性为：$\text{AVAILABILITY}_{\text{sequence}} = \prod \text{Ae}(x_i)$

物流时间为：$\text{LOGISTICSTIME}_{\text{sequence}} = \sum \text{LTe}(x_i)$

物流费用为：$\text{LOGISTICSCOST}_{\text{sequence}} = \sum \text{LCe}(x_i)$

标准化 QoS 综合评价值为：

$$\text{SCEV4QoS}_{\text{sequence}} = M_1^{\text{Te}}\lambda_1 + M_2^{\text{Ce}}\lambda_2 + M_3^{\text{Re}}\lambda_3 + M_4^{\text{Ae}}\lambda_4 + M_5^{\text{LTe}}\lambda_5 + M_6^{\text{LCe}}\lambda_6$$
$$= \sum_{j=1}^{6} M_j \lambda_j$$

2. Parallel 组合形式化描述

如图 4-47 所示，一组服务操作并发执行，只有所有服务操作均已执行，Parallel 组合服务操作才算完成，变迁 Fork 和 Join 起连接作用，只有活动 Activity_1 和 Activity_2 全都执行完，才能触发变迁 Join。

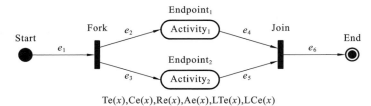

图 4-47　Parallel 组合的 XPC4CMSC 语义模型示意图

图 4-47 所示服务模型可用 XPC4CMSC 语言描述为：

$$[e_1, e_2, e_3, e_4, e_5, e_6, \text{Te}(x), \text{Ce}(x), \text{Re}(x), \text{Ae}(x), \text{LTe}(x), \text{LCe}(x)]$$
$$(\text{Start}. \text{Fork}. (\text{Endpoint}_1 | \text{Endpoint}_2). \text{Join}. \text{End})$$

其中：

$$\text{Start} \stackrel{\triangle}{=} e_1 ! \langle \varepsilon_{\text{guard}_1} \rangle$$

$$\text{Fork} \stackrel{\triangle}{=} e_1 ? \langle \text{true} \rangle. (e_2 ! \langle \varepsilon_{\text{guard}_2} \rangle | e_3 ! \langle \varepsilon_{\text{guard}_3} \rangle)$$

$$\text{Endpoint}_1 \stackrel{\triangle}{=} e_2 ? \langle \text{true} \rangle. [t_4] (\llbracket \text{Activity}_1 \rrbracket | t_4 ! \langle \rangle. e_4 ! \langle \varepsilon_{\text{guard}_4} \rangle)$$

$$\text{Endpoint}_2 \stackrel{\triangle}{=} e_3 ? \langle \text{true} \rangle . [t_5] ([\![\text{Activity}_2]\!] | t_5 ! \langle \rangle . e_5 ! \langle \varepsilon_{\text{guard}_5} \rangle)$$

$$\text{Join} \stackrel{\triangle}{=} e_4 ? \langle \text{true} \rangle . e_5 ? \langle \text{true} \rangle . e_6 ! \langle \varepsilon_{\text{guard}_6} \rangle$$

$$\text{End} \stackrel{\triangle}{=} e_6 ? \langle \text{true} \rangle . (\text{kill}(k_{t_6}) | \langle | t_6 ! \langle \rangle | \rangle)$$

Parallel 组合服务响应时间为：$\text{TIME}_{\text{parallel}} = \text{Max}(\text{Te}(x_i))$

执行费用为：$\text{COST}_{\text{parallel}} = \sum \text{Ce}(x_i)$

可靠性为：$\text{RELIABILITY}_{\text{parallel}} = \prod \text{Re}(x_i)$

可用性为：$\text{AVAILABILITY}_{\text{parallel}} = \prod \text{Ae}(x_i)$

物流时间为：$\text{LOGISTICSTIME}_{\text{parallel}} = \text{Max}(\text{LTe}(x_i))$

物流费用为：$\text{LOGISTICSCOST}_{\text{parallel}} = \sum \text{LCe}(x_i)$

标准化 QoS 综合评价值为：$\text{SCEV4QoS}_{\text{parallel}} = \sum_{j=1}^{6} M_j \lambda_j$

3. Choice 组合形式化描述

如图 4-48 所示，在一组服务中任意选择一个执行，任意一个服务操作都有可能被选择，被选操作执行完成，就意味着 Choice 组合服务操作执行完成。

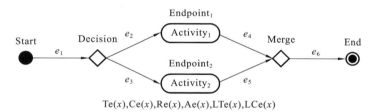

图 4-48 Choice 组合的 XPC4CMSC 语义模型示意图

图 4-48 所示服务模型可用 XPC4CMSC 语言描述为：

$$[e_1, e_2, e_3, e_4, e_5, e_6, \text{Te}(x), \text{Ce}(x), \text{Re}(x), \text{Ae}(x), \text{LTe}(x), \text{LCe}(x)]$$
$$(\text{Start}. \text{Decision}. (\text{Endpoint}_1 + \text{Endpoint}_2). \text{Merge}. \text{End})$$

其中：

$$\text{Start} \stackrel{\triangle}{=} e_1 ! \langle \varepsilon_{\text{guard}_1} \rangle$$

$$\text{Decision} \stackrel{\triangle}{=} e_1 ? \langle \text{true} \rangle . [e_2, e_3]$$
$$(e_2 ! \langle \varepsilon_{\text{guard}_2} \rangle | e_3 ! \langle \varepsilon_{\text{guard}_3} \rangle) | (e_2 ? \langle \text{true} \rangle . e_2 ! \langle \text{true} \rangle + e_3 ? \langle \text{true} \rangle . e_3 ! \langle \text{true} \rangle))$$

$$\text{Endpoint}_1 \stackrel{\triangle}{=} e_2 ? \langle \text{true} \rangle . [t_4] ([\![\text{Activity}_1]\!] | t_4 ! \langle \rangle . e_4 ! \langle \varepsilon_{\text{guard}_4} \rangle)$$

$$\text{Endpoint}_2 \stackrel{\triangle}{=} e_3 ? \langle \text{true} \rangle . [t_5] ([\![\text{Activity}_2]\!] | t_5 ! \langle \rangle . e_5 ! \langle \varepsilon_{\text{guard}_5} \rangle)$$

$$\text{Merge} \stackrel{\triangle}{=} e_4 ? \langle \text{true} \rangle . e_6 ! \langle \varepsilon_{\text{guard}_6} \rangle + e_5 ? \langle \text{true} \rangle . e_6 ! \langle \varepsilon_{\text{guard}_5} \rangle$$

$$\text{End} \stackrel{\triangle}{=} e_6 ? \ \langle \text{true} \rangle . \ (\text{kill}(k_{t_6}) \mid \{ \mid t_6 ! \ \langle \rangle \mid \})$$

Choice 组合服务响应时间为：$\text{TIME}_{\text{choice}} = \sum (\theta_i \cdot \text{Te}(x_i))$

执行费用为：$\text{COST}_{\text{choice}} = \sum (\theta_i \cdot \text{Ce}(x_i))$

可靠性为：$\text{RELIABILITY}_{\text{choice}} = \sum (\theta_i \cdot \text{Re}(x_i))$

可用性为：$\text{AVAILABILITY}_{\text{choice}} = \sum (\theta_i \cdot \text{Ae}(x_i))$

物流时间为：$\text{LOGISTICSTIME}_{\text{choice}} = \sum (\theta_i \cdot \text{LTe}(x_i))$

物流费用为：$\text{LOGISTICSCOST}_{\text{choice}} = \sum (\theta_i \cdot \text{LCe}(x_i))$

标准化 QoS 综合评价值为：$\text{SCEV4QoS}_{\text{choice}} = \sum_{j=1}^{6} M_j \lambda_j$

各表达式中：θ_i 是 Choice 组合中第 i 个服务操作被选择的概率系数，$\sum \theta_i = 1$。$\theta_i = 1$ 表示该服务操作必然被选择；$\theta_i = 0$ 表示该服务操作必然不被选择。

4. Cycle 组合形式化描述

如图 4-49 所示，在一组服务中多次重复执行一个服务操作，只有当执行条件为假时才宣告循环组合服务操作执行完成。Cycle 是循环组合操作算子。$\text{Cycle}(n)\{\text{Activity}\}$ 表示当执行条件 n 为真时，循环执行服务活动 Activity。

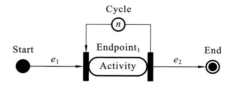

图 4-49　Cycle 组合的 XPC4CMSC 语义模型示意图

图 4-49 所示服务模型可用 XPC4CMSC 语言描述为：

$$[e_1, e_2, \text{Te}(x), \text{Ce}(x), \text{Re}(x), \text{Ae}(x), \text{LTe}(x), \text{LCe}(x)]$$
$$(\text{Start} . \text{Cycle}(n)\{\text{Endpoint}_1\} . \text{End})$$

其中：

$$\text{Start} \stackrel{\triangle}{=} e_1 ! \ \langle \varepsilon_{\text{guard}_1} \rangle$$

$$\text{Cycle} \stackrel{\triangle}{=} n ? \ \langle \text{true} \rangle . \ [e_1, e_2](e_1 ! \ \langle \varepsilon_{\text{guard}_1} \rangle \mid e_2 ! \ \langle \varepsilon_{\text{guard}_2} \rangle) \mid (e_1 ? \ \langle \text{true} \rangle . e_1 ! \ \langle \text{true} \rangle + e_2 ? \ \langle \text{true} \rangle . e_2 ! \ \langle \text{true} \rangle))$$

$$\text{Endpoint}_1 \stackrel{\triangle}{=} e_1 ? \ \langle \text{true} \rangle . \ [t_2]([\![\text{Activity}]\!] \mid t_2 ! \ \langle \rangle . e_2 ! \ \langle \varepsilon_{\text{guard}_2} \rangle)$$

$$\text{End} \triangleq e_2 ? \langle true \rangle . (kill(k_{t_2}) | \langle | t_2 ! \langle \rangle | \rangle)$$

Cycle 组合服务响应时间为：$\text{TIME}_{\text{cycle}} = n\text{Te}(x_i)$

执行费用为：$\text{COST}_{\text{cycle}} = n\text{Ce}(x_i)$

可靠性为：$\text{RELIABILITY}_{\text{cycle}} = \text{Re}(x_i)^n$

可用性为：$\text{AVAILABILITY}_{\text{cycle}} = \text{Ae}(x_i)^n$

物流时间为：$\text{LOGISTICSTIME}_{\text{cycle}} = n\text{LTe}(x_i)$

物流费用为：$\text{LOGISTICSCOST}_{\text{cycle}} = n\text{LCe}(x_i)$

标准化 QoS 综合评价值为：$\text{SCEV4QoS}_{\text{cycle}} = \sum\limits_{j=1}^{6} M_j \lambda_j$

5. FM4CMSCP 模型应用示例

下面以 MillingMachine-MoldFactory 服务组合为例，通过服务 MillingMachine 与服务 MoldFactory 的组合过程来阐述云制造服务基本交互场景的概念。图 4-50 所示的服务 MillingMachine 与服务 MoldFactory 的组合过程可以分解为以下 3 个基本交互场景。

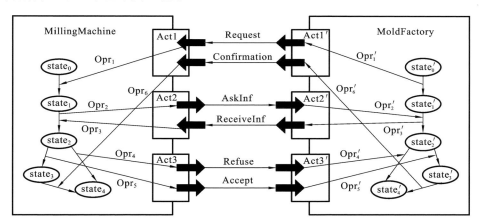

图 4-50　服务 MillingMachine 与服务 MoldFactory 之间的交互

（1）服务 MoldFactory 首先发出加工服务请求，即服务 MoldFactory 向服务 MillingMachine 发送消息 Request；服务 MillingMachine 收到消息 Request 后，为了了解更详细的加工工艺参数等信息，向服务 MoldFactory 发送消息 AskInf(ask information)；服务 MoldFactory 收到消息 AskInf 后，向服务 MillingMachine 发送包含详细加工工艺参数等信息的消息 ReceiveInf(receive informaion)。

（2）服务 MillingMachine 在接收并审核完消息 ReceiveInf 所包含的信息

后,若无法满足加工服务请求,则向服务 MoldFactory 发送消息 Refuse 并结束此次活动;服务 MoldFactory 在收到消息 Refuse 后结束此次活动。

(3) 服务 MillingMachine 在接收并审核完消息 ReceiveInf 所包含的信息后,若可以满足加工服务请求,则向服务 MoldFactory 发送消息 Accept;服务 MoldFactory 在收到消息 Accept 后,向服务 MillingMachine 发送含有确认信息的消息 Confirmation 并结束此次活动;服务 MillingMachine 在收到消息 Confirmation 后结束此次活动。

基本交互场景是指云制造服务组合中由接口、操作节点等边界元素限定的对服务组合有重大影响的相邻服务操作序列。基本交互场景是构成服务交互全过程的主体单元,而一个完整的服务交互全过程是一个最基础的服务组合。

根据基本交互场景的概念,一个整体的制造业务流程可依据一定的边界元素将制造服务分解成多个可独立分析的模块,各模块具有一定功能并可完成制造任务中的某一部分,把所有模块联合起来组合成为一个整体,即可满足用户需求,完成指定的制造任务。

通常在一个云制造服务组合中,基本交互场景数量越大,基本交互场景之间的联系将越复杂,服务组合的分析难度也将增加。

设函数 $W(x)$ 表示完成任务 x 需要的工作量及时间,函数 $C(x)$ 表示任务 x 的复杂度。对于两个服务交互场景分析任务 T_1 和 T_2,如果

$$W(T_1) > W(T_2)$$

则有

$$C(T_1) > C(T_2)$$

根据复杂度计算性质,有

$$C(T_1 + T_2) > C(T_1) + C(T_2)$$

即如果一个服务交互场景分析任务由 T_1 和 T_2 两个任务组合而成,那么其复杂度大于分别对 T_1、T_2 两个服务交互场景单独分析的复杂度之和。

$C(x)$ 与 $W(x)$ 间存在正比例关系,由此可得到以下不等式:

$$W(T_1 + T_2) > W(T_1) + W(T_2)$$

综上所述,将云制造服务组合实现的制造业务流程分解成适当数目的基本交互场景,对云制造服务组合形式化建模与验证分析是十分必要的,也可避免 Petri 网等方法在建模与验证中出现的"状态爆炸"问题。

MillingMachine-MoldFactory 服务组合示例中各服务交互场景总的业务逻辑结构如图 4-51 所示,该服务组合示例融合了 Sequense 组合和 Choice 组合两

种服务组合模式。首先执行服务交互场景 MMISN1；服务交互场景 MMISN1 执行完毕以后，根据系统实时状态，选择执行服务交互场景 MMISN2 或者服务交互场景 MMISN3。一旦服务交互场景 MMISN2 或服务交互场景 MMISN3 中的一个被执行，另外一个服务交互场景将不会被执行。

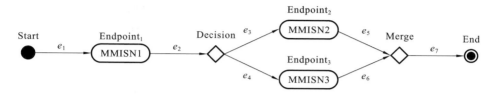

图 4-51　MillingMachine-MoldFactory 服务交互场景的业务逻辑结构

图 4-51 所示的业务逻辑结构可用 XPC4CMSC 语言描述为：

$$\text{Start} \triangleq e_1 ! \langle \varepsilon_{\text{guard}_1} \rangle$$

$$\text{Endpoint}_1 \triangleq e_1 ? \langle \text{true} \rangle . [t_2] (\llbracket \text{MMISN1} \rrbracket | t_2 ! \langle \rangle . e_2 ! \langle \varepsilon_{\text{guard}_2} \rangle)$$

$$\text{Decision} \triangleq e_2 ? \langle \text{true} \rangle . [e_3, e_4] (e_3 ! \langle \varepsilon_{\text{guard}_3} \rangle | e_4 ! \langle \varepsilon_{\text{guard}_4} \rangle | (e_3 ? \langle \text{true} \rangle . e_3 ! \langle \text{true} \rangle$$
$$+ e_4 ? \langle \text{true} \rangle . e_4 ! \langle \text{true} \rangle))$$

$$\text{Endpoint}_2 \triangleq e_3 ? \langle \text{true} \rangle . [t_5] (\llbracket \text{MMISN2} \rrbracket | t_5 ! \langle \rangle . e_5 ! \langle \varepsilon_{\text{guard}_5} \rangle)$$

$$\text{Endpoint}_3 \triangleq e_4 ? \langle \text{true} \rangle . [t_6] (\llbracket \text{MMISN3} \rrbracket | t_6 ! \langle \rangle . e_6 ! \langle \varepsilon_{\text{guard}_6} \rangle)$$

$$\text{Merge} \triangleq e_5 ? \langle \text{true} \rangle . e_7 ! \langle \varepsilon_{\text{guard}_7} \rangle + e_6 ? \langle \text{true} \rangle . e_7 ! \langle \varepsilon_{\text{guard}_7} \rangle$$

$$\text{End} \triangleq e_7 ? \langle \text{true} \rangle . (\text{kill}(k_{t_7}) | \{ | t_7 ! \langle \rangle | \})$$

本章参考文献

[1] 易安斌. 云制造资源服务组合优化选择问题研究[D]. 广州：华南理工大学，2016.

[2] 张霖，罗永亮，陶飞，等. 制造云构建关键技术研究[J]. 计算机集成制造系统，2010，16(11)：2510-2520.

[3] 刘中兵. Java Web 系统设计与架构[M]. 北京：电子工业出版社，2009：335-348.

[4] LUCKHAM D. The power of events：an introduction to complex event processing in distributed enterprise systems[M]. MA：Addison-Wesley，2002.

[5] ZANG C，FAN Y，LIU R. Architecture，implementation and application of complex event processing in enterprise information systems based on

RFID[J]. Information Systems Frontiers，2008，10(5)：543-553.

[6] Wikipedia. Enterprise service bus [EB/OL]. [2017-03-23]. http://en. wikipedia. org/wiki/Enterprise_Service_Bus.

[7] GUINARD D，TRIFA V，KARNOUSKOS S,et al. Interacting with the SOA-based internet of things：discovery selection，query and on-demand provisioning of Web services[J]. IEEE Trans. on Services Computing，2010,3(3)：223-235.

[8] Wikipedia. Internet of services[EB/OL].[2017-03-23]. http://en. wikipedia. org/wiki/Internet_of_Services.

[9] Esper [EB/OL]. [2017-03-23]. http://esper. codehaus. org/.

[10] 杨屹，姚锡凡，朱吕，等. 面向云制造的复杂 RFID 事件处理与应用[J]. 科学技术与工程，2013，13(27)：8032-8039.

[11] 谷峪，于戈，张天成. RFID复杂事件处理技术[J]. 计算机科学与探索，2007，1(3)：255-267.

[12] BPMN[EB/OL].[2016-5-11]. http://www. bpmn. org.

[13] 王晓慧. 本体的查询与推理及其在军事领域中的应用研究[D]. 重庆：重庆大学，2012.

[14] BRICKLEY D，GUHA R V. Resource description framework（RDF）[EB/OL]. (2012-01-11)[2017-03-23]. http://www. w3. org/RDF.

[15] RDF Working Group. RDF schema[EB/OL]. (2012-01-11)[2017-03-23]. http://en. wikipedia. org/wiki/RDFS.

[16] The Web Ontology Working Group. Web ontology language（OWL）[EB/OL]. (2012-01-11)[2017-03-23]. http://www. w3. org/2001/sw/wiki/OWL.

[17] 林志阳. 基于 OWL 语义本体的推理与存储研究[D]. 海口：海南大学，2008.

[18] 孙盼. 基于Jena产品本体管理与应用[D]. 大连：大连海事大学，2012.

[19] 向阳，王敏，马强. 基于 Jena 的本体构建方法研究[J]. 计算机工程，2007，33(14)：59-61.

[20] The Apache Software Foundation. Jena architecture overview[EB/OL]. (2012-02-02)[2017-03-23]. http://jena. apache. org.

[21] 谭月辉，肖冰，陈建泗，等. Jena 推理机制及应用研究[J]. 河北省科学院

学报，2009，26(4)：14-17.

[22] 金鸿. 服务关联感知的制造云服务组合与优化研究[D]. 广州：华南理工大学，2015.

[23] 代钰，杨雷，张斌，等. 支持组合服务选取的 QoS 模型及优化求解[J]. 计算机学报，2006，29(7)：1167-1178.

[24] GUO H，TAO F，ZHANG L，et al. Correlation-aware web services composition and QoS computation model in virtual enterprise[J]. International Journal of Advanced Manufacturing Technology，2010，51(5-8)：817-827.

[25] GRUBER T R. Toward principles for the design of ontologies used for knowledge sharing[J]. International Journal of Human Computer Studies，1995，43(5-6)：907-928.

[26] AMMON V R，ERTLMAIER T，ETZION O，et al. Integrating complex events for collaborating and dynamically changing business processes[J]. Lecture Notes in Computer Science，2010，6275：370-384.

[27] JURIC M B. WSDL and BPEL extensions for event driven architecture [J]. Information and Software Technology，2010，52(10)：1023-1043.

[28] OUYANG C，AALST V D W M P，DUMAS M. Translating BPMN to BPEL[EB/OL]. (2012-08-20)[2017-03-23]. http：//bpmcenter. org/wp-content/uploads/reports/2006/BPM-06-02. pdf.

[29] WIELAND M，MARTIN D，KOPP O，et al. A method for specification and implementation of applications on a service-oriented event-driven architecture[J]. Lecture Notes in Business Information Processing，2009，21：193-204.

[30] 李永湘，姚锡凡，徐川，等. 基于扩展进程代数的云制造服务组合建模与 QoS 评价[J]. 计算机集成制造系统，2014，23(3)：689-700.

[31] XU X. Expressing first-order π-calculus in higher-order calculus of communicating systems[J]. Journal of Computer Science and Technology，2009，24(1)，122-137.

[32] LAPADULA A，PUGLIESE R，TIEZZI F. A calculus for orchestration of Web services [C]//NICOLA R D. Lecture Notes in Computer Science，Programming Languages and Systems—16th European Symposium

on Programming. USA：Springer，2007，4421：33-47.

[33] CRISTESCU I，HIRSCHKOFF D. Termination in a π-calculus with subtyping [C]//Proceedings of the 18th International Workshop on Expressiveness in Concurrency Mathematical Structures in Computer Science. Aachen：2011，64：44-58.

[34] BOLTON C，DAVIES J. A singleton failures semantics for communicating sequential processes[J]. Formal Aspects of Computing，2006，18（2）：181-210.

[35] VRANCKEN J L M. The algebra of communicating processes with empty process[J]. Theoretical Computer Science，1997，177(2)：287-328.

[36] VIRY P. Parallel and distributed programming extensions for mainstream languages based on pi-calculus [C]//GAVOILLE C，FRAIGNIAUD P. Proceedings of the 30th Annual ACM Symposium on Principles of Distributed Computing. San Jose，CA，USA：ACM，2011：343-344.

[37] LAPADULA A，PUGLIESE R，TIEZZI F. Service discovery and negotiation with COWS[J]. Electronic Notes in Theoretical Computer Science，2008，200(3)：133-154.

[38] LAPADULA A，PUGLIESE R，TIEZZI F. COWS：A timed service-oriented calculus [C]//LIU Z M，WOODCOCK J. Proceedings of the 4th International Conference on Theoretical Aspects of Computing. Macau：2007，4711：275-290.

[39] 杨屹. 事件驱动的云制造车间调度研究[D]. 广州：华南理工大学，2014.

[40] 许湘敏. 云制造理念下基于本体及其环境感知的作业车间调度问题研究[D]. 广州：华南理工大学，2014.

第 5 章
制造物联网资源状态监测技术

由于制造物联网涉及内容非常广泛,本章着重探讨制造物联网理念下的制造车间数据处理技术。通过 RFID 技术以及无线加速度传感器,实时感知制造资源(如工件、机器)的状态数据,然后通过复杂事件处理、神经网络和深度学习等数据处理方法,挖掘出工件加工过程中的异常事件,并根据历史数据与实时数据预测加工机床的刀具磨损量与剩余使用寿命[1]。

5.1　基于 RFID 的工件异常事件监测

近些年来,车辆和物品的跟踪与定位一直是很热门的研究领域,在生产车间中同样需要跟踪和定位技术。现有定位技术包括全球定位系统(global position system,GPS)、红外技术、局域网(local area network,LAN)和超声波技术等[2],这些技术有各自的优缺点。GPS 由于需要与卫星直接通信,因此不适合用于室内监测与定位,只经常用于室外物体的定位;红外技术同样只能做直接视线交互和短距离的信号传输,也不适用于室内监测与定位;局域网根据信号强度监测和定位物体,被定位的目标物体必须在局域网的覆盖范围内;超声波技术应用飞行时间(time of flight,ToF)方法定位目标物体,为了能够精确定位,通常需要一对超声波发送器和接收器。目前,RFID 技术逐渐普及并广泛应用于许多领域,由于它具有不直接接触通信、数据传输速率高、安全性高、不需要直接视线交互和成本低等优点[3],因此非常适用于制造车间工件的监测和定位。

RIFD 系统用射频波在读写器和标签之间传输数据,应用全球唯一的 ID 来精确辨识物体,因此,经常用于识别、定位、追踪和监测目标物体[4]。由于具备这些独特的技术优势,RFID 被广泛用于仓储管理、物体追踪、高速路收费、物流和供应链、安全和健康护理领域等[5]。特别是在制造领域,RFID 被采用和部署以收集不同类型的制造过程数据[6]。

5.1.1　基于物联网构建的制造车间感知环境

在制造物联网环境下,网络(如 LAN、Wi-Fi、蓝牙等)覆盖整个制造车间。如图 5-1 所示为基于物联网理念构建的制造车间感知环境,制造车间由调度中心、原料仓库、自动导引小车(AGV)、数控机床、工件统计区、暂存区、产品仓库等组成。各个工位安装定向、配置 LAN(Wi-Fi)接口的 UHF RFID 读写器,工件粘贴有抗金属陶瓷 RFID 标签,完成从原料出库经过机床加工以及产品入库整个加工过程的监测与追踪,在物料所经过的各个工位都配置有 RFID 感知节点,实时感知并分析到达工件的 ID、时间、位置等数据,可以实时监测工件的异常事件。

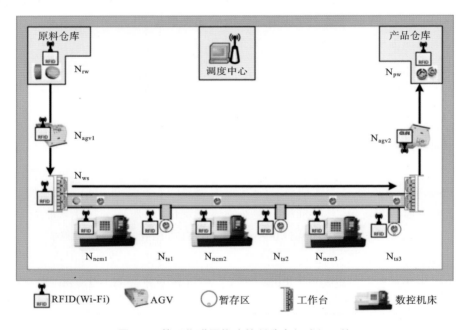

图 5-1　基于物联网构建的制造车间感知环境

5.1.2　RFID 事件模型

在智慧制造车间,粘贴了抗金属陶瓷 RFID 标签的工件依次经过各个工位时,安装在各个工位的 RFID 读写器探测到标签,产生大量离散的原始数据。这些数据之间缺乏联系,因此需要采用复杂事件处理技术处理原始数据,挖掘原始数据之间的关系。

1. 事件

事件是指某件事情正在发生的事实（如系统状态的改变），RFID 事件按照粒度从小到大可以分为标签事件、简单事件（又称原子事件、基本事件）、复杂事件（又称复合事件、聚合事件）。

2. 标签事件

标签事件是由 RFID 读写器阅读标签产生的事件，表示 RFID 读写器在某时间间隔内探测到标签，会在短时间内产生大量零碎、重复的标签事件，记为 E_t，则

$$E_t = e(w_{id}, r_{id}, t) \tag{5-1}$$

式中：w_{id} 为工件 ID（标签绑定），即对象信息；r_{id} 为 RFID 读写器 ID（对应的 RFID 读写器 IP 与工位绑定），即空间信息；t 为事件发生的时间点，即时间信息。

标签事件中包含大量不重要、重复的事件，需要经过收集、聚积、过滤、组合、报告处理，提炼为有意义的简单事件。

3. 简单事件

简单事件是发生在某个时间点的事件，蕴含的信息直接表征系统的行为状态，记为 E_s，则

$$E_s = e(w_{id}, l, t) \tag{5-2}$$

式中：w_{id} 和 t 的含义同式（5-1）中的；l 为事件发生时工件所在的区域（工位），即实时空间信息。

简单事件仅直接反映工件某时间的单一状态，本节所涉及的工件在各个工位发生的简单事件如表 5-1 所示。其中：AE_{sagv1} 表示原料（工件，ID 为 w_{id}）在 t 时间点到达 AGV 小车工位 N_{agv1} 发生的到达事件；LE_{srw} 表示原料（工件，ID 为 w_{id}）在 t 时间点离开原料仓库工位 N_{rw} 发生的离开事件；其他事件的含义以此类推。各工位具体位置如图 5-1 所示。

表 5-1　本节涉及的简单事件列表

简单事件	描述	各工位事件
到达事件 $AE_s = e(w_{id}, l, t)$	工件（ID 为 w_{id}）在 t 时间点到达工位区域 l	AE_{sagv1}、AE_{sws}、AE_{sncm1}、AE_{sts1}、AE_{sncm2}、AE_{sts2}、AE_{sncm3}、AE_{sts3}、AE_{sagv2}、AE_{spw}
离开事件 $LE_s = e(w_{id}, l, t)$	工件（ID 为 w_{id}）在 t 时间点离开工位区域 l	LE_{srw}、LE_{sagv1}、LE_{sws}、LE_{sncm1}、LE_{sts1}、LE_{sncm2}、LE_{sts2}、LE_{sncm3}、LE_{sts3}、LE_{sagv2}

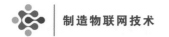

4. 复杂事件

复杂事件是由简单事件组合或其组合再次组合获得的,符合特定规则(由事件操作符定义)的事件,记为 E_c,则

$$E_c = e(w_{id}, l, e_s, t_s, t_e) \qquad (5-3)$$

式中:w_{id} 和 l 的含义同式(5-2)中的;e_s 为构成复杂事件的子事件集合,$e_s = \{\{E_{s1}, E_{s2}, \cdots, E_{sm}\}, \{E_{c1}, E_{c2}, \cdots, E_{cn}\}\}$,其中 E_{sm} 表示简单子事件,E_{cn} 表示复杂子事件;t_s 与 t_e 分别为复杂事件的开始时间与结束时间,若 $t_s = t_e$,则表示复杂事件在某时间点发生。

构成复杂事件的操作符可详见本章参考文献[7]。本节所涉及的工件在各个工位发生的复杂事件如表 5-2 所示。其中:SE_{cagv1} 表示原料(工件,ID 为 w_{id})在时间段 $[t_s, t_e]$ 内位于 AGV 小车工位 N_{agv1},发生停留(加工)事件;$DE_{crw-agv1}$ 表示原料(工件,ID 为 w_{id})在时间段 $[t_s, t_e]$ 内处于原料仓库工位 N_{rw} 与 AGV 小车工位 N_{agv1} 之间的盲区,发生消失事件;其他事件的含义以此类推。

表 5-2 本节涉及的复杂事件列表

复杂事件	描述	各工位事件
停留(加工)事件 $SE_c = e(w_{id}, l, e_s, t_s, t_e)$	工件(ID 为 w_{id})在时间段 $[t_s, t_e]$ 内在工位区域 l 停留(加工)	SE_{cagv1}、SE_{cws}、SE_{cncm1}、SE_{cts1}、SE_{cncm2}、SE_{cts2}、SE_{cncm3}、SE_{cts3}、SE_{cagv2}
消失事件 $DE_c = e(w_{id}, l', e_s, t_s, t_e)$	工件(ID 为 w_{id})在时间段 $[t_s, t_e]$ 内处于工位间盲区 l'	$DE_{crw-agv1}$、$DE_{cagv1-ws}$、$DE_{cws-ncm1}$、$DE_{cncm1-ts1}$、$DE_{cts1-ncm2}$、$DE_{cncm2-ts2}$、$DE_{cts2-ncm3}$、$DE_{cncm3-ts3}$、$DE_{cts3-agv2}$、$DE_{cagv2-pw}$

5.1.3 RFID 复杂事件处理技术

1. 复杂事件处理系统

RFID 数据具有高流量、实时、逻辑复杂的特征,要从实时标签数据中挖掘出车间现场的信息,可采用复杂事件处理技术实现。复杂事件流处理(complex event stream processing,CESP)[8]技术的主要功能是分析传入的事件流,丢弃不重要的事件,标记出相关的事件。RFID 复杂事件处理系统的实现如图 5-2 所示。

位于不同工位且配置有 LAN(Wi-Fi)接口的 RFID 读写器通过路由器/交换机/集线器接入互联网,探测到的标签事件通过互联网实时传输。标签数据的采集、处理与发布采用 Rifidi® Edge Server[9]平台实现,该平台由传感器抽象

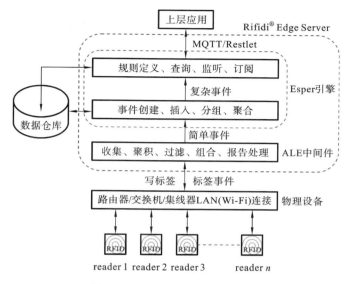

图 5-2　RFID 复杂事件处理系统

层、应用引擎层、通信层(集成层)和操作管理层组成,包含 ALE 中间件和 Esper 复杂事件处理引擎[7],并嵌有 Derby 数据库,采用 MQTT 信息协议和 Restlet 插件,实现信息传送与操作管理。

标签事件预处理的实现基于应用层事件(application level events,ALE)。 ALE 中间件定义 EPC 处理系统(如 RFID 读写器)与客户端交互的国际标准, 就 RFID 系统而言,交互活动包括读标签与写标签。对于读标签活动,ALE 中 间件收集源自 RFID 读写器的数据,等时间间隔聚集、过滤并剔除重复和不感 兴趣的数据,最后以不同形式发送事件报告,形成蕴含直观信息的简单事件。

简单事件经过创建(声明)而成为含有语义的事件,并插入数据仓库中的历 史事件中,与事件操作符一起聚合为复杂事件。复杂事件处理采用 Esper 引 擎,Esper 引擎采用事件处理语言(event processing language,EPL)定义客户规 则,用事件模式(event patterns)与事件流查询(event stream queries,ESQ)方法 处理事件,监听事件的发生或将事件结果推送给订阅者。

2. RFID 数据清洗

在基于 RFID 的监测系统中,读写器通过射频波与标签通信。由于受读写 器和环境噪声的影响,RFID 数据具有内在的不稳定性。随着读写器和标签数 量的增加,这些影响将越来越严重,由射频干扰引起的情况包括 RFID 数据漏 读(negative readings)、多读(positive readings)和重读(duplicate readings)[10]。

漏读是指标签位于读写器范围内但不能被探测到,这种情况归咎于以下两种原因:① 当多个标签被同时探测到,射频波的碰撞可能阻止读写器辨识任何标签;② 标签由于受水、金属屏蔽或射频干扰的影响,而没有被探测到。多读是指标签没有出现在现场却被探测到了,除了需要的 RFID 标签被读到外,产生额外不期望的读数。重读是指当标签长时间位于读写器的读写范围内时,被读写器多次读写,或者在多个读写器的重叠区域内同一标签被多次读写。

RFID 数据清洗对于准确监测工件的异常事件非常关键,数据清洗执行得越好,异常事件监测结果就越准确。RFID 数据清洗方法可分为 SMURF 方法和综合方法。

1)SMURF 方法

SMURF 方法广泛应用于 RFID 数据清洗[11],其原理是基于滑窗处理器和二项式采样定理,根据 RFID 标签在滑窗内的平均读取率,动态调整窗口尺寸,使窗口大小保持最优。如果标签的读写率低,就通过增加窗口尺寸来减少 RFID 数据漏读的情况;反之,如果标签的读取率高,通过减小窗口尺寸来减少 RFID 数据多读的情况。

滑窗理论可通过图 5-3 来解释说明。窗口尺寸为 4 个读周期(epochs),标签 A_1 在 $t+4$ 时刻进入窗口,而被认为是一个新标签,在窗口停留 4 个读周期;标签 A_2 和 A_3 分别在 $t+5$ 和 $t+7$ 时刻进入窗口,与此同时,标签 A_1 仍然停留在该窗口;标签 A_1 在 $t+8$ 时刻离开窗口,被认为是过时的标签而从窗口中删除,此时 A_2 和 A_3 仍然在窗口内。

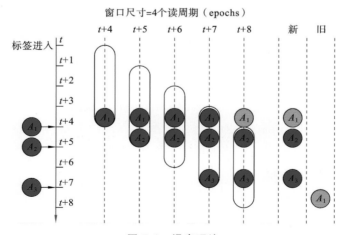

图 5-3 滑窗理论

SMURF 方法的主要思想是将被采样的 RFID 数据看作一个标签数据集的随机样本，N_t 表示读周期 t 标签数据集的数量，$S_t \subseteq \{1,2,\cdots,N_t\}$ 表示在读周期 t 内采样标签数据的子集。该方法的关键是每个标签在每个读周期内采样概率 $p_{i,t}$ 的使用，标签 i 在读周期 t 内的概率 $p_{i,t}$ 可以由读写器向标签发出的重复请求的次数与标签响应的次数计算得到，其计算公式为：

$$p_{i,t} = \frac{N_r}{N_i} \tag{5-4}$$

式中：N_i 为读写器在单个读周期内发出读请求的次数；N_r 为读写器接收到的标签响应次数。

在所有采样周期内的平均读取率为：

$$p_i^{\mathrm{avg}} = \frac{\sum\limits_{t \in S_i} p_{i,t}}{|S_i|} \tag{5-5}$$

式中：S_i 为滑窗内标签 i 的采样周期数。

在读标签时，首先满足标签读取的完整性，滑窗尺寸需要满足以下条件：

$$w_i \geqslant \frac{\ln(1/\delta)}{p_i^{\mathrm{avg}}} \tag{5-6}$$

式中：w_i 是滑窗尺寸（周期数）；δ 是完整性信任参数。

其次，为满足标签读取的动态性，同时需要满足以下条件：

$$\left| |S_i| - w_i p_i^{\mathrm{avg}} \right| \geqslant 2\sqrt{w_i p_i^{\mathrm{avg}}(1 - p_i^{\mathrm{avg}})} \tag{5-7}$$

2）综合方法

基于 SMURF 方法，增加参数 p^* 和 $\eta^{[12,13]}$，就形成了数据清洗的综合方法。p^* 是即将进入滑窗读周期标签的读取率。调整窗口尺寸满足如下条件：

$$\omega < \left| \frac{\sum\limits_{i=1}^{n} p_i + p^*}{n+1} - p^* \right| = p_n \tag{5-8}$$

式中：ω 是概率阈值。

在 SMURF 方法中，平均读取率仅仅用算术平均值的方法计算，该平均值不能描述采样周期内各个标签的采样概率与平均值的离散程度。因此在综合方法中引入参数 var_w，用于描述该离散程度，其定义为：

$$\mathrm{var}_w = \frac{\sum\limits_{i=1}^{n} (p_i - p_i^{\mathrm{avg}})^2}{n} \tag{5-9}$$

式中：n 为读周期数。

在计算平均读取率时，标签动态信任参数 η 满足以下条件：

$$\mathrm{var}_w \leqslant \eta \tag{5-10}$$

综合的单标签数据清洗算法伪代码如算法 5-1 所示，该方法基于参数 δ、ω 和 η，可动态调整滑动窗口的尺寸大小。

算法 5-1　综合的单标签数据清洗伪代码

Input：$T=$ data set of all observed tags

$\delta=$ required tag completeness confidence

$\omega=$ required probability threshold

$\eta=$ required tag dynamic confidence

Output：$t=$ data set of all present tags

Initialize：$\forall\, i \in T$，$w_i \leftarrow 1$

while ($getNextEpoch$) **do**

　for (i in T) **do**

　　$processWindow\,(W_i) \rightarrow p_{i,t}$，$p_i^{\mathrm{avg}}$，$p_n$，$\mathrm{var}_w$，$|\,S_i\,|$

　　if ($\omega < p_n \wedge \mathrm{var}_w \leqslant \eta$) **then**

　　　$w_i^* \leftarrow completeSize\,(p_i^{\mathrm{avg}}$，$\delta)$

　　　if ($w_i^* > w_i$) **then**

　　　　$w_i \leftarrow max\{min\{\,w_i+2$，$w_i^*\,\}$，$1\}$

　　　else if ($detectTransition\,(|\,S_i\,|$，$w_i$，$p_i^{\mathrm{avg}})$) **then**

　　　　$w_i \leftarrow max\{min\{w_i/2$，$w_i^*\,\}$，$1\}$

　　　end if

　　end if

　end for

end while

3. 面向实时的工件异常事件监测

RFID 数据是序列数据、流数据和时空数据[14]，以不同的更新速率流进与流出数据处理系统，并且反映目标物体的时空特征。原始数据没有明确的语义，必须通过事件模型转换为语义数据，语义数据通过不同的逻辑规则聚合为语义信息，该信息用于探测异常事件。为实现该目标，CEP 技术被用于 RFID 数据处理以监测智慧制造车间工件的异常情况。RFID 数据处理分为面向实时（real-time-oriented）的工件监测和面向历史（history-oriented）的工件追踪，本节只讨论前者。

在智慧制造生产车间，RFID 读写器 IP 与工位绑定，标签 EPC 与工件绑定,RFID 读写器 IP、工位与触发事件之间的对应关系如表 5-3 所示。RFID 数据的时空性、实时性有助于实时监测工件加工过程中出现的异常情况,诸如原料短缺、紧急工件插入、停留(加工)时间异常、暂存区阻塞、无产品入库等,可以根据工件在各个工位所停留(加工)的时间、读写器是否读出数据等判断及发现这些异常情况,结果通过状态矩阵汇集,为进一步的分析及主动调度提供依据。

表 5-3　RFID 读写器 IP、工位与触发事件对应关系

序号	RFID 读写器 IP	工位(节点)	触发事件
1	reader1 IP	N_{rw}	LE_{srw}
2	reader2 IP	N_{agv1}	AE_{sagv1}、LE_{sagv1}、SE_{cagv1}
3	reader3 IP	N_{ws}	AE_{sws}、LE_{sws}、SE_{cws}
4	reader5 IP	N_{ncm1}	AE_{sncm1}、LE_{sncm1}、SE_{cncm1}
5	reader4 IP	N_{ts1}	AE_{sts1}、LE_{sts1}、SE_{cts1}
6	reader7 IP	N_{ncm2}	AE_{sncm2}、LE_{sncm2}、SE_{cncm2}
7	reader6 IP	N_{ts2}	AE_{sts2}、LE_{sts2}、SE_{cts2}
8	reader9 IP	N_{ncm3}	AE_{sncm3}、LE_{sncm3}、SE_{cncm3}
9	reader8 IP	N_{ts3}	AE_{sts3}、LE_{sts3}、SE_{cts3}
10	reader10 IP	N_{agv2}	AE_{sagv2}、LE_{sagv2}、SE_{cagv2}
11	reader11 IP	N_{pw}	AE_{spw}

1)原料短缺、无产品入库

针对原料仓库安装 RFID 读写器的工位 N_{rw},若读写器长时间没有读出数据或事件 LE_{srw} 没有发生,则判定原料短缺异常事件发生;针对产品仓库工位 N_{pw},若读写器长时间没有读出数据或事件 AE_{spw} 没有发生,则判定无产品入库异常事件发生。设定时间阈值 $t_{rw\text{-}th}$、$t_{pw\text{-}th}$,查询在 $t_{rw\text{-}th}$、$t_{pw\text{-}th}$ 时间内是否有事件 LE_{srw}、AE_{spw} 发生。以原料仓库工位 N_{rw} 为例,监听语句为:

```
select * from pattern [every LEsrw -> timer: interval (trw-th) and not LEsrw];
```

2)紧急工件插入

在工件加工生产过程中,由于生产任务(生产订单)临时变化,工件需要紧急插入到生产线加工,从而发生紧急工件插入异常事件。安装在工件数量统计工位 N_{ws} 的 RFID 读写器统计进入生产线的工件数量(到达事件数量),若总的数量大于先前下达的生产任务数量,则判定有工件紧急插入,监听语

句为：

```
select emergency, amount (number) from AE_sws where amount= numset;
group by emergency;
```

3）停留（加工）时间异常

针对 AGV 小车工位 N_{agv1}、N_{agv2}，以及机械加工设备工位 N_{ncm1}、N_{ncm2}、N_{ncm3}，若工件在机械加工设备的停留时间即为加工时间（工时），则设定时间阈值范围为 $[t_{low-th}, t_{high-th}]$，查询各工位停留事件 SE_{cagv1}、SE_{cncm1}、SE_{cncm2}、SE_{cncm3}、SE_{cagv2} 的时间属性是否在阈值范围内。若超出阈值范围，则判定停留（加工）时间异常事件发生（工时异常）。以机械加工设备工位 N_{ncm1} 为例，加工事件 SE_{cncm1} 由简单事件 AE_{sncm1} 和 LE_{sncm1} 复合而成，监听语句为：

```
select time from N_ncm1 (time in [t_low-th : t_high-th]);
```

阈值上限查询语句为：

```
select AE_sncm1.tag from pattern [every AE_sncm1 = AE-> timer: interval
(t_high-th) and not LE_sncm1 (tag.tag.ID = AE_sncm1.tag.tag.ID)];
```

阈值下限查询语句为：

```
select AE_sncm1.tag from pattern [every AE_sncm1 = AE-> timer: interval
(t_low-th) and LE_sncm1 (tag.tag.ID = AE_sncm1.tag.tag.ID)];
```

4）暂存区阻塞

暂存区在工件加工车间中，具有缓存原料、半成品的作用，用于临时存放待加工工件，若待加工工件只被存放进暂存区而没有被取出，则会导致暂存区阻塞。针对暂存区工位 N_{ts1}、N_{ts2}、N_{ts3}，设定允许暂存的时间阈值 t_{ts1-th}、t_{ts2-th}、t_{ts3-th}，查询各工位的到达事件 AE_{sts1}、AE_{sts2}、AE_{sts3} 与离开事件 LE_{sts1}、LE_{sts2}、LE_{sts3} 是否发生，若只有到达事件而没有离开事件，则暂存区阻塞异常事件发生。以机械加工设备工位 N_{ncm1} 的暂存区工位 N_{ts1} 为例，监听语句为：

```
select AE_sts1.tag from pattern [every AE_sts1 = AE-> timer: interval
(t_ts1-th) and not LE_sts1 (tag.tag.ID = AE_sts1.tag.tag.ID)];
```

通过以上对 RFID 数据的处理，形成工件实时状态矩阵 $\boldsymbol{S} = [a_{ij}] (1 \leqslant i \leqslant m, 1 \leqslant j \leqslant 11)$。其中 i 表示工件序号，j 表示工位序号；$a_{ij} = 1$，表示工件在该工位加工情况正常；$a_{ij} = 0$，表示加工情况异常。同时，实时监测的各类事件存储于数据仓库，作为历史数据，供查询追踪。

$$\boldsymbol{S}=[a_{ij}]=\begin{bmatrix} a_{11} & a_{12} & a_{13} & a_{14} & a_{15} & a_{16} & a_{17} & a_{18} & a_{19} & a_{110} & a_{111} \\ a_{21} & a_{22} & a_{23} & a_{24} & a_{25} & a_{26} & a_{27} & a_{28} & a_{29} & a_{210} & a_{211} \\ a_{31} & a_{32} & a_{33} & a_{34} & a_{35} & a_{36} & a_{37} & a_{38} & a_{39} & a_{310} & a_{311} \\ \vdots & \vdots & \vdots & \vdots & \vdots & \vdots & \vdots & \vdots & \vdots & \vdots & \vdots \\ a_{m1} & a_{m2} & a_{m3} & a_{m4} & a_{m5} & a_{m6} & a_{m7} & a_{m8} & a_{m9} & a_{m10} & a_{m11} \end{bmatrix}$$

$$(5-11)$$

5.1.4 实验与分析

通过实验验证数据清洗综合方法和复杂事件处理技术,包括三方面内容:① 利用 1 台物理 RFID 读写器评估综合单标签数据清洗算法性能;② 应用 Rifidi® Edge Server 平台对 RFID 异常事件监测进行仿真实验;③ 通过物理实验,验证基于 RFID 的异常事件监测。

1. 综合数据清洗实验与分析

为了验证不同环境下综合数据清洗算法的性能,用 1 台物理 RFID 读写器 (MR6161E)和 20 个 RFID 标签(MR6732)产生实验数据,实验分两种情况:① 标签是静止的,该情况验证在 RFID 读写器探测范围内如何合适地放置标签;② 标签以任意初始速度运动,该情况用来模拟动态环境,诸如在 AGV 小车或传送带上的标签。

读写器探测模型基于 RFID 读写器-标签探测区域建立,如图 5-4 所示,一个被动读写器-标签系统通常分为 3 个主要区域:主要探测区、次要探测区和探测区外部[11]。

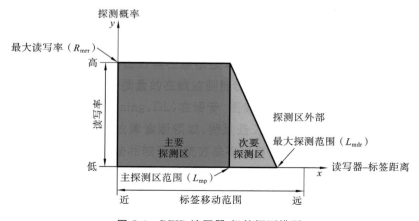

图 5-4 RFID 读写器-标签探测模型

在主要探测区,读写器的读写率保持最大值;在次要探测区,读写率随着读写器与标签距离的增加线性减小;在探测区外部,读写率下降到0。一个简单的读写器探测模型[34]为:

$$p_{i,t}(x) = \begin{cases} R_{mrr}, & x < L_{mp} \\ \dfrac{R_{mrr}(L_{mdr} - x)}{L_{mdr} - L_{mp}}, & L_{mp} \leqslant x \leqslant L_{mdr} \\ 0, & x > L_{mdr} \end{cases} \qquad (5-12)$$

式中:x 为读写器与标签之间的距离。

实验参数如表 5-4 所示。

表 5-4 RFID 数据清洗实验参数

参数(设备)	值(类型)
读写器	MR6161E
标签	MR6732
标签移动范围	0~25 cm
最大探测范围(L_{mdr})	20 cm
最大读写率(R_{mrr})	0.9
主要探测区范围(L_{mp})	可变
标签数量	20
标签移动速度	可变
读周期	50 ms
读周期总数	1000

用每个读周期平均误差衡量单标签清洗效果,其计算公式为:

$$E_{ave} = \frac{\sum\limits_{i=1}^{n}(N_{pr} + N_{nr})}{n} \qquad (5-13)$$

式中:N_{pr} 是读周期中多读的次数;N_{nr} 是读周期中漏读的次数;n 是读周期总数。

设主要探测区相对于最大探测范围的百分比为 P_M,则

$$P_M = \frac{L_{mp}}{L_{mdr}} \times 100\% \qquad (5-14)$$

改变主要探测区范围 L_{mp}(0~20 cm),模拟影响标签探测率的环境可靠性因素,诸如标签方向、射频波干扰等,P_M 值表示 RFID 读写环境可靠性(P_M 值越大表示读写环境越可靠);改变读写器与标签之间的距离 x(0~25 cm),模拟读

写器-标签信号随着距离增加而衰减。

首先,每个读周期的平均误差在读写器不同可靠性情况下进行测试。对于静态标签测试,标签是静止的,但主要探测区范围 L_{mp} 可变,在 L_{mp} 的可变范围内,每隔 1 cm 作为一个数据采集点,每个数据点读周期总数为 1000,根据式 (5-13)计算得到每个数据采集点的平均误差。主要探测区改变时的平均误差曲线如图 5-5 所示。

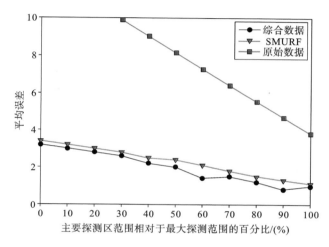

图 5-5　主要探测区改变时的平均误差曲线

从图 5-5 可以看出,综合方法的平均误差总体上低于 SMURF 方法的平均误差。原始数据曲线由于误差较大,在图中被截断缩短,当主要探测区所占百分比 P_M 增加时,由于有更可靠的原始数据,两种方法的精度都提高,特别是当 P_M 值高于 60%($L_{mp}=12$ cm)时,综合方法清洗效果更好。在本实验中,采用该主要探测区监测带标签的工件。综合方法和 SMURF 方法清洗数据性能的差别用独立样本 t 测试(t-test)来评估[15],综合方法的方差是 0.7126,而 SMURF 方法的方差是 0.6176,前者略大于后者。方差相等的列文测试(Levene's test) p 值是 0.695(Sig. $=0.695$),假设两种方法的方差相等($p>0.05$),t 测试的 p 值是 0.385(Sig. (2-tailed)$=0.385$),因此,在静态测试环境下,两种数据清洗方法没有显著的区别($p>0.05$)。

其次,当标签移动速度改变时,对每个读周期的平均误差进行测试。对于移动标签测试,主要探测区所占百分比 P_M 固定为 80%($L_{mp}=16$ cm),同时,标签以不同的速度在读写器读写范围内移动。测试时,标签不同的移动速度由步进电动机产生,移动速度范围为 $0\sim0.05$ cm/周期,采集 RFID 数据的速度间隔为 0.0025 cm/周期,在 0~0.05 cm/周期范围内,计算每个标签移动速度对应的平均误差。标签移动速度改变时的平均误差曲线如图 5-6 所示。

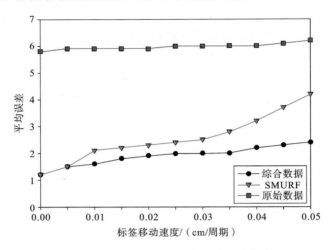

图 5-6　标签速度改变时的平均误差曲线

从图 5-6 中看出,综合方法的平均误差总体上低于 SMURF 方法的平均误差。当标签移动速度改变时,原始数据的平均误差几乎没有改变;当标签移动速度低于 0.01 cm/周期时,两种方法的执行效果相似;随着标签移动速度增加,两种方法的平均误差相应增加,但综合方法相对于 SMURF 方法显示出较低的平均误差。同样,这两种方法的区别用独立样本 t 测试来评估,综合方法的方差是 0.1274,而 SMURF 方法的方差是 0.7867,前者小于后者。方差相等的列文测试 p 值是 0.035(Sig. = 0.035),假设两种方法的方差不相等($p<0.05$),t 测试的 p 值是 0.04(Sig. (2-tailed)=0.04),因此,在动态测试环境下,两种数据清洗方法有显著的区别($p<0.05$)。

通过以上两种实验结果的比较,在静态和动态环境下,综合方法优于 SMURF 方法,特别是在动态环境下,综合清洗方法的清洗效果显著优于 SMURF 方法。清洗效果的优劣,关键在于能否精确计算和调整标签读周期窗口的尺寸。在两种方法中,窗口尺寸调整的机理不同,SMURF 方法仅仅是基于该窗口的平均读取率(p_i^{avg})满足式(5-6)和式(5-7)来调整窗口尺寸,然而,综合方法考虑平均读取率(p_i^{avg})、即将进入滑窗读周期标签的读取率(p^*)和方差(var_w)。如算法 5-1 所示,在计算窗口尺寸之前,条件($\omega<p_n \wedge \mathrm{var}_w \leqslant \eta$)必须满足,参数 η 是动态环境下需要满足的标签动态信任度,在综合方法中,精确地计算和调整标签读周期窗口尺寸,故综合方法表现出较低的平均误差。

2. 工件异常事件监测仿真实验

选择操作系统 Windows7（32 位），基于开源 Eclipse 集成开发环境，嵌入 Rifidi-SDK3.2，Esper5.2 等插件，构建 RFID 复杂事件处理的仿真实验环境。设定加工工件数量 $m=10$，RFID 读写器采用系统支持的 Alien 产品。仿真环境下 EPC、RFID 读写器 IP（单机仿真，用不同端口号表示不同 IP）和各属性阈值的设定如表 5-5 所示。

表 5-5　EPC、RFID 读写器 IP 和属性阈值

序号	EPC(w_{id})	读写器 IP(r_{id})	工位(l)	属性	阈值/s
1	353DA13164E84B7643142F11	127.0.0.1:10001	N_{rw}	$t_{rw\text{-}th}$	30
2	350922349F908951CF5F4127	127.0.0.1:10002	N_{agv1}	[$t_{low\text{-}th}$，$t_{high\text{-}th}$]	[40，45]
3	354F2943B965C49CAA5EF712	127.0.0.1:10003	N_{ws}	$t_{ws\text{-}th}$	300
4	35E0ADEFA968E6A748FE59B3	127.0.0.1:10004	N_{ncm1}	[$t_{low\text{-}th}$，$t_{high\text{-}th}$]	[20，25]
5	35D4F06998E989A206ACE5D8	127.0.0.1:10005	N_{ts1}	$t_{ts1\text{-}th}$	20
6	35F05953BBDF9BB29F59EA75	127.0.0.1:10006	N_{ncm2}	[$t_{low\text{-}th}$，$t_{high\text{-}th}$]	[20，25]
7	357AED4434FDE9D3F3761A13	127.0.0.1:10007	N_{ts2}	$t_{ts2\text{-}th}$	20
8	35D56CBDE4565E939413E59A	127.0.0.1:10008	N_{ncm3}	[$t_{low\text{-}th}$，$t_{high\text{-}th}$]	[20，25]
9	350E4467F874283CD2C31E1B	127.0.0.1:10009	N_{ts3}	$t_{ts3\text{-}th}$	20
10	35B2B5A08B3F39347F4A8FA7	127.0.0.1:10010	N_{agv2}	[$t_{low\text{-}th}$，$t_{high\text{-}th}$]	[40，45]
11		127.0.0.1:10011	N_{pw}	$t_{pw\text{-}th}$	30

在仿真实验过程中：工件原料 $w_{id}=$35B2B5A08B3F39347F4A8FA7 离开原料仓库之后，再没有其他原料出库；工件产品 $w_{id}=$35B2B5A08B3F39347F4A8FA7 进入产品仓库之后，也再没有其他产品入库；工件 $w_{id}=$353DA13164E84B7643142F11 在工位 N_{ncm1} 加工时间过短（小于 $t_{low\text{-}th}=20$ s）；工件 $w_{id}=$350922349F908951CF5F4127 在工位 N_{ts3} 允许暂存时间（$t_{ts3\text{-}th}=20$ s）内，只发生到达事件，而没有发生离开事件。原料短缺异常事件监测算法如算法 5-2 所示，模拟仿真结果如图 5-7 所示。

算法 5-2　原料短缺异常事件监测算法

```
StatementAwareUpdateListener NrwNoDepartedListener = new StatementAwareUpdate-
Listener()
public void update（EventBean [] arg1,EventBean [] arg2,EPStatement arg3,EPServi-
ceProvider arg4）
    if（arg1 ！ = null）
    System.out.printin（"Abnormal event of raw material lack occurs. "）;
addStatement（"select d. tag from pattern [every d = NrwDepartedEvent->timer:interval
（30 sec）and not NrwDepartedEvent]",NrwNoDepartedListener）;
```

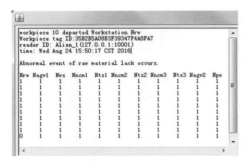

（a）工位N_{rw}的模拟仿真结果

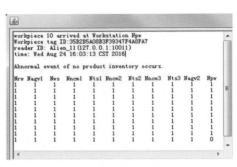

（b）工位N_{pw}的模拟仿真结果

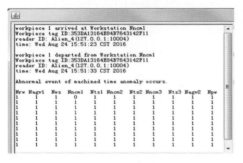

（c）工位N_{ncm1}的模拟仿真结果

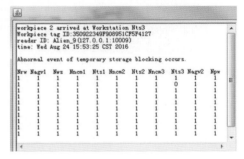

（d）工位N_{ts3}的模拟仿真结果

图 5-7　工件异常事件监测仿真结果

3. 工件异常事件监测物理实验

为测试工件异常事件监测方法的实用性，建立工件实时监测的物理实验装置，如图 5-8 所示，1 台微型数控车床相当于工位 N_{ncm1}，另 1 台微型数控铣床相当于工位 N_{ncm2}，计算机控制系统用来控制两台机床，粘贴有抗金属陶瓷标签的工件 1 和工件 2 分别在工位 N_{ncm1} 和工位 N_{ncm2} 加工。

物理实验参数设置如表 5-6 所示。在整个工件加工过程中，RFID 标签粘贴在工件的非加工表面，每个工位的读写器实时监测工件的到达事件和离开事件，上位机采集数据并进行 RFID 数据清洗与复杂事件处理。

表 5-6　物理实验参数设置

序号	EPC(w_{id})	读写器 IP(r_{id})	工位(l)	属性	阈值/s
1	300833B2DDD9014000000001	192.168.1.200	N_{ncm1}	[t_{low-th}, $t_{high-th}$]	[20,25]
2	300833B2DDD9014000000002	192.168.1.201	N_{ncm2}	[t_{low-th}, $t_{high-th}$]	[20,25]

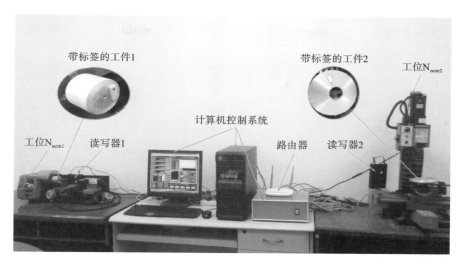

图 5-8　工件异常事件监测的物理实验装置

　　在模拟仿真实验中有 11 个工位,然而在物理实验装置中只设置了 2 个工位。在实验过程中,工件 1(w_{id}＝300833B2DDD9014000000001)在工位 N_{ncm1} 的加工时间过短(小于 t_{low-th}＝20 s);工件 2(w_{id}＝300833B2DDD9014000000002)在工位 N_{ncm2} 的加工时间过长(大于 $t_{high-th}$＝25 s),物理实验结果如图 5-9 所示。

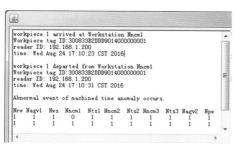

（a）工位N_{ncm1}的物理实验结果

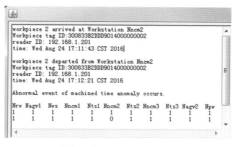

（b）工位N_{ncm2}的物理实验结果

图 5-9　工件异常事件监测物理实验结果

　　工件 1 在工位 N_{ncm1} 加工的异常事件监测结果如图 5-9(a)所示,加工时间基于工件的到达时间和离开时间计算,由系统计算为 8 s,该时间小于工位 N_{ncm1} 加工的最小阈值(20 s),因此,加工时间异常事件发生(异常状态矩阵 S 中 a_{14}＝0)。工件 2 在工位 N_{ncm2} 加工的异常事件监测结果如图 5-9(b)所示,加工时间为 38 s,超过工位 N_{ncm2} 加工的最大阈值(25 s),因此,加工时间异常事件发生(异常状态矩阵 S 中 a_{26}＝0)。

5.2　基于无线加速度的刀具状态监测

在机械加工中,传统的加工操作包括车、铣、磨、钻等[16]。当加工工件时,刀具和工件直接接触,会导致刀具形状改变、逐渐磨损或突然断裂等[17]。停机的问题一直困扰着制造加工业,其中有些是不可避免的,例如一个工件从一个工位传送到另一个工位,该过程需要工件拆卸和安装时间;另外,加工机器需要定期维护,以确保其正常的加工操作。然而,也有些停机是可以避免的,例如,由刀具磨损或破损引起的停机。研究表明,由刀具磨损或破损引起的停机时间占总停机时间的 20% 左右[18],即使刀具没有损坏,钝的刀具也会增加加工设备的额外功耗并使工件加工质量下降。刀具状态监测(tool condition monitoring,TCM)采用相应的传感信号处理技术监测和预测刀具状态,目的是减少由于刀具磨损或损坏引起的损失,一个强有力的刀具状态监测系统能够提高工件加工产量和质量,对加工效率有相当大的影响。

5.2.1　刀具状态监测框架

根据信号采集周期,刀具磨损的测量分为直接(间歇、离线)测量方法和间接(连续、在线)测量方法。直接测量方法包括刀具-工件连接电阻、射线检测、机器视觉、光纤和激光技术,刀具的形状参数通过显微镜、表面测量仪等测量[18]。直接测量方法能够精确地获得由于刀具磨损引起的尺寸变化,然而,直接测量方法容易受现场情况、切削液和不同干扰源的影响,通常是离线测量,由于测量时需要测量设备与刀具直接接触,因此要中断正常的加工操作,这严重地限制了直接测量方法的实际应用。间接测量方法中,刀具磨损通过相应的传感器信号获得[19],其测量精度低于直接测量方法的精度,然而,间接测量方法传感器安装容易,并且易实现实时在线测量,故本节关注间接测量方法。

间接测量方法通过不同的传感器信号测量刀具磨损,所用的传感器信号包括:切削力、扭矩、振动、声发射、表面粗糙度、温度、位移和主轴电流等信号。其中,常使用的是切削力、振动和声发射,它们更适合于工业现场环境[20]。间接测量方法通过获取与刀具磨损相关的信号特征,来监测刀具状态。间接测量采用了大量信号处理方法,如时间序列模型、快速傅里叶变换和时频分析等。小波变换(wavelet transform,WT)是一种快速发展的信号处理方法,被成功应用于不同的科学和工程领域。在刀具状态监测过程中,典型的传感器信号包括有用信号和噪声,因此,传感器信号需要去噪,从不同的噪声干扰源中提取与刀具磨损相关的特征[21]。

通常,一个刀具状态监测系统包括硬件部分和软件部分,实现信号采集、信号预处理、特征提取、特征选择和系统决策[20],如图 5-10 所示。一个可靠的刀具状态监测系统能够防止发生停机,并优化刀具使用效率,在现代制造加工中起着重要的作用。

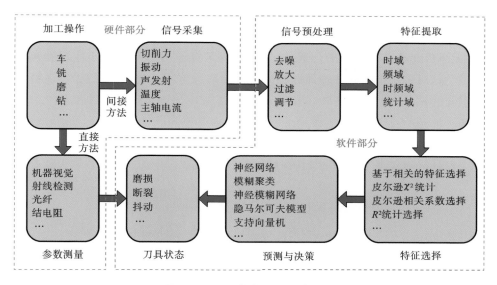

图 5-10　刀具状态监测系统框架

在本节中,1 台微型铣床的刀具状态通过 1 个无线三轴加速度计实时监测,获取的振动信号通过小波变换去噪,去噪的信号在时域、频域和时频域提取特征[22],依据信号特征和刀具磨损间的相关系数标准执行特征选择,3 个神经网络(neural network,NN)模型用于预测铣削操作中的刀具磨损和剩余使用寿命(remaining useful life,RUL)。

一个无线传感器包含感知、数据处理和通信组件,其自然属性包括自组织、移动性、快速部署、灵活性、扩散性和内在的智能处理能力[23]。无线传感器广泛应用于许多领域,如军事、环境、家庭、健康、商业和农业等[24]。然而,在制造车间的加工操作中,许多变量(如温度、压力、湿度)、工件异常情况和机器运行状态需要监测。近些年来,无线传感器被逐步用于制造业,包括工业机器人、库存管理、设备监测和环境监测等。将无线传感器应用于设备状态监测有许多优点:首先,监测系统的基础架构不需要布设电缆,与有线方案相比较,通常需要较低的安装费用,并且可以在较短时间内部署完成;其次,根据机器的温度、压力、振动和功率等实时传感器数据,可以预测机器故障,执行机器的预维护;最后,基于无线传感器的机器预维护能够提高产品质量和生产效率,避免加工机器停机[25]。将无线传感网络接入互联网,制造商在任何时间、任何地点都能获取车间加工机器的实时状态。

虽然无线传感器可以应用于许多领域,但在无线传感器设计方面,如数据传输速率、容错性、拓扑性、鲁棒性、安全性、可靠性、交互性、共存性、能量损耗、时间同步和自配置等[26],依然存在一些不能有效解决的问题。从应用角度分析,无线传感器必须安装于合适的位置,以保证能够有效和安全地监测到被测量,例如,对于基于无线三轴加速度计的刀具状态监测系统,其传感器可以放置于不同的位置,如工件、主轴和夹具上,但不能被冷却液等其他干扰源干扰。

5.2.2 实验装置与数据采集

刀具状态监测和剩余寿命预测的实验装置如图 5-11 所示。1 台微型数控铣

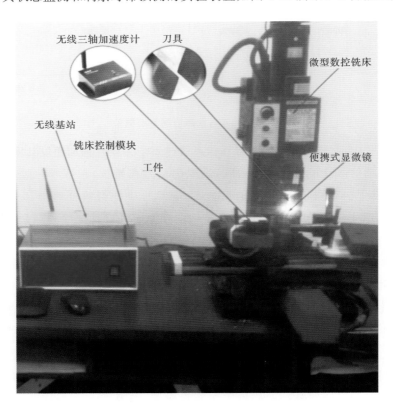

图 5-11 刀具状态监测和剩余寿命预测的实验装置

床(型号:Xendoll Tech C000017)用来加工工件,最高主轴转速为 2500 r/min;1 块回火钢(HRC52)作为被加工工件;加工刀具采用微颗粒钨硬质合金双刃铣刀(型号:Seco S550;直径:6 mm),其表面覆盖有多层钛铝氮化物涂层。实验中共用到 4 个刀具(c_1 和 c_2 用于模型训练,c_3 和 c_4 用于模型测试),1 个无线三轴加速度计(型号:M69)。该加速度计背面贴双面胶,并与工件不铣削表面紧密接触,外围用电工胶带捆绑,确保铣床在铣削工件时,三轴加速度计不会滑动或脱落,用来测量铣削过程中的振动信号(与刀具磨损相关)。数控机床与三轴加速度计的坐标系统如图 5-12 所示,相配套的无线基站(型号:M90)用来调节振动信号并将其传送至计算机;1 台便携式数字显微镜(型号:MSUSB401)用自制支撑架固定于铣床 X 轴行程轨道上,用来测量每刀铣削后的刀具磨损量。

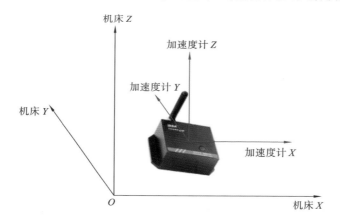

图 5-12 数控铣床与三轴加速度计坐标系统

铣削操作的进给速度是 1000 mm/min,三轴加速度计的采样率是每通道 1 kHz,工件在进给方向的加工长度是 50 mm,当完成一次 Y 轴方向的加工后,刀具返回到开始点进行下一次加工操作,在 Z 轴方向的铣削深度为 0.2 mm。在该实验中,铣刀用来加工工件的凹槽,整个铣削长度(例如 300 刀)为 50 mm×300=15000 mm。在实验前,校订显微镜放大倍数(实验中用 135 倍),并在实验过程中保持不变;标定好显微镜测量刀具磨损的最佳位置,将该位置坐标写入数控程序,每铣削完 1 刀,铣刀自动返回到显微镜测量的最佳位置;用 PC 自带的 Anyty 软件拍照,选取铣刀最容易磨损的边缘为测量位置,该位置在实验测量过程中保持不变;每次测量都以相同的基准线为标准,测量该次铣削后的刀刃长度,测量方法如图 5-13 所示,刀具刀刃的初始长度减去该次铣削后的刀刃长度,即为该次铣削后刀刃的磨损量。

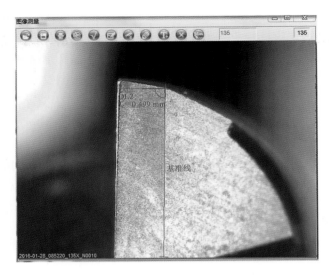

图 5-13　铣刀刀刃长度测量

5.2.3　信号预处理

信号预处理作为刀具状态监测系统中的重要部分,包括原始信号的放大、去噪和调节,原始信号去噪效果越好,刀具磨损预测越精确。噪声常存在于加工操作中,特别是在高精度加工中,获取的传感器信号非常小,信噪比非常低,在刀具磨损进一步分析之前,必须清除噪声,含噪声的信号模型为:

$$s(t)=x(t)+\sigma e(t) \tag{5-15}$$

式中:$s(t)$ 是获取的原始信号;$x(t)$ 是期望的有用信号;$e(t)$ 是噪声;σ 是 $e(t)$ 的标准偏差。

实际应用中,获取的原始信号经常是等时间间隔的离散时间信号,含噪声的离散时间信号模型为:

$$s(n)=x(n)+\sigma e(n) \tag{5-16}$$

式中:$n=0,1,2,\cdots,N-1$,其中 N 是离散信号的采样序列号。

1.　小波变换

小波变换[27,28]的数学基础是傅里叶变换(Fourier transform,FT),最初是由法国的 J. Morlet 提出来的,后来 S. Mallat 通过多分辨率思想统一了小波构造方法,并开始在各个领域广泛使用。

小波变换的定义:小波基函数 $\phi(t)$ 经过平移 b 后,再在不同的尺度 a 下与待分析信号 $x(t)$ 做内积,即

$$\mathrm{WT}_x(a,b) = \frac{1}{\sqrt{a}}\int_{-\infty}^{+\infty} x(t)\overline{\psi\left(\frac{t-b}{a}\right)}\mathrm{d}t \tag{5-17}$$

式中：$a>0$；$\overline{\psi(\,\boldsymbol{\cdot}\,)}$ 是 $\psi(\,\boldsymbol{\cdot}\,)$ 的共轭复函数。

等效的频域表示为：

$$\mathrm{WT}_x(a,b) = \frac{\sqrt{a}}{2\pi}\int_{-\infty}^{+\infty} \hat{x}(\omega)\overline{\hat{\psi}(a\omega)}\,\mathrm{e}^{\mathrm{j}\omega b}\,\mathrm{d}\omega \tag{5-18}$$

式中：$\hat{x}(\omega)$ 是 $x(t)$ 的傅里叶变换；$\hat{\psi}(a\omega)$ 是 $\psi\left(\dfrac{t-b}{a}\right)$ 的傅里叶变换。

小波变换分为连续小波变换与离散小波变换。

1）连续小波变换（continuous wavelet transform，CWT）

小波基函数的确切定义：设 $\psi(t)\in \mathbf{L}^2(\mathbf{R})$，若

$$C_{\psi} = \int_{-\infty}^{+\infty} \frac{|\hat{\psi}(\omega)|^2}{|\omega|}\mathrm{d}\omega < \infty \tag{5-19}$$

成立，则称 $\psi(t)$ 为一个小波基函数。

式中：$\hat{\psi}(\omega)$ 是 $\psi(t)$ 的傅里叶变换。式（5-19）为小波基函数的容许条件。

对小波基函数 $\psi(t)$ 进行平移和伸缩，便可以得到连续小波基函数为：

$$\psi_{a,b}(t) = \frac{1}{\sqrt{a}}\psi\left(\frac{t-b}{a}\right) \tag{5-20}$$

式中：$a,b\in\mathbf{R},a>0,a$ 为离散化伸缩（尺度）因子，b 为平移（位移）因子；$\psi_{a,b}(t)$ 为连续小波基函数。

设 $f(t)\in\mathbf{L}^2(\mathbf{R})$，将该函数在连续小波基函数下展开，则有

$$\mathrm{WT}_f(a,b) = \langle f(t),\psi_{a,b}(t)\rangle = \frac{1}{\sqrt{a}}\int_{-\infty}^{+\infty} f(t)\overline{\psi\left(\frac{t-b}{a}\right)}\mathrm{d}t \tag{5-21}$$

式（5-21）称为函数 $f(t)$ 关于函数族 $\psi_{a,b}(t)$ 的连续小波变换。

连续小波变换的逆变换为：

$$f(t) = \frac{1}{C_{\psi}}\int_{-\infty}^{+\infty}\int_{-\infty}^{+\infty}\frac{\mathrm{WT}_f(a,b)\psi_{a,b}(t)}{a^2}\mathrm{d}a\mathrm{d}b \tag{5-22}$$

式中：C_{ψ} 为小波基函数 $\psi(t)$ 的容许条件。

2）离散小波变换（discrete wavelet transform，DWT）

在实际应用中，为便于计算机处理信号，连续信号 $f(t)$ 都要离散为离散信号，因此，连续小波变换，通过离散化伸缩因子 a 与平移因子 b，可得到其离散小波变换。为减少小波变换系数冗余度，将式（5-20）的参数 a,b 限定在一些离散点上取值。

设 $a=a_0^m,a_0>0,m\in\mathbf{Z}$；$b=nb_0a_0^m,b_0\in\mathbf{R},n\in\mathbf{Z}$，则式（5-20）可改写为：

$$\psi_{m,n}(t) = a_0^{-m/2} \psi\left(\frac{t - n b_0 a_0^m}{a_0^m}\right) = a_0^{-m/2} \psi(a_0^{-m} t - n b_0) \tag{5-23}$$

则离散小波变换定义为：

$$\mathrm{WT}_f(m,n) = \int f(t) \overline{\psi_{m,n}(t)} \, \mathrm{d}t \tag{5-24}$$

实际中，为使小波变换能对信号的频谱二分化，一般取 $a_0 = 2$，则 $a = 2^0$，2^1，2^2，$\cdots$，2^m。

2. 小波去噪

小波分析的特点是时间窗和频率窗都可以改变，频率和时间分辨率在信号的不同频率段有所不同。在信号预处理领域，小波去噪得到广泛应用，常用的去噪方法有以下 3 种[29]。

1）小波分解与重构法

基于 S. Mallat 提出的多分辨率思想，引入小波分解与重构的快速算法，操作具备有限长滤波器的双正交小波变换，从而实现小波去噪。设 f_m 为 $f(t)$ 的离散信号，且 $f_m = c_{0,m}$，则 $f(t)$ 的正交小波变换分解式为：

$$\begin{cases} c_{j,m} = \sum_n c_{j-1,n} h_{n-2m} \\ d_{j,m} = \sum_n d_{j-1,n} g_{n-2m} \end{cases} \tag{5-25}$$

式中：$m = 0, 1, 2, \cdots, N-1$；$c_{j,m}$ 是分解的尺度系数；$d_{j,m}$ 是分解后的小波系数；h，g 是滤波器组；j 是分解的层数；N 是离散信号采样点数。

小波重构的公式为：

$$c_{j-1,n} = \sum_n c_{j,n} h_{m-2n} + \sum_n d_{j,n} g_{m-2n} \tag{5-26}$$

小波具有多分辨率分析特性，能够将含有噪声的信号分解为不同频段的子信号（不同频带），再将包含噪声的频带置零，或者直接提取有用信号的频带，进行小波重构，达到去噪目的。

2）小波系数阈值法

设含有噪声的有限长信号用式(5-16)表示，利用 Donoho 阈值去噪法，去除信号 $s(n)$ 中的噪声 $e(n)$，步骤如下。

（1）小波分解。选择分解所用的小波，并确定分解层数 j，用式(5-25)分解待分析信号，得到分解后的小波系数。

（2）阈值量化。对各个分解尺度下的小波系数 $d_{j,m}$ 进行阈值量化处理。

在小波系数阈值去噪中，阈值的选择与调整是关键，小/大的阈值会导致信号过/欠拟合。有 4 条阈值选择规则:基于 Stein 的无偏/似然估计原则、启发式阈值选择、固定阈值选择和极大极小阈值选择。阈值调整规则包含:不调整、调整第一层噪声系数和调整各层噪声系数。包含软阈值和硬阈值的阈值量化可详见本章参考文献[30],硬阈值和软阈值分别为:

$$Y = \begin{cases} X, & |X| > T \\ 0, & |X| \leqslant T \end{cases} \tag{5-27}$$

$$Y = \begin{cases} \mathrm{sgn}(X)(|X| - T), & |X| > T \\ 0, & |X| \leqslant T \end{cases} \tag{5-28}$$

软、硬阈值处理方法如图 5-14 所示。

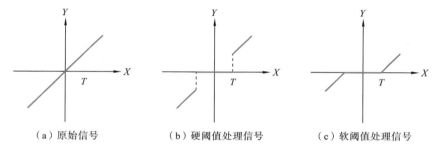

（a）原始信号　　　　　　　（b）硬阈值处理信号　　　　　　（c）软阈值处理信号

图 5-14　软、硬阈值处理方法

（3）小波重构。用式(5-26)重构阈值量化后的小波系数,获得有用信号 $x(n)$ 的近似最优估计值。

小波系数阈值法用于信号去噪,以不同尺度局部分解信号特征,在去噪时,保留重要的信号特征。其基本思想是,小波对含噪信号进行稀疏表示,将重要的信号特征集中于大幅值的小波相关系数上,较小值的相关系数经常是由噪声引起的,因此,在不影响信号质量的情况下,小的相关系数收缩或被删除,通过相关系数的调整,重构(去噪)的信号由小波反变换(inverse wavelet transform,IWT)获得。

3）小波变换模极大值法

Lip 指数是表征信号局部奇异点的量度,定义为:

设 $n \in \mathbf{Z}$,且 $n > 0, n \leqslant \sigma \leqslant n+1$,若存在 $A \in \mathbf{Z}$,且 $A > 0$,有多项式 $p_n(x)$,当 $x \in (x_0 - \sigma, x_0 + \sigma)$ 时,使得

$$|f(x) - p_n(x - x_0)| \leqslant A |x - x_0|^a \tag{5-29}$$

成立,则称 $f(x)$ 在 x_0 处满足 Lip$a$。

式(5-29)中,a 为衡量信号光滑度的参数。a 越大,该点光滑度越高;a 越

小,该点奇异性越大。对于一般信号,$a \geqslant 0$;对于白噪声信号,$a < 0$。

在小波变换尺度 s 下,若 $\forall x \in (x_0 - \sigma, x_0 + \sigma)$,则

$$|\mathrm{WT}_f(s, x)| \leqslant |\mathrm{WT}_f(s, x_0)| \tag{5-30}$$

式中:x_0 为尺度 s 下的局部模极大值点。

$f(x)$ 的 Lip 指数与模极大值满足

$$\log_2 |\mathrm{WT}_{2^j} f(t)| \leqslant \log_2 k + j^a \tag{5-31}$$

由式(5-31)可得:对于一般信号,$a \geqslant 0$,模极大值随 j 的增大而增大;对于白噪声,$a < 0$,模极大值随 j 的增大而减小。观察其变化规律,去除噪声极值点,保留有用信号极值点,再将保留的模极大值点用交替投影法重建,达到去噪目的。

以上 3 种小波去噪方法的优缺点比较如表 5-7 所示。小波分解与重构法适用于信号和噪声的频带相互分离的情况,该方法简单,计算速度快;小波系数阈值法适用于信号中混有白噪声的情况,该方法可以完全抑制噪声,并完好保留信号的特征尖峰点,得到原始信号的近似最优估计,计算速度很快;小波变换模极大值法适用于信号中含有白噪声,且含有较多奇异点的情况,通常能够有效保留奇异点信息,而没有多余振荡。

表 5-7　小波去噪方法比较

小波去噪方法	适用情况	优点	缺点
小波分解与重构法	信号和噪声的频带相互分离	算法简单,计算速度快	不适用于信号和噪声的频带相互重叠的情况
小波系数阈值法	信号中混有白噪声	完全抑制噪声,计算速度快	信号不连续点处,会出现伪吉布斯现象
小波变换模极大值法	信号中混有白噪声,且含有较多奇异点	有效保留奇异点,无多余振荡	计算速度慢

在本节中,应用小波变换对已经采集的 3 个通道的振动信号去噪。信号和噪声的频带不能确定,且在去噪过程中,不考虑信号含有的奇异点,综合以上 3 种去噪方法,选用小波系数阈值法给原始振动信号去噪,信噪比($\mathrm{SNR} = 10\lg^{(P_S + P_N)}$,$P_S$ 和 P_N 分别是信号和噪声的有效功率)参数用来衡量信号去噪效果。例如,振动信号通过 Symlets 和 Daubechies 小波基函数 5 层分解,小波系数用启发式阈值选择规则、调整各层噪声系数的阈值调整规则和软阈值方法重新调整,再用重新调整的小波系数重构去噪的信号。振动信号基于 Symlets 和

Daubechies 小波基函数去噪的性能比较如图 5-15 所示。

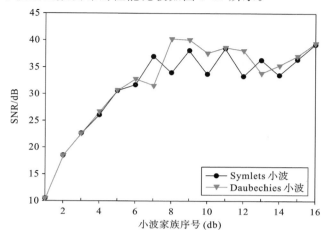

图 5-15　基于 Symlets 和 Daubechies 小波基函数去噪性能比较

由图 5-15 看出,当振动信号由 db8 小波分解时,去噪性能是最优的,信噪比是 40.256 dB。振动信号被 db8 小波分解和去噪,原始信号和去噪信号如图 5-16 所示。

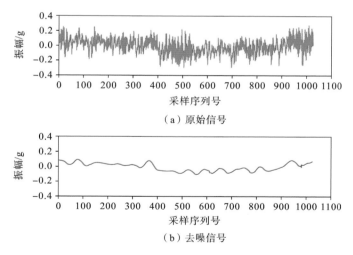

（a）原始信号

（b）去噪信号

图 5-16　原始信号与去噪信号比较

5.2.4　特征提取

预处理后的信号具有大容量的特点,需要进一步提取特征。特征提取的最终目标是减小原始信号的维度,同时,提取的特征要充分与刀具磨损相关,而且不受铣削条件影响。通常,信号特征在时域、频域和时频域上提取。

1. 时域特征提取

时域特征提取是经常使用的方法,其考虑信号的大小(幅度),采用统计方法提取信号时域特征,如最大值、平均值、均方根(root mean square,RMS)、方差、标准差、偏度、峰度、峰峰值和峰值系数。从振动信号提取的时域特征如表5-8所示,表中 x_i 为去噪后的振动信号,n 为采样点数。

表 5-8 从振动信号提取的时域特征

序号	特征	描述
1	最大值	$X_{MAX} = \max(x_i)$
2	平均值	$\mu = \dfrac{1}{n} \sum\limits_{i=1}^{n} x_i$
3	均方根	$X_{RMS} = \sqrt{\dfrac{1}{n} \sum\limits_{i=1}^{n} x_i^2}$
4	方差	$X_V = \dfrac{\sum\limits_{i=1}^{n} (x_i - \mu)^2}{n-1}$
5	标准差	$\sigma = \sqrt{\dfrac{\sum\limits_{i=1}^{n} (x_i - \mu)^2}{n-1}}$
6	偏度	$X_S = \dfrac{1}{n} \dfrac{\sum\limits_{i=1}^{n} (x_i - \mu)^3}{\sigma^3}$
7	峰度	$X_K = \dfrac{1}{n} \dfrac{\sum\limits_{i=1}^{n} (x_i - \mu)^4}{\sigma^4}$
8	峰峰值	$X_{P2P} = \max(x_i) - \min(x_i)$
9	峰值系数	$X_{CF} = \dfrac{\max(x_i)}{\sqrt{\dfrac{1}{n} \sum\limits_{i=1}^{n} x_i^2}}$

时域特征是对信号的简单统计,仅反映信号随时间的变化而变化的性质,因此,需要进一步提取频域特征。

2. 频域特征提取

频域特征反映某频率范围内信号的功率分布,在频域信号处理中,待分析信号通过傅里叶变换分解成不同频率正弦波的叠加和,从时域转换到频域,实现对频域特征的提取。

设 $f(t) \in \mathbf{L}^1(\mathbf{R})$，则 $f(t)$ 的傅里叶变换为：

$$\hat{f}(\omega) = \int_{-\infty}^{+\infty} f(t) \mathrm{e}^{-\mathrm{i}\omega t} \, \mathrm{d}t \tag{5-32}$$

其傅里叶逆变换为：

$$f(t) = \frac{1}{2\pi} \int_{-\infty}^{+\infty} \hat{f}(\omega) \mathrm{e}^{\mathrm{i}\omega t} \, \mathrm{d}\omega \tag{5-33}$$

式中：t 为时间；ω 为角速度。

实际应用中，需要用计算机进行信号处理，要求信号是离散的，离散傅里叶变换（discrete Fourier transform，DFT）把信号的等效空间有限序列转换为离散时间的等效空间等效长度序列。

设 $f(t)$ 的离散时间序列为 $f_0, f_1, \cdots, f_{N-1}$，且该序列满足 $\sum\limits_{n=0}^{N-1} |f_n| < +\infty$，则序列 $\{f_n\}$ 的离散傅里叶变换为：

$$X(k) = \sum_{n=0}^{N-1} f_n \mathrm{e}^{-\mathrm{i}\frac{2\pi k}{N}n} \tag{5-34}$$

式中：$k = 0, 1, \cdots, N-1$。

其傅里叶逆变换为：

$$f_n = \frac{1}{N} \sum_{k=0}^{N-1} X(k) \mathrm{e}^{\mathrm{i}\frac{2\pi}{N}nk} \tag{5-35}$$

式中：$n = 0, 1, \cdots, N-1$。

离散傅里叶变换用快速傅里叶变换（fast Fourier transform，FFT）方法计算，例如，对于式(5-34)，离散傅里叶变换是 $O(N^2)$ 操作（N 个输出，每个输出是 N 项之和），而快速傅里叶变换是 $O(N\lg N)$ 操作。采用快速傅里叶变换计算去噪后的振动信号，功率谱在 0 至 1/2 采样频率（500 Hz）频段内测量，振动信号功率谱如图 5-17 所示。

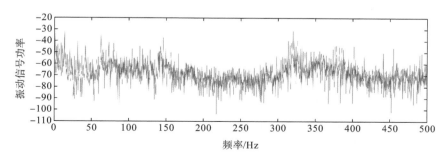

图 5-17　振动信号的功率谱

在频域提取的特征包括功率谱最大值、频段能量值、平均值、方差、偏度、峰度、频段峰值。振动信号在频域提取的特征如表 5-9 所示,其中,$S(f)$ 是特定频率分量的功率。

表 5-9　振动信号提取的频域特征

序号	特征	描述
1	功率谱最大值	$S_{\text{MAX}} = \max(S(f)_i)$
2	频段能量值	$S_{\text{SBP}} = \sum\limits_{i=1}^{n} S(f)_i$
3	平均值	$S_{\mu} = \dfrac{1}{n} \sum\limits_{i=1}^{n} S(f)_i$
4	方差	$S_{\text{V}} = \dfrac{\sum\limits_{i=1}^{n}(S(f)_i - S_{\mu})^2}{n-1}$
5	偏度	$S_{\text{S}} = \dfrac{1}{n} \dfrac{\sum\limits_{i=1}^{n}(S(f)_i - S_{\mu})^3}{S_{\text{V}}^{3/2}}$
6	峰度	$S_{\text{K}} = \dfrac{1}{n} \dfrac{\sum\limits_{i=1}^{n}(S(f)_i - S_{\mu})^4}{S_{\text{V}}^{4/2}}$
7	频段峰值	$S_{\text{RSPPB}} = \dfrac{\max(S(f)_i)}{\dfrac{1}{n} \sum\limits_{i=1}^{n} S(f)_i}$

频域特征仅反映信号随频率的变化而变化的性质,而不能提供任何时间信息,因此,需要进一步提取时频域特征。

3. 时频域特征提取

傅里叶变换用于非平稳信号分析时,其含有的频率信息可以获得,但频率出现的时间段不能得到,不能提取局部时间段的频域特征。鉴于此,提出短时傅里叶变换(short-time Fourier transform,STFT)。

1) 短时傅里叶变换

短时傅里叶变换将信号划分为许多小的时间间隔的信号,应用傅里叶变换分析信号并得到各个时间间隔内的频率特征[31]。短时傅里叶变换定义为:

$$G_f(\omega, \tau) = \int_{-\infty}^{+\infty} f(t)g(t-\tau)\mathrm{e}^{-\mathrm{j}\omega t}\,\mathrm{d}t \tag{5-36}$$

其短时傅里叶逆变换为:

$$f(t) = \frac{1}{2\pi} \int_{-\infty}^{+\infty} \int_{-\infty}^{+\infty} g(t-\tau) G_f(\omega,\tau) e^{j\omega t} d\tau d\omega \qquad (5-37)$$

式中:$g(\cdot)$是时间窗函数。

由式(5-36)看出,$G_f(\omega,\tau)$大致反映了信号 $f(t)$ 在 $t=\tau$ 附近的频域特征,时间窗函数 $g(t)$ 随着 τ 的改变(平移)而在时间轴上移动,完成对信号 $f(t)$ 分段式的分析。如区间$[\tau-\delta,\tau+\delta]$与$[\omega-\varepsilon,\omega+\varepsilon]$称为窗口,其中,$\delta$ 是时宽,ε 是频宽。短时傅里叶变换得到的是时间窗内信号特征的平均值,理想情况是 δ 和 ε 同时越小,时频分析效果越好。而根据海森伯格(Heisenberg)测不准原理[32],时间局部性与频率局部性是相斥的,即 δ 和 ε 不能同时任意小,因此,短时傅里叶变换自身存在着不可克服的缺陷,一旦窗函数确定,窗口的形状和大小都将保持不变,可以认为短时傅里叶变换是单一分辨率变换,若想改变分辨率,就必须重新选择窗函数 $g(t)$,这使其局域化性质受到了限制。

短时傅里叶变换依然只适用于分析平稳信号,而对于非平稳信号,在实际问题分析中,窗口大小应该随频率变化而改变。信号变为高频时,需要较高的时间分辨率(δ 尽量小);信号变为低频时,需要较高的频率分辨率(ε 尽量小)。短时傅里叶变换不能满足以上要求。此外,短时傅里叶变换无论如何离散化,都不能成为一组正交基。基于种种缺陷,短时傅里叶变换不适合用于非平稳信号的时频局部化分析。

小波变换继承了短时傅里叶变换的思想,同时又克服了短时傅里叶变换的各种缺陷。在时频分析方法中,小波变换包含连续小波变换和离散小波变换。然而,连续小波变换的缺点是计算量大,离散小波变换在实际的时频分析中的频率分辨率非常低。作为这两种方法的折中,小波包变换(wavelet packet transform,WPT)是一个既能够实现满意频率分辨率而又能高效计算的选择。

2) 小波包变换

小波基函数的频域窗口随尺度减小而增大,适用于分析任意尺度的信号,实际中,只需关注某些特定时间段(点)和频率段(点)的信号,因此需要在关注的频率段上提高频率分辨率,时间段上提高时间分辨率。此时,时频窗口固定分布的正交小波变换并不是最佳选择。小波包变换将信号在 V(尺度)与 W(小波)空间进一步分解,得到适用于待分析信号的时频窗口或最优基。

小波包函数族构造出 $\mathbf{L}^2(\mathbf{R})$ 小波包基库,小波正交基只是其中一组。小波包定义为:

$$W_{2n}(t) = \sqrt{2} \sum_{k=0}^{2N-1} h(k) W_n(2t-k) \qquad (5-38)$$

$$W_{2n+1}(t) = \sqrt{2} \sum_{k=0}^{2N-1} g(k) W_n(2t-k) \tag{5-39}$$

式中：n，$k \in \mathbf{Z}$，$W_0(t) = \Phi(t)$ 是尺度函数；$W_1(t) = \psi(t)$ 是小波基函数；$h(k)$，$g(k)$ 是多分辨率分析中的滤波器系数；函数集合 $\{W_n(t)\}$ 是包括尺度函数 $W_0(t)$ 和小波基函数 $W_1(t)$ 的小波包。

例如，对于哈尔（Haar）小波，$N=1$，$h(0) = h(1) = \dfrac{1}{\sqrt{2}}$，$g(0) = -g(1) = \dfrac{1}{\sqrt{2}}$，则式(5-38)、式(5-39)变为：

$$W_{2n}(t) = W_n(2t) + W_n(2t-1) \tag{5-40}$$

$$W_{2n+1}(t) = W_n(2t) - W_n(2t-1) \tag{5-41}$$

小波包系数的递推公式为：

$$\begin{cases} d_k^{j+1,2n} = \sum_l h(2l-k) d_l^{j,n} \\ d_k^{j+1,2n+1} = \sum_l g(2l-k) d_l^{j,n} \end{cases} \tag{5-42}$$

小波包重建公式为：

$$d_l^{j,n} = \sum_k \left[h(l-2k) d_k^{j+1,2n} + g(l-2k) d_k^{j+1,2n+1} \right] \tag{5-43}$$

式中：$d_l^{j,n}$ 为小波包系数。

小波包分解后，每个原始节点为：

$$W_{j,n,k}(t) = 2^{-j/2} W_n(2^{-j}t - k) \tag{5-44}$$

式中：$j \in \mathbf{Z}$，是尺度参数；$n \in \mathbf{N}$，是频率参数；$k \in \mathbf{Z}$，认为是时间参数。

信号 $f(t)$ 经小波包分解后，得到一系列系数 $d_l^{j,n}$，系数之间差别越大，越能代表 $f(t)$ 的特征。不同的小波包基反映信号不同的特征。通常以香农（Shannon）熵作为代价函数[33]，代价最小的为最好的小波包基（最优基），定义序列 $x = \{x_j\}$ 的熵为：

$$M(x) = -\sum_j P_j \log_2 P_j \tag{5-45}$$

式中：$P_j = |x_j|^2 / \|x\|^2$。

引入可加函数 $\lambda(x) = -\sum_k |x_k|^2 \log |x_k|^2$，则 $M(x)$ 为：

$$M(x) = \lambda(x) / \|x\|^2 + \log_2 \|x\|^2 \tag{5-46}$$

$\lambda(x)$ 最小时 $M(x)$ 也最小。

最优基的搜索采用自上到下基于"剪枝"的二叉树方法，只要下一层的代价

函数小于上一层的,就进行分解,具体步骤如下:

(1) 计算原始信号 w_{00} 的熵,记为 e_{00}。

(2) 用小波包变换分解 w_{00},所得值记为第 1 层近似值 $[w_{10} \quad w_{11}]$,并计算 w_{10}、w_{11} 的熵,记为 e_{10}、e_{11}。

(3) 若 $e_{10}+e_{11}<e_{00}$,继续分别对 w_{10}、w_{11} 进行分解,所得值记为第 2 层近似值 $[w_{20} \quad w_{21} \quad w_{22} \quad w_{23}]$,计算 w_{20}、w_{21}、w_{22}、w_{23} 的熵,记为 e_{20}、e_{21}、e_{22}、e_{23}。

(4) 若 $e_{20}+e_{21}+e_{22}+e_{23}<e_{10}+e_{11}$,则继续分解;若条件不满足或该层熵为 0,则停止分解,该层的小波包基即为最优基。

(5) 以此类推。

小波包变换提取时频域特征时,可同时提供信号在时域和频域的局部信息,因此,在分析非稳定信号方面,比其他时频域分析方法更有效。例如,根据以上最优基搜索方法,振动信号通过 db8 小波 5 级分解,获得 32 个终端节点,如图 5-18 所示。小波包能量谱包含相关系数的绝对值,相关系数来自于按频率排序的终端节点,振动信号在时频域的小波包能量谱如图 5-19 所示。在小波包变换中,获得的最优基使终端节点提供最好级别的频率分辨率,32 个小波包系数作为振动信号的时频域特征。

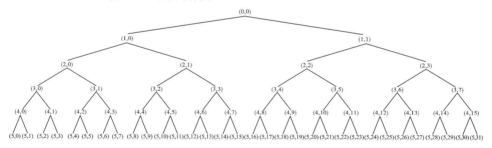

图 5-18　振动信号的小波包树

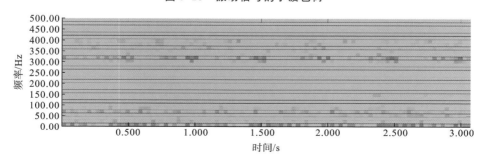

图 5-19　振动信号的小波包能量谱

5.2.5 特征选择

在时域、频域和时频域,从 3 个通道的去噪振动信号中总共提取 144 个特征,信号特征数量非常大。这些特征中有许多与刀具磨损不是很相关,用所有的信号特征对刀具磨损监测和预测并不是最好的选择,不相关和冗余的特征会负面影响监测和预测模型的性能。为提高预测模型的精度和刀具状态监测系统的计算效率,特征应当通过某个标准进行优化,应采用特征选择方法减少特征的数量。常用的特征选择方法有基于相关的特征选择(correlation-based feature selection,CFS)方法、皮尔逊(Pearson)χ^2 统计选择方法、皮尔逊相关系数(Pearson's correlation coefficient,PCC)选择方法、R^2 统计选择方法和贪婪爬山搜寻算法等[19]。

1. 基于相关的特征选择方法

基于相关的特征选择方法统计特征子集的适合度,考虑以下两个方面:

(1) 个体特征与预测值之间相关的级别;

(2) 特征子集之间内部相关的级别。

若个体特征与目标值高度相关,而特征子集之间有低的相关度,则给予高分。熵作为衡量相关度的标准,特征集 X 的熵定义为:

$$H(X) = -\sum_{x \in \mathbf{R}_x} p(x) \log_2 p(x) \tag{5-47}$$

式中:$p(\cdot)$ 表示概率计算;$x \in \mathbf{R}_x$,为一组离散特征变量。

设另一组特征集为 Y,其离散特征变量 $y \in \mathbf{R}_y$,两组特征变量的条件熵为:

$$H(X \mid Y) = -\sum_{y \in \mathbf{R}_y} p(y) \sum_{x \in \mathbf{R}_x} p(x) \log_2 p(x) \tag{5-48}$$

两组特征变量或特征变量与目标值之间的不确定性系数计算方法为:

$$r(X \mid Y) = \frac{H(X) - H(X \mid Y)}{H(X)} \tag{5-49}$$

特征集相关的分数计算方法为:

$$\text{Score} = \frac{k \overline{r_{cf}}}{\sqrt{k + k(k-1)\overline{r_{ff}}}} \tag{5-50}$$

式中:k 为特征集中含有的特征变量数;$\overline{r_{cf}}$ 为特征变量与目标值之间的平均相关系数;$\overline{r_{ff}}$ 为特征变量之间的平均相关系数。

2. 皮尔逊 χ^2 统计选择方法

皮尔逊 χ^2 统计选择方法是指用 χ^2 统计衡量不同特征相对于目标值的独立

性等级。在统计学中，χ^2测试用来测量两个变量间的独立性，特征选择中的χ^2系数计算方法为：

$$\chi^2(f,c) = \sum_{ij} \frac{(p(f=x_j,c_i) - p(f=x_j)p(c_j))^2}{p(f=x_j)p(c_j)} \tag{5-51}$$

式中：x_j为特征值；c_i为实际目标值；c_j为预测目标值。

式(5-51)可评价特征变量与目标值之间的独立性。在特征选择中，设定一个阈值I，独立性高于I的特征变量应该舍弃。

3. 皮尔逊相关系数选择方法

皮尔逊相关系数选择方法用于测试两个或多个变量间的线性相关性，采用PCC选择最优特征值[34]，当PCC用于测试一个样本时，r指样本皮尔逊相关系数，其计算公式为：

$$r = \frac{\sum_{i=1}^{n}(x_i - \overline{x})(y_i - \overline{y})}{\sqrt{\sum_{i=1}^{n}(x_i - \overline{x})^2}\sqrt{\sum_{i=1}^{n}(y_i - \overline{y})^2}} \tag{5-52}$$

式中：x_i为一组采样数据集；y_i为另一组采样数据集；n为采样数据的序列号。

在本节中，主要评价振动信号的特征值与刀具磨损值之间的线性相关性。基于计算量与计算效率，应用PCC作为特征选择标准，其中，x_i表示振动信号特征数据集，y_i表示相应的刀具磨损数据集。r值看作特征选择的标准，由于r值可以为负，其绝对值当作特征相关的得分，设置一个信任级别（$r = 0.90$），用于消除低于该级别的特征值，仅高于信任级别的特征值会保留在最后的特征值中。在时域、频域和时频域选择的特征值数量如表5-10所示，在提取的144个信号特征值中，有13个特征值被自动选择。

表 5-10　振动信号在时域、频域和时频域选择的特征值数量

传感器信号	时域	频域	时频域	特征值总量	选择的特征值
振动	27	21	96	144	13

5.2.6　建立预测模型

基于选择的特征值，估计刀具磨损，通过人工智能（artificial intelligence，AI）方法，如神经网络、模糊逻辑系统（fuzzy logic system，FLS）、神经模糊网络（neuro-fuzzy network，NFN）等实现。神经网络具备高容错性、高噪声抑制能力和自适应性，是刀具磨损预测的最佳选择。在本节中，用神经模糊网络实现

刀具状态监测与剩余寿命预测。

神经网络和模糊逻辑系统都能分别独立用于解决一个问题(例如模型预测、模式识别或密度估计),然而,它们分别独立使用与组合使用相比,确实有一些缺点:神经网络仅适合于解决由大量训练数据表示的问题,不需要该问题的经验知识,但综合规则不能直接从神经网络模型提取;相反,模糊逻辑系统需要综合规则而不是训练数据作为先验知识,因此,输入和输出变量需要从语义上描述,如果语义规则不完整、不正确或是矛盾的,则模糊逻辑系统需要通过启发式算法微调。神经网络和模糊逻辑系统组合形成神经模糊网络[35],继承各自单独使用时的优点,弥补其缺点。

1. 神经模糊网络架构

图 5-20 所示为神经模糊网络的架构。神经模糊网络是一个 5 层神经网络,与传统神经网络相比较,在任何一层的节点都有输入,节点对输入完成一个操作,形成一个输出(输入参数的函数)[36],其连接权重和隶属度函数也有极大不同。

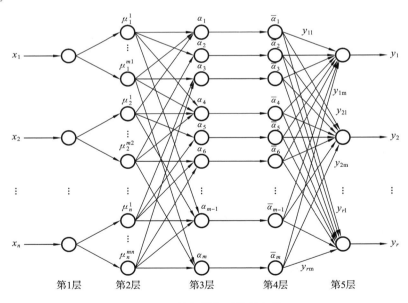

图 5-20 神经模糊网络的架构

第 1 层:该层节点的函数功能是直接将输入变量传输到下一层,例如,给定输入变量 $\boldsymbol{x} = \begin{bmatrix} x_1 & x_2 & \cdots & x_n \end{bmatrix}^{\mathrm{T}}$,该层节点数量为 n。

第 2 层:该层包含输入隶属度函数节点,这些节点将输入数字变量转换为模糊集(语义标签),即

$$\mu_i^j = \mu_{A_i^j}(x_i) \tag{5-53}$$

式中：i 为输入变量的维度，$i = 1，2，\cdots，n$；j 为对输入变量 x_i 模糊分割的数量，$j = 1，2，\cdots，m_i$。例如，高斯钟形函数作为隶属度函数，即

$$\mu_i^j = e^{-\frac{(x_i - c_{ij})^2}{\sigma_{ij}^2}} \tag{5-54}$$

式中：c_{ij} 为隶属度函数的中心值；σ_{ij} 为隶属度函数的宽度。该层节点数量为 $\sum\limits_{i=1}^{n} m_i$。

第 3 层：该层每个节点是一个模糊规则，对节点输入执行最小-最大模糊操作，每个规则的适应度计算方法为

$$\alpha_j = \min(\mu_1^{i_1}，\mu_2^{i_2}，\cdots，\mu_n^{i_n}) \tag{5-55}$$

或

$$\alpha_j = \mu_1^{i_1} \mu_2^{i_2} \cdots \mu_n^{i_n} \tag{5-56}$$

式中：$i_1 \in \{1，2，\cdots，m_1\}$；$i_2 \in \{1，2，\cdots，m_2\}$；$\cdots$；$i_n \in \{1，2，\cdots，m_n\}$；$j = 1，2，3，\cdots，m$；$m = \prod\limits_{i=1}^{n} m_i$。该层节点数量为 m。

第 4 层：该层节点执行归一化操作，即

$$\bar{\alpha}_j = \frac{\alpha_j}{\sum\limits_{i=1}^{m} \alpha_i} \tag{5-57}$$

式中：$j = 1，2，\cdots，m$。该层节点数量为 m。

第 5 层：该层节点为去模糊化和计算输出，每个规则为

$$y_{ij} = p_{j0}^l + p_{j1}^l x_1 + \cdots + p_{jm}^l x_n = \sum\limits_{i=0}^{n} p_{ji}^l x_i \tag{5-58}$$

式中：p_{ji}^l 为连接权重系数；$l = 1，2，\cdots，r$；$j = 1，2，\cdots，m$；$i = 0，1，2，\cdots，n$。其中 r 为输出值的数量；$x_0 = 1$ 是一个常量；m 为该层节点数量。神经模糊网络的输出为：

$$y_i = \sum\limits_{j=1}^{m} \bar{\alpha}_j y_{ij} \tag{5-59}$$

式中：$i = 1，2，\cdots，r$；y_i 为所有规则的权重和。

2. 神经模糊网络学习算法

学习参数包括 p_{ji}^l、c_{ij} 和 σ_{ij}，用误差反向传播迭代算法和一阶梯度优化算法来计算和微调这些参数，算法的最终目标是使误差 E 最小化。该误差定义为：

$$E = \frac{1}{2} \sum_{i=1}^{r} (t_i - y_i)^2 \tag{5-60}$$

式中：t_i 为实际输出值；y_i 为预测输出值。

1）连接权重系数 p_{ji}^l 微调

$$\frac{\partial E}{\partial p_{ji}^l} = \frac{\partial E}{\partial y_l} \frac{\partial y_l}{\partial y_{lj}} \frac{\partial y_{lj}}{\partial p_{ji}^l} = -(t_l - y_l) \bar{\alpha}_j x_i \tag{5-61}$$

$$p_{ji}^l(k+1) = p_{ji}^l(k) - \beta \frac{\partial E}{\partial p_{ji}^l} = p_{ji}^l(k) + \beta(t_l - y_l) \bar{\alpha}_j x_i \tag{5-62}$$

式中：$i = 1, 2, \cdots, n; j = 1, 2, \cdots, m; l = 1, 2, \cdots, r; \beta$ 为学习率。

p_{ji}^l 微调后，成为一个常量。

2）参数 c_{ij} 和 σ_{ij} 微调

参数 c_{ij} 和 σ_{ij} 微调步骤如下。

$$\delta_i^{(5)} = t_i - y_i \tag{5-63}$$

式中：$i = 1, 2, \cdots, n$。

$$\delta_j^{(4)} = \sum_{i=1}^{r} \delta_i^{(5)} y_{ij} \tag{5-64}$$

式中：$i = 1, 2, \cdots, n; j = 1, 2, \cdots, m$。

$$\delta_j^{(3)} = \delta_j^{(4)} \sum_{i=1, i \neq j}^{m} \alpha_i \Big/ \Big(\sum_{i=1}^{m} \alpha_i \Big)^2 \tag{5-65}$$

式中：$i = 1, 2, \cdots, n; j = 1, 2, \cdots, m$。

$$\delta_{ij}^{(2)} = \sum_{k=1}^{m} \delta_k^{(3)} s_{ij} e^{-\frac{x_i - c_{ij}}{\sigma_{ij}^2}^2} \tag{5-66}$$

式中：$i = 1, 2, \cdots, n; j = 1, 2, \cdots, m; k = 1, 2, \cdots, m, \delta_{ij}$ 为微调系数。

如果规则由式（5-55）计算，则 $s_{ij} = 1$，否则 $s_{ij} = 0$。如果规则由式（5-56）计算，则 $s_{ij} = \prod_{j=1, j \neq i}^{n} \mu_j^i$，否则 $s_{ij} = 0$。

参数 c_{ij} 和 σ_{ij} 微调步骤为：

$$\frac{\partial E}{\partial c_{ij}} = -\delta_{ij}^{(2)} \frac{2(x_i - c_{ij})}{\sigma_{ij}} \tag{5-67}$$

$$\frac{\partial E}{\partial \sigma_{ij}} = -\delta_{ij}^{(2)} \frac{2(x_i - c_{ij})^2}{\sigma_{ij}^3} \tag{5-68}$$

$$c_{ij}(k+1) = c_{ij}(k) - \beta \frac{\partial E}{\partial c_{ij}} \tag{5-69}$$

$$\sigma_{ij}(k+1) = \sigma_{ij}(k) - \beta \frac{\partial E}{\partial \sigma_{ij}} \tag{5-70}$$

式中：$i = 1, 2, \cdots, n$；$j = 1, 2, \cdots, m_i$；$k = 1, 2, \cdots, m$；β 为学习率。学习过程不断重复直至达到最小误差为止。

从刀具 c_1 和 c_2 的原始振动信号中，共产生 86400 个特征数据集，最终选择的特征数据集为 7800 个，用于训练模糊规则，归一化数据样本以备进一步使用。

进行刀具磨损预测时，首先输入训练数据集至神经模糊网络架构第 1 层，13 个被选择的特征值作为输入变量传输到网络；在第 2 层，数值型数据通过钟形隶属度函数模糊化；在第 3 层，用减法聚类方式产生初始的模糊推理系统（fuzzy inference system，FIS）结构，然后神经模糊网络应用误差反向传播迭代算法和一阶梯度优化算法微调学习参数；在第 4 层，归一化产生的规则，形成规则的前期部分；在第 5 层，对输出去模糊化，计算神经模糊网络带权重的全局输出。

第一个被选择的特征训练前后隶属度函数分布如图 5-21 所示，x 轴为输入特征的归一化数据（振动级别），y 轴为隶属度数据，每个输入变量有 4 个隶属度函数，训练后隶属度提高。根据相似度聚合数据集，隶属度函数构建后，用最小-最大模糊操作执行模糊规则，规则总数量为 $N(x_1)N(x_2)\cdots N(x_n)$，其中，$N(x_n)$ 为第 n 个输入变量的隶属度函数数量。

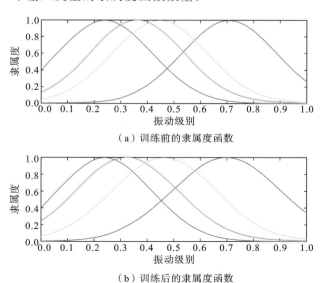

（a）训练前的隶属度函数

（b）训练后的隶属度函数

图 5-21　训练前后隶属度函数分布

5.2.7 刀具磨损监测与剩余寿命预测

1. 基于神经模糊网络的刀具磨损监测与剩余寿命预测

将神经模糊网络训练后的测试数据输入网络来预测刀具磨损。对于新的输入数据集,当新的模糊规则不能匹配任何已存在的规则时,这个新模糊规则将被相近的规则替换,导致误差被带到最终的结果中,因此,需要有大量的数据用于训练神经模糊网络,以确保训练规则的综合性,当有新的数据集可用时,神经模糊网络被再训练。在本节中,刀具 c_3 或 c_4 的 3900 个数据集作为测试数据依次输入神经模糊网络。

神经模糊网络的半径参数设置为 0.5,并且初始的模糊推理系统结构用减法聚类(genfis2)产生。神经模糊网络训练后,预测刀具 c_3 或 c_4 的磨损。在加工操作过程中,刀具的剩余寿命预测是刀具状态监测的最终目标。

图 5-22 所示的为 4 个刀具的刀具磨损量和刀具铣削工件长度之间的关系。所有刀具都从新刀开始加工工件,其中,刀具 c_1 和 c_2 的磨损量由便携式数字显微镜测量,刀具 c_3 和 c_4 的磨损量通过神经模糊网络预测。从图 5-22 看出,刀具 c_3 在铣削长度为 11300 mm(刀具磨损量为 101.5135×10^{-3} mm)时,刀具 c_4 在铣削长度为 12900 mm 和 12950 mm(刀具磨损量为 72.4967×10^{-3} mm 和 92.9041×10^{-3} mm)时,刀具磨损显著。刀具 c_1 在铣削长度分别为 500 mm 和 2500 mm 时的磨损情况如图 5-23 所示,图 5-23 所示的为实际刀具放大 135 倍所得。

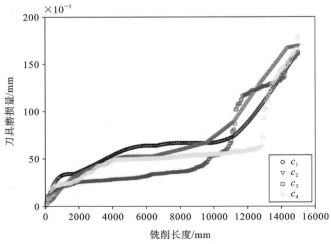

图 5-22 刀具磨损量和铣削长度之间的关系

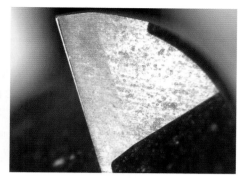

（a）铣削长度为500 mm时的刀具磨损　　　（b）铣削长度为2500 mm时的刀具磨损

图 5-23　刀具 c_1 在不同铣削长度时的磨损

在实验过程中,每个刀具加工工件的次数为 300 刀,设定加工过程中刀具的最大磨损量 $W_{max}=0.3$ mm,若要得到刀具寿命用尽时所铣削的最大长度,需要根据图 5-22 所示的数据进行刀具剩余使用寿命曲线回归分析。表 5-11 列出了各个刀具的回归多项式与最大铣削长度,图 5-24 所示的是刀具剩余使用寿命和铣削工件长度之间的关系,可以清晰地看出每次加工后刀具的剩余使用寿命和还能铣削的长度。

表 5-11　刀具剩余使用寿命曲线回归多项式与最大铣削长度

刀具	回归多项式	最大刀数	最大铣削长度/mm
c_1	$y=294.107-0.024x+3.432\times10^{-6}x^2-1.716\times10^{-10}x^3$	352	17600
c_2	$y=295.972-0.019x+2.567\times10^{-6}x^2-1.44\times10^{-10}x^3$	342	17100
c_3	$y=280.564-0.002x+4.707\times10^{-7}x^2-6.739\times10^{-11}x^3$	362	18100
c_4	$y=303.797-0.028x+4.687\times10^{-6}x^2-2.391\times10^{-10}x^3$	342	17100

2. 刀具磨损和剩余使用寿命的人机接口

在 Windows 7（32 位）操作系统下,基于 Eclipse 和 MATLAB 集成开发环境,构建刀具磨损和剩余使用寿命的用户友好接口。工件在同样的操作环境下被同类型的数控铣床加工,数控铣床装配有同类型的铣刀,如铣床 1 装配有铣刀 c_1,以此类推。刀具磨损量和剩余使用寿命的人机接口如图 5-25 所示,图中左半部分所示的是基于 RFID 的工件异常事件监测结果[37],右半部分所示的是铣刀的刀具磨损量"Wear"和剩余使用寿命"RUL"（这里用刀具还能加工工件的长度表示）。

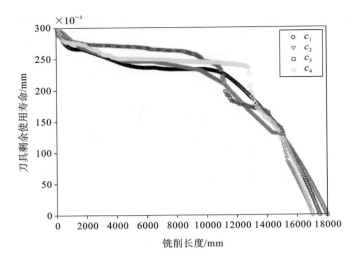

图 5-24　刀具剩余使用寿命和铣削长度之间的关系

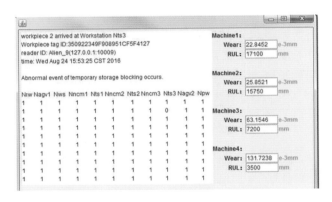

图 5-25　刀具磨损量和剩余使用寿命的人机接口

3. 不同预测模型比较

将同样的数据集输入到反向传播神经网络（back propagation neural network，BPNN）和径向基函数网络（radial basis function network，RBFN）中，预测刀具磨损量。预测模型参数设置如表 5-12 所示，反向传播神经网络的训练函数为 Levenberg-Marquardt，神经模糊网络的学习算法为误差反向传播迭代算法和一阶梯度优化算法。

三个模型的预测性能用均方误差（mean squared error，MSE）、平均绝对值百分比误差（mean absolute percentage error，MAPE）和 R^2 值来衡量，其误差比较如表 5-13 所示。通过实验结果比较，得出神经模糊网络有最小的均方误差和平均绝对值百分比误差,最大的 R^2 值,预测效果最好,径向基函数网络预测效果最差。

表 5-12　不同预测模型的参数设置

参数	反向传播神经网络	径向基函数网络	神经模糊网络
学习率	0.1	0.1	0.1
训练函数 (学习算法)	Levenberg-Marquardt	—	误差反向传播迭代算法 和一阶梯度优化算法
网络层数	3	3	5
每层节点数	13, 50, 1	13, 300, 1	13, 52, 128, 128, 1
训练数据	7800	7800	7800

表 5-13　不同模型的误差比较

误差	反向传播神经网络	径向基函数网络	神经模糊网络
均方误差	5.9975×10^{-4}	1.06×10^{-2}	3.257×10^{-4}
平均绝对值百分比误差	0.0308	0.1461	0.0224
R^2	0.9851	0.7373	0.9919

5.3　基于深度学习的刀具状态监测

近年来,随着"工业 4.0""中国制造 2025"相继提出,智慧工厂成为现代制造生产企业发展的目标。保障智慧工厂机械加工设备不停机是急需解决的问题,而机器停机主要是由加工设备持续的刀具磨损引起的[16]。为避免对加工工件的表面质量以及加工设备造成有害的影响,对刀具的实时监测与剩余寿命预测是非常重要的,它可保证刀具在磨损损坏前被及时更换。因此,在完全自动化的加工环境中,刀具磨损量的在线监测能够提高生产效率和降低生产成本。

深度学习(deep learning,DL)在语音、图像识别等方面表现出超凡的能力,若将其应用于机械设备故障诊断领域,特别是刀具磨损监测方面,想必会有较大的突破。深度学习方法相较于传统方法有很多优点:① 在对模型进行训练与测试前,传统方法需要对采样的传感器数据进行预处理,并提取、选择与刀具磨损相关的特征,这往往是费时费力的,而且要依赖于以往的经验知识,然而深度学习完全可以省略数据的预处理,直接应用原始数据进行模型训练与测试;② 传统方法使用浅层的学习模型,其收敛速度不可控,容易造成局部最优,而且当神经网络的层数多于两层时很难用传统的梯度下降法优化,但深度学习方法完全克服了这些缺点;③ 随着物联网等新一代信息技术的兴起,机械加工设备刀具的健康监测进入大数据时代,而深度学习在大数据处理方面与传统方法比较也具有明显的优势。二者的比较如图 5-26 所示。

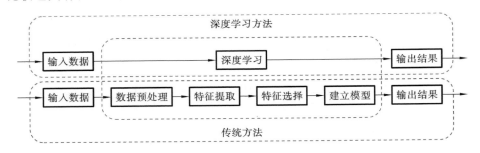

图 5-26　深度学习方法与传统方法的比较

在 1986 年,Dechter[38]首先介绍了满足约束条件的一阶深度学习和二阶深度学习的概念,之后将其用于特征提取。深度学习具有多层非线性处理单元串联的网络结构,这些非线性处理单元主要用于特征提取与转换。深度学习算法包括无监督学习(模式分析)算法和监督学习(模式分类)算法,无监督学习算法用于数据特征的多层提取与表达,监督学习算法用于数据特征的分类。深度学习模型有许多不同的结构与变体,诸如堆栈式自动编码器(stacked auto-encoder,SAE)、深度置信网络(deep belief network,DBN)、深度递归神经网络(deep recurrent neural networks,DRNN)、深度增强学习(deep reinforcement learning,DRL)、卷积神经网络(convolutional neural networks,CNN)等。

5.3.1　卷积神经网络

卷积神经网络应用比较成熟,尤其是在图像分类方面,Hubel 和 Wiesel[39]在研究猫脑皮层中的神经元时,首先提出卷积神经网络的概念。卷积神经网络是一种前向神经网络,由许多卷积层(convolutional layer)、池化层(pooling layer)和全连接层(fully-connected layer)组成[40],其结构如图 5-27 所示。

1. 卷积层

由于图片都具有其固有属性,任意从较大尺寸图片学习到一些子块特征后,可以将学习到的特征作为探测器,应用在图片的任何部位,即学习到的特征子块与图片卷积,由此在图片的各个部位获得不同的特征激活值。在卷积层,上一层的特征映射与卷积核卷积,再通过激活函数得到输出的特征映射,每个

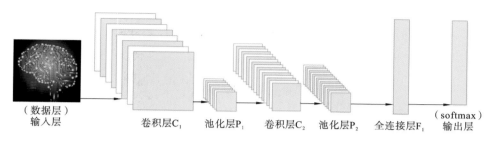

（数据层）
输入层　　　　　卷积层C₁　池化层P₁　卷积层C₂　池化层P₂　全连接层F₁（softmax）
　　　　　　　　　　　　　　　　　　　　　　　　　　　　　　　　　　输出层

图 5-27　卷积神经网络结构

输出映射可以是组合卷积多个输入映射的值,其计算方法为:

$$x_j^l = f\left(\sum_{i \in M_j} x_i^{l-1} * k_{ij}^l + b_j^l\right) \tag{5-71}$$

式中:M_j 为输入特征映射的集合;l 为网络层;k 为尺寸为 $w \times h$ 的卷积核;f 为非线性激活函数(通常为双曲正切或 Sigmoid 函数);b 为每个输出映射的附加偏置。

2. 池化层

通过卷积可提取大量的特征,若将这些特征全部输入用于分类,则容易导致过拟合。为了描述某个较大尺寸的图片,可以聚合不同部位的这些特征,例如:计算某个图片某个区域特征值的平均值或最大值,这个概要统计量的维度远远低于提取原始特征值的维度,而且能够提高分类结果(防止过拟合)。池化层即子采样层,分为上采样(upsample)层和下采样(downsample)层,这里只讨论下采样层。

若有 N 个输入特征映射,则有 N 个输出特征映射,只是缩小了输出特征值的尺寸,即

$$x_j^l = f(\beta_j^l \text{downsample}(x_i^{l-1}) + b_j^l) \tag{5-72}$$

式中:downsample(·)为下采样函数;β 是输出特征映射的倍数偏置。

3. 全连接层

全连接层实现分类决策,此时,不存在特征映射的空间顺序,变为一维特征向量,分类如下:

$$y = \text{softmax}(\boldsymbol{W}x + \boldsymbol{b}) \tag{5-73}$$

式中:softmax 为分类器;$\boldsymbol{W}$ 为权重矩阵;$\boldsymbol{b}$ 为偏置矩阵。

在典型的卷积神经网络中,最初几层卷积层和池化层之间相互交替,在最后靠近输出的一些层是全连接层组成的一维网络层(二维特征转换为一维向量),将所有输出的特征映射连接成一个长的输入向量,应用正向与反向传播算

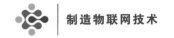

法训练网络。

正向传播中,关注方差损耗函数,对于 N 个训练样本分为 C 类的卷积神经网络,其方差为:

$$E^N = \frac{1}{2} \sum_{n=1}^{N} \sum_{k=1}^{C} (t_k^n - y_k^n)^2 \tag{5-74}$$

式中:t_k^n 为训练样本中的标签值;y_k^n 为卷积神经网络的输出值。

整个训练样本集的误差是各个样本误差之和。若考虑单个样本,则第 n 个训练样本的误差为:

$$E^N = \frac{1}{2} \sum_{k=1}^{C} (t_k^n - y_k^n)^2 = \frac{1}{2} \| t^n - y^n \|_2^2 \tag{5-75}$$

当前层的网络输出为:

$$\begin{cases} \boldsymbol{X}^l = f(\boldsymbol{u}^l) \\ \boldsymbol{u}^l = \boldsymbol{W}^l \boldsymbol{x}^{l-1} + \boldsymbol{b}^l \end{cases} \tag{5-76}$$

反向传播中,误差被认为是相对于偏置的灵敏度,即

$$\delta = \frac{\partial E}{\partial b} = \frac{\partial E}{\partial u} \frac{\partial u}{\partial b} \tag{5-77}$$

由于 $\frac{\partial u}{\partial b} = 1$,则有

$$\frac{\partial E}{\partial b} = \frac{\partial E}{\partial u} \tag{5-78}$$

灵敏度(导数)从输出层至输入层向后传播,遵循以下递归关系:

$$\boldsymbol{\delta}^l = (\boldsymbol{W}^{l+1})^{\mathrm{T}} \boldsymbol{\delta}^{l+1} \cdot f'(\boldsymbol{u}^l) \tag{5-79}$$

式中:"·"表示按元素相乘。

最后用 Delta 规则更新权重,误差对权重的偏导就是输入向量(上一层的输出向量)和灵敏度向量的外积,即

$$\frac{\partial E}{\partial \boldsymbol{W}^l} = \boldsymbol{x}^{l-1} (\boldsymbol{\delta}^l)^{\mathrm{T}} \tag{5-80}$$

$$\Delta \boldsymbol{W}^l = -\eta \frac{\partial E}{\partial \boldsymbol{W}^l} \tag{5-81}$$

式中:η 为学习率。

5.3.2 基于卷积神经网络的刀具磨损监测方法

卷积神经网络成功训练多层神经网络,是目前为止应用较广泛的深度学习模型。刀具磨损监测采用卷积神经网络对加工过程中振动信号的能量频谱图进行训练,从而能够准确识别刀具的磨损程度。

1. 刀具磨损监测的卷积神经网络模型

刀具磨损监测的卷积神经网络采用 Caffe 团队对 ImageNet 图片进行训练的模型[41]，该模型经过 30 多万次迭代训练，可以将图片分为 1000 类，是目前最好的图片分类模型。由于本节用于刀具磨损监测的样本数量少，只需要分为 3 类，因此对该模型进行了修改，模型初始化参数采用 Caffe 团队已经训练好的最优参数，模型的输出改为 3 类输出，使其更精确地应用于刀具磨损监测与刀具寿命预测，修改后的模型被命名为 Wearnet。修改后的卷积神经网络模型的结构示意图如 5-28 所示。工件加工过程中产生的原始振动信号经过小波包变换为能量频谱图片，该图片尺寸转换为 256×256；再将输入的图片随机裁剪为统一尺寸 227×227，作为卷积神经网络模型的输入数据。由图中可以看出，该卷积神经网络模型由 1 个输入层、5 个卷积层（C_1、C_2、C_3、C_4、C_5）、3 个池化层（P_1、P_2、P_5）和 3 个全连接层（F_6、F_7、F_8）组成。

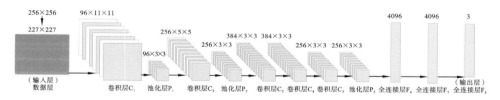

图 5-28　刀具磨损监测的卷积神经网络模型的结构

1）卷积

给出一些尺寸较大的图片 $x_{\text{large}}(r\times c)$，首先在图片的子采样（卷积核）$x_{\text{small}}$ $(w\times h)$ 上训练一个稀疏自动编码器，学习 k 个特征：

$$f=\sigma(\boldsymbol{W}^{(1)}x_{\text{small}}+\boldsymbol{b}^{(1)})\tag{5-82}$$

式中：σ 为 S 型函数（Sigmoid）；$\boldsymbol{W}^{(1)}$ 和 $\boldsymbol{b}^{(1)}$ 分别为显层单元到隐层单元的权重矩阵和偏置矩阵。

对于较大图片的每个子块 $x_{\text{s}}(w\times h)$，得到特征为：

$$f_{\text{s}}=\sigma(\boldsymbol{W}^{(1)}x_{\text{s}}+\boldsymbol{b}^{(1)})\tag{5-83}$$

则 f_{s} 为一个卷积特征映射，其尺寸计算方法为：

$$S(f_{\text{s}})=k\times[((r+2\times\text{pad}-w)/\text{stride})+1]\times[((c+2\times\text{pad}-h)/\text{stride})+1]$$

$$\tag{5-84}$$

式中：k 为卷积核个数；pad 为边缘扩展参数，默认值为 0；stride 为卷积核步长，默认值为 1。

例如，在图 5-28 所示的卷积神经网络模型中，输入尺寸为 227×227 的能量频谱图片,卷积层 C_1 采用尺寸为 $96 \times 11 \times 11$ 的卷积核对输入的图片卷积,设 pad$=0$,stride$=4$,则卷积后输出的特征映射尺寸为 $96 \times 55 \times 55$。

2)池化

通常来讲,在获得卷积特征映射后,确定池化核尺寸 $k_p (m \times n)$,然后将卷积特征映射划分为若干不相交的 $m \times n$ 区域。池化包括最大值池化、平均值池化和随机值池化,即获得这些区域的最大、平均或随机特征值,从而得到池化后的特征。设 $f_s(r \times c)$ 是一个卷积特征映射,用最大值池化方法,则

$$p_s = \max_{m \times n}(f_s) \tag{5-85}$$

池化后的特征映射尺寸计算方法为:

$$S(p_s) = k \times [((r + 2 \times pad - m)/stride) + 1] \times [((c + 2 \times pad - n)/stride) + 1] \tag{5-86}$$

式中:k 为池化核个数;pad 为边缘扩展参数,默认值为 0;stride 为池化核步长,默认值为 1(通常设为 2,即池化区域不重叠)。

例如,在图 5-28 所示的为池化层 P_1 输入尺寸为 $96 \times 55 \times 55$ 的特征映射,采用尺寸为 $96 \times 3 \times 3$ 的池化核对输入的特征映射池化,设 pad$=0$,stride$=2$,池化后生成尺寸为 $96 \times 27 \times 27$ 的特征映射。

3)模型参数梯度计算

设 $\boldsymbol{\delta}^{(l+1)}$ 是代价函数 $J(\boldsymbol{W}, \boldsymbol{b}; x, y)$ 中第 $l+1$ 层的误差项,其中,$(\boldsymbol{W}, \boldsymbol{b})$ 是参数,(x, y) 是训练数据和标签数据对。如果第 l 层连接到第 $l+1$ 层,则第 l 层的误差为:

$$\boldsymbol{\delta}^{(l)} = ((\boldsymbol{W}^{(l)})^{\mathrm{T}} \boldsymbol{\delta}^{(l+1)}) \cdot f'(\boldsymbol{z}^{(l)}) \tag{5-87}$$

梯度为:

$$\nabla_{W^{(l)}} J(\boldsymbol{W}, \boldsymbol{b}; x, y) = \boldsymbol{\delta}^{(l+1)} (\boldsymbol{\alpha}^{(l)})^{\mathrm{T}} \tag{5-88}$$

$$\nabla_{b^{(l)}} J(\boldsymbol{W}, \boldsymbol{b}; x, y) = \boldsymbol{\delta}^{(l+1)} \tag{5-89}$$

如果第 l 层是卷积层,误差通过以下公式传播:

$$\delta_k^{(l)} = \text{upsample}((\boldsymbol{W}_k^{(l)})^{\mathrm{T}} \delta_k^{(l+1)}) \cdot f'(z_k^{(l)}) \tag{5-90}$$

式中:upsample$(\cdot)$ 是上采样函数,上采样操作计算池化层每个单元的误差,从而将误差通过池化层传播到卷积层;k 是内核序号;$f'(z_k^{(l)})$ 是激活函数的导数。

最后,计算内核映射的梯度为:

$$\nabla_{W_k^{(l)}} J(\boldsymbol{W}, \boldsymbol{b}; x, y) = \sum_{i=1}^{m} (\alpha_i^{(l)}) * \text{rot90}(\delta_k^{(l+1)}, 2) \tag{5-91}$$

$$\nabla_{b_k^{(l)}} J(\boldsymbol{W}, \boldsymbol{b}; x, y) = \sum_{a,b} (\delta_k^{(l+1)})_{a,b} \tag{5-92}$$

式中：$\alpha^{(l)}$ 为输入到第 l 层的图片。操作 $(\alpha_i^{(l)}) * \delta_k^{(l+1)}$ 为第 l 层的第 i 个输入和第 k 个神经元内核误差的卷积。

4）参数训练与微调

在实际的计算中，批处理优化方法对整个训练数据集的计算代价和梯度是非常低的，太大的数据集在单台机器上很难运行；批处理优化方法的另一个问题是在线设置中不能将新的数据集包含进来。随机梯度下降（stochastic gradient descent，SGD）方法解决了这些问题，在神经网络中应用该优化方法，可导致网络快速收敛。

传统的梯度下降算法采用以下公式更新目标 $J(\boldsymbol{\theta})$ 的参数 $\boldsymbol{\theta}$：

$$\boldsymbol{\theta} = \boldsymbol{\theta} - \alpha \, \nabla_\theta E[J(\boldsymbol{\theta})] \tag{5-93}$$

式中：期望 $E[J(\boldsymbol{\theta})]$ 为全部训练数据集的计算代价与梯度的估计值；α 为学习率。

随机梯度下降方法在更新和计算参数的梯度时，取消了期望项，而仅仅使用单个或一些训练样本，即

$$\boldsymbol{\theta} = \boldsymbol{\theta} - \alpha \, \nabla_\theta J(\theta; x^{(i)}, y^{(i)}) \tag{5-94}$$

式中：$(x^{(i)}, y^{(i)})$ 为训练集数据对；α 为学习率。

在计算随机梯度下降时，深度结构的目标有局部最优形式，传统的随机梯度下降会导致局部收敛，增加动量（momentum）参数是一种改进方法，能够快速推挤目标。动量更新公式为：

$$v = \gamma v + \alpha \, \nabla_\theta J(\boldsymbol{\theta}; x^{(i)}, y^{(i)}) \tag{5-95}$$

$$\boldsymbol{\theta} = \boldsymbol{\theta} - v \tag{5-96}$$

式中：v 为当前的速度向量，与参数 $\boldsymbol{\theta}$ 有同样的维度；α 为学习率；$\gamma \in (0, 1)$，通常取 0.5。

2. 刀具磨损监测流程

基于卷积神经网络的刀具磨损监测流程如图 5-29 所示。卷积神经网络的输入数据包括能量频谱图（数据类型）和磨损分类（标签类型），能量频谱图的特征提取与表达通过卷积层（C_1、C_2、C_3、C_4、C_5）、池化层（P_1、P_2、P_5）和全连接层（F_6、F_7）实现。

尺寸为 227×227 的能量频谱图片输入卷积神经网络，卷积层 C_1 采用尺寸为 $96 \times 11 \times 11$ 的卷积核对输入的图片卷积，卷积核步长为 4，生成尺寸为 $96 \times 55 \times 55$ 的特征图；由卷积层 C_1 生成的特征图输入池化层 P_1，池化层 P_1 采用尺寸为 $96 \times 3 \times 3$ 的池化核对输入的特征图池化（压缩），池化核的步长为 2，生成尺寸为 $96 \times 27 \times 27$ 的特征图；由池化层 P_1 生成的特征图输入卷积层 C_2，卷积

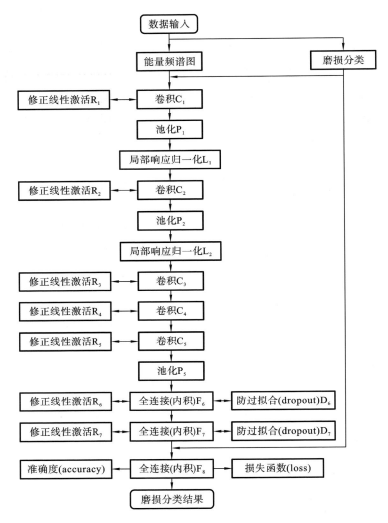

图 5-29　基于卷积神经网络的刀具磨损监测流程

层 C_2 采用尺寸为 $256 \times 5 \times 5$ 的卷积核对输入的图片卷积,边缘扩展值为 2,生成尺寸为 $256 \times 27 \times 27$ 的特征图;由卷积层 C_2 生成的特征图输入池化层 P_2,池化层 P_2 采用尺寸为 $256 \times 3 \times 3$ 的池化核对输入的特征图池化,池化核的步长为 2,生成尺寸为 $256 \times 13 \times 13$ 的特征图;由池化层 P_2 生成的特征图输入卷积层 C_3,卷积层 C_3 采用尺寸为 $384 \times 3 \times 3$ 的卷积核对输入的特征图卷积,边缘扩展值为 1,生成尺寸为 $384 \times 13 \times 13$ 的特征图;由卷积层 C_3 生成的特征图输入卷积层 C_4,卷积层 C_4 采用尺寸为 $384 \times 3 \times 3$ 的卷积核对输入的图片卷积,边缘扩展值为 1,生成尺寸为 $384 \times 13 \times 13$ 的特征图;由卷积层 C_4 生成的特征图输入卷积层 C_5,卷积层 C_5 采用尺寸为 $256 \times 3 \times 3$ 的卷积核对输入的图片卷积,边缘扩展值为 1,生成尺寸为 $256 \times 13 \times 13$ 的特征图;由卷积层 C_5 生成的特征图输入池化层 P_5,池化层 P_5 采用尺寸为 $256 \times 3 \times 3$ 的池化核对输入的特征图池化,池化核的步长为 2,生成尺寸为 $256 \times 6 \times 6$ 的特征图;由池化层 P_5 生成的特征图输入全连接层 F_6、F_7,F_6 和 F_7 全连接层都输出 $4096 \times 1 \times 1$ 的特征向量;全连接层 F_8(输出层)输出 3 种经过分类的刀具磨损程度值。

每个卷积层都连接修正线性单元(rectified-linear unit,RLU),完成卷积层数据的线性激活,RLU 激活函数为:

$$f(x) = \max(x, 0) \tag{5-97}$$

池化层 P_1、P_2 连接局部响应归一化(local response normalization,LRN)层,该层对池化层 P_1、P_2 输出的特征图进行归一化操作,达到"侧抑制"的效果,归一化公式为:

$$b_{x,y}^i = a_{x,y}^i \Big/ \Big(k + \alpha \sum_{j=\max(0,i-n/2)}^{\min(N-1,i+n/2)} (a_{x,y}^j)^2\Big)^{\beta} \tag{5-98}$$

式中:α 为缩放因子;β 为指数项;k 为超参数;n 为同一个位置上邻近的内核映射数量;N 为内核总数量。

在全连接层 F_6 和 F_7 增加了防止过拟合的正则化策略(dropout)。能量频谱图的特征分类在全连接层 F_8 实现,磨损分类标签数据也接入该层,进行能量频谱图与标签数据的训练后,输出磨损分类结果,同时输出预测准确度与损失函数值。

5.3.3 实验与分析

刀具磨损监测是自动化机械制造加工过程中很重要的环节。刀具加工环境恶劣多变,影响刀具磨损的因素很多,但不可能采集全部的变量因素,而且传统的刀具磨损智能监测与预测方法,需要对采集的信号进行预处理、特征提取和特征选择等操作。然而面对复杂的加工环境,从大量的实时监测数据中准确提取与磨损相关的信号特征似乎很难做到。本节应用无线三轴加速度计采集工件加工过程中的振动信号,无需去噪的原始数据通过小波包变换得到相对应的能量频谱图,只采用深度学习的卷积神经网络模型,将无监督学习与监督学习相结合,就可完成刀具磨损特征的自适应提取与磨损程度分类识别。

1. 深度学习平台与数据库

深度学习硬件平台采用 Rt. Dev Top 深度学习机器:Core i7 处理器,主频

3.5 GHz,内存 64 GB,4 个 NVIDIA GeForce TITAN X 图形处理器(graphics processing unit,GPU)。软件平台使用 Ubuntu 14.04.2 操作系统,Caffe 深度学习框架,NVIDIA DIGITS 图形界面操作软件,以及统一计算设备架构(compute unified device architecture,CUDA)工具包(包括深度学习神经网络库)。

实验采用 5.2 节中图 5-11 所示的刀具状态监测和剩余寿命预测实验装置,并选用其中 3 只铣刀铣削过程中的振动信号,用小波包变换执行 5 层分解,得到 892 张能量频谱图,经过压缩转换成尺寸为 256×256 的输入图片,随机选取其中的 75% 作为训练数据,剩余的 25% 作为测试数据。根据实际测量的刀具磨损量,将图片分为 3 类(标签数据),详细的刀具磨损程度分类如表 5-14 所示。

表 5-14 刀具磨损程度分类

标签分类	磨损量/mm	磨损程度
1	0~0.1	轻微磨损
2	0.1~0.2	中等磨损
3	0.2~0.3	严重磨损

2. 卷积神经网络不同模型比较

实验中,除了用改进的 Caffe 团队训练的 Wearnet(原命名为 ImageNet)模型外,还应用了 NVIDIA DIGITS 软件自带的 Alexnet[42] 模型与 GoogLenet[43] 模型。Alexnet 模型是多伦多大学的 Alex Krizhevsky 提出的深度卷积神经网络模型,应用于 2012 年大规模视觉识别挑战赛(ImageNet Large-Scale Visual Recognition Challenge 2012,ILSVRC12)。该神经网络包含约 600000000 个参数和 650000 个神经元,并增加了防止过拟合的正则化 dropout 策略。GoogLenet 模型是在谷歌提出的深度卷积神经网络架构(代号为 Inception)的基础上,应用于 2014 年大规模视觉识别挑战赛(ILSVRC14)的 22 层深度网络模型。该模型基于赫布理论与多尺度处理原则,提高了神经网络内部计算资源的运算效率,并且在保持计算资源恒定的情况下,增加了神经网络的深度与广度。

3 个模型设置同样的训练参数,如表 5-15 所示。输入同样的训练与测试图片,基础学习率为 0.001,学习策略为步进方法,最大训练迭代次数为 1200,权重衰减(weight decay)为 0.0005,神经网络参数的优化算法为随机梯度下降(SGD)方法;神经网络进行测试时,每训练 6 次进行 1 次测试,测试间隔为 6 次;输入的图片分批处理,批处理的图片数量为 128 张。

表 5-15　模型参数设置

参数	Wearnet	Alexnet	GoogLenet
基础学习率	0.001	0.001	0.001
学习策略	step	step	step
最大训练迭代次数	1200	1200	1200
权重衰减	0.0005	0.0005	0.0005
优化算法	SGD	SGD	SGD
测试间隔	6	6	6
批处理数量	128	128	128

当用表 5-15 所示设置的参数对以上 3 个深度卷积神经网络进行训练与测试时,得到不同的预测准确度(accuracy)与损失函数值(loss),图 5-30、图 5-31 和图 5-32 所示的分别为 Wearnet 模型、Alexnet 模型和 GoogLenet 模型的预测准确度与损失函数值,其中 x 轴表示测试的迭代次数。其中,GoogLenet 模型含有 3 个分类器,在训练与测试阶段各个分类器分别输出相应的预测准确度与损失函数值。从图 5-30、图 5-31、图 5-32 可以看出,预测准确度仅仅发生在深度神经网络的测试阶段,而损失函数值在训练和测试阶段都会发生。在预测准确度方面,Wearnet 模型和 GoogLenet 模型在测试开始阶段就已经达到较高的准确度,在开始的前 20 次迭代周期(相对应的训练周期为 120)内,这 2 个模型

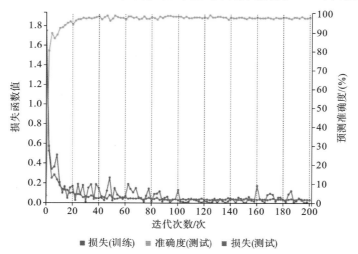

图 5-30　Wearnet 模型预测准确度与损失函数值

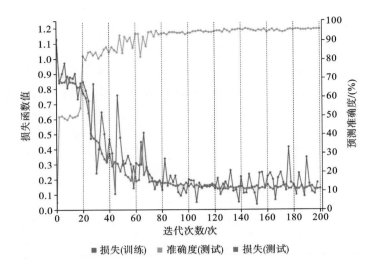

损失(训练)　　准确度(测试)　　损失(测试)

图 5-31　Alexnet 模型预测准确度与损失函数值

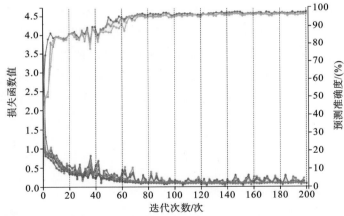

分类器1/损失(训练)　分类器2/损失(训练)　分类器3/损失(训练)　分类器1/损失(测试)　分类器1/准确度(测试)

分类器2/损失(测试)　分类器2/准确度(测试)　分类器3/损失(测试)　分类器3/准确度(测试)

图 5-32　GoogLenet 模型预测准确度与损失函数值

的预测准确度在 80%～90% 范围内,而 Alexnet 模型的预测准确度在 50% 左右。之后,Wearnet 模型的预测准确度迅速达到 98% 左右,并保持相对稳定,直到测试结束为止。Alexnet 模型和 GoogLenet 模型在第 20～80 次迭代周期内,预测准确度缓慢提高到 96% 左右,之后,这 2 个模型的预测准确度也相对保持稳定,直到测试结束为止。在损失函数值方面,3 个模型的各层损失函数值在训练阶段波动比较大,但总体趋势是随着训练周期增加而减小;在测试阶段损失函数值相对平稳,总体趋势随着测试周期增加而减小。

3 个模型的预测准确度与损失函数值如表 5-16 所示,GoogLenet 模型有 3 个分类器,其预测准确度是 3 个分类器的最大值。从表 5-16 可以看出,采用 Wearnet 模型时,输出的预测准确度最高为 98.05%,损失函数值最小为 0.0353,其他 2 种模型也有较好的输出效果,但略次于 Wearnet 模型的。

表 5-16　3 个模型的预测准确度与损失函数值

模型	准确度/(%)	损失函数值
Wearnet	98.05	0.0353
Alexnet	96.09	0.1379
GoogLenet	97.66	0.0859

3. 深度卷积神经网络与传统神经网络比较

5.2 节介绍了应用传统神经网络进行刀具磨损预测的方法,应用小波包变换对无线加速度传感器采样的振动信号实施去噪。振动信号在时域、频域和时频域总共提取 144 个信号特征,根据皮尔逊相关系数准则,共有 13 个特征被选择,被选择的特征输入传统的神经网络实现刀具磨损预测。在实验中,选择的传统神经网络包括反向传播神经网络(BPNN)、径向基函数网络(RBFN)和神经模糊网络(NFN)。深度卷积神经网络与传统神经网络预测准确度的比较如表 5-17 所示。

表 5-17　深度卷积神经网络与传统神经网络预测准确度的比较

预测方法	模型	准确度/(%)
深度卷积神经网络	Wearnet	98.05
	Alexnet	96.09
	GoogLenet	97.66
传统神经网络	BPNN	90.92
	RBFN	85.39
	NFN	97.56

由表 5-17 可知,深度卷积神经网络的预测准确度明显高于传统神经网络 BPNN 和 RBFN 的,而传统神经网络 NFN 也能达到比较高的预测准确度,这是由于在 NFN 中引入了模糊规则,并且在对 NFN 的学习参数微调时使用了

误差反向传播迭代算法与一阶梯度优化算法。总体来说，在刀具磨损预测中，深度卷积神经网络比传统神经网络的预测过程简单，并且具有较高的预测准确度。

本章参考文献

[1] 张存吉. 智慧制造环境下感知数据驱动的加工作业主动调度方法研究[D]. 广州：华南理工大学，2016.

[2] LIU H, DARABI H, BANERJEE P, et al. Survey of wireless indoor positioning techniques and systems[J]. IEEE Transactions on Systems, Man and Cybernetics, Part C：Applications and Reviews, 2007, 37 (6)：1067-1080.

[3] SANPECHUDA T, KOVAVISARUCH L. A review of RFID localization：applications and techniques [C]//ALI M T, RAHMAN T A, KAMAMDIN M R. 5th International Conference on Electrical Engineering/Electronics, Computer, Telecommunications and Information Technology. Krabi：IEEE, 2008：769-772.

[4] WANG F S, LIU S R, LIU P Y. Complex RFID event processing[J]. International Journal on Very Large Data Bases, 2009, 18(4)：913-931.

[5] WANG F, LIU S, LIU P. A temporal RFID data model for querying physical objects[J]. Pervasive and Mobile Computing, 2010, 6 (3)：382-397.

[6] ZHONG R Y, HUANG G Q, DAI Q, et al. Mining SOTs and dispatching rules from RFID-enabled real-time shopfloor production data[J]. Journal of Intelligent Manufacturing, 2014, 25(4)：825-843.

[7] Esper Team and Esper Tech Inc. Esper reference version 5. 2. 0 [EB/OL]. (2015-03-15)[2016-04-20]. http：//www. espertech. com/esper/release-5. 2. 0/esper-reference/pdf/esper_reference. pdf.

[8] DAVIS J. Open source SOA[M]. Greenwich：Manning Publications Co. , 2009：61-79.

[9] TRANSCENDS, LLC. Rifidi® edge server developer's guide [EB/OL]. (2015-03-15)[2016-04-20]. http：//www. transcends. co/www/docs/Rifidi_Edge_Server_Developer_3. 2. pdf.

[10] BUETTNER M，WETHERALL D. An empirical study of UHF RFID performance［C］//GARCIA-LUNA-ACEVES J J，SIVAKUMAR R，STEENKISTE P. Proceedings of the 14th ACM International Conference on Mobile Computing and Networking. San Francisco：ACM，2008：223-234.

[11] JEFFERY S R，GAROFALAKIS M，FRANKLIN M J. Adaptive cleaning for RFID data streams［C］//DAYAL U，WHANG K Y，LOMET D，et al. Proceedings of the 32nd International Conference on Very Large Data Bases. Seoul：2006.

[12] LI L J，LIU T，RONG X，et al. An Improved RFID Data Cleaning Algorithm Based on Sliding Window［C］// WANG Y H，ZHANG X M. Internet of things . Berlin：Springer，2012：262-268.

[13] ZHAO H S，TAN J，ZHU Z Y，et al. Limitation of RFID Data Cleaning Method—SMURF［C］//CHIZARI H，EMBI M R，YATIM Y M，et al. Proceedings of the 2013 IEEE International Conference on RFID-Technologies and Applications (RFID-TA).Johor Bahru：IEEE，2013.

[14] HAN J，KAMBER M，PEI J. Data mining：concepts and techniques ［M］. San Francisco：Morgan kaufmann，2006.

[15] KIM J，INOUE K，ISHII J，et al. A MicroRNA feedback circuit in midbrain dopamine neurons［J］. Science，2007，317(5842)：1220-1224.

[16] REHORN A G，JIANG J，ORBAN P E. State-of-the-art methods and results in tool condition monitoring：a review［J］. International Journal of Advanced Manufacturing Technology，2005，26(7-8)：693-710.

[17] ZHU K，SAN WONG Y，HONG G S. Wavelet analysis of sensor signals for tool condition monitoring：a review and some new results［J］. International Journal of Machine Tools and Manufacture，2009，49(7)：537-553.

[18] KURADA S，BRADLEY C. A review of machine vision sensors for tool condition monitoring［J］. Computers in Industry，1997，34(1)：55-72.

[19] CHO S，BINSAEID S，ASFOUR S. Design of multisensor fusion-based tool condition monitoring system in end milling［J］. International Journal of Advanced Manufacturing Technology，2010，46(5-8)：681-694.

[20] SIDDHPURA A，PAUROBALLY R. A review of flank wear prediction methods for tool condition monitoring in a turning process[J]. International Journal of Advanced Manufacturing Technology，2013，65(1-4)：371-393.

[21] WU Y，DU R. Feature extraction and assessment using wavelet packets for monitoring of machining processes[J]. Mechanical Systems and Signal Processing，1996，10(1)：29-53.

[22] LEI Y，ZUO M J，HE Z，et al. A multidimensional hybrid intelligent method for gear fault diagnosis[J]. Expert Systems with Applications，2010，37(2)：1419-1430.

[23] AKYILDIZ I F，SU W，SANKARASUBRAMANIAM Y，et al. Wireless sensor networks：a survey[J]. Computer Networks，2002，38(4)：393-422.

[24] LOW K S，WIN W N N，ER M J. Wireless sensor networks for industrial environments [C]//Proceedings of the Computational Intelligence for Modelling，Control and Automation and International Conference on Intelligent Agents，Web Technologies and Internet Commerce (CIMCA-IAWTIC). Vienna：IEEE，2006：271-276.

[25] ÅKERBERG J，GIDLUND M，BJ RKMAN M. Future research challenges in wireless sensor and actuator networks targeting industrial automation [C]//Proceedings of the 9th IEEE International Conference on Industrial Informatics. Lisbon：IEEE，2011：410-415.

[26] GUNGOR V C，HANCKE G P. Industrial wireless sensor networks：challenges，design principles，and technical approaches[J]. IEEE Transactions on Industrial Electronics，2009，56(10)：4258-4265.

[27] 葛哲学，沙威. 小波分析理论与 MATLAB R2007 实现[M]. 北京：电子工业出版社，2007.

[28] 李建平，杨万年. 小波十讲[M]. 北京：国防工业出版社，2011.

[29] 张旭东，詹毅，马永琴. 不同信号的小波变换去噪方法[J]. 石油地球物理勘探，2007，42：118-123.

[30] DONOHO D L. De-noising by soft-thresholding[J]. IEEE Transactions on Information Theory，1995，41(3)：613-627.

[31] 余琼芳. 基于小波分析及数据融合的电气火灾预报系统及应用研究[D]. 秦皇岛：燕山大学，2013.

[32] BUSCH P，HEINONEN T，LAHTI P. Heisenberg's uncertainty principle[J]. Physics Reports，2007，452(6)：155-176.

[33] COIFMAN R R，WICKERHAUSER M V. Entropy-based algorithms for best basis selection[J]. IEEE Transactions on Information Theory，1992，38(2)：713-718.

[34] LI X，LIM B，ZHOU J，et al. Fuzzy neural network modelling for tool wear estimation in dry milling operation [EB/OL]. [2016-02-23]. http：//www. phmsociety. org/sites/phmsociety. org/files/phm _ submission/2009/phmc_09_68. pdf.

[35] 李国勇，杨丽娟. 神经·模糊·预测控制及其 MATLAB 实现[M]. 3 版. 北京：电子工业出版社，2013.

[36] ZHA X F. Soft computing in engineering design：A fuzzy neural network for virtual product design [C]//ABRAHAM A，BAETS B D，KÖPPEN M，et al. Applied Soft Computing Technologies：the Challenge of Complexity. Berlin：Springer Berlin Heidelberg，2006：775-784.

[37] ZHANG C，YAO X，ZHANG J. Abnormal condition monitoring of workpieces based on RFID for wisdom manufacturing workshops[J]. Sensors，2015，15(12)：30165-30186.

[38] DECHTER R. Learning while searching in constraint-satisfaction problems [C]// HUNTER L. Proceedings of the National Conference on Artificial Intelligence. California：University of California，1986：557-581.

[39] HUBEL D H，WIESEL T N. Receptive fields，binocular interaction and functional architecture in the cat's visual cortex[J]. The Journal of physiology，1962，160(1)：106-154.

[40] BOUVRIE J. Notes on convolutional neural networks [EB/OL]. (2006-10-22)[2016-05-23]. http：//cogprints. org/5869/1/cnn_tutorial. pdf.

[41] bvlc_reference_caffenet. caffemodel [EB/OL]. [2016-05-17]. http：//dl. caffe. berkeleyvision. org/bvlc_reference_caffenet. caffemodel.

[42] SMIRNOV E A，TIMOSHENKO D M，ANDRIANOV S N. Comparison of regularization methods for imagenet classification with deep conv-

olutional neural networks [C]//Proceedings of the 2nd AASRI Conference on Computational Intelligence and Bioinformatics. Amsterdam: Elsevier Science Bv. , 2014: 89-94.

[43] SZEGEDY C, LIU W, JIA Y, et al. Going deeper with convolutions [DB/OL]. (2014-09-17)[2016-05-23]. http://arxiv. org/abs/1409. 4842.

第6章
制造物联网云服务组合优化算法

面向未来的制造物联网,不管是硬件资源,还是软件资源,都将以服务形式提供给用户,以达到制造资源和制造能力共享、整合、重组和利用的目的。因此,如何通过服务组合来有效地实现制造任务就成为亟需解决的关键问题之一。本章主要内容正是探讨制造资源服务组合优化方法及其算法问题,具体包括改进的遗传算法、改进的粒子群算法、教-学算法等。

6.1 云制造资源服务组合优化方法

云制造资源服务组合的优化选择是实现面向服务的云制造资源优化配置的一项关键技术,也是云制造资源服务化管理的重要组成部分[1]。云制造资源服务组合优化选择问题的求解方法会对制造资源服务的高效共享和协同造成一定的影响,故需要对云制造资源服务组合优化选择问题的求解方法进行研究。

6.1.1 资源服务组合优化选择问题的求解方法分析

云制造资源服务组合优化选择问题是一种多目标组合优化问题,许多学者利用简单加权法、优先级法等将其转化为单目标优化问题,以便利用单目标优化算法进行间接求解。但是,这种传统的多目标问题求解方法存在着较为明显的缺陷[2],主要体现在以下四个方面。

(1)权重系数的选取具有较强的主观性,优化过程对权重向量非常敏感,优化结果受权重系数的影响较大。

(2)用户必须对整个优化问题有较为全面的了解,清楚参数间的相互影响和优先级顺序,这对那些专业素质不高的云制造用户有一定的限制。

(3)通过一定的方式(如线性加权法、优先级法等)将多目标组合优化问题转化为单目标优化问题,最终得到的优化结果只是单目标函数在满足约束条件下的最优解,无法保证多个目标同时进行优化,不能从本质上对多目标组合优化问题进行求解。

（4）转化成单目标优化问题进行求解,最终只能得到一个最优解,不能为决策者在实际决策中提供备用方案。然而在通常情况下,用户更希望能获得一组数量有限且可接受的最优可选方案,根据实际情况的需求在任务执行前选择最适合的方案。

基于以上分析,本节提出一种云制造资源服务组合优化选择流程,经过初选、优选和终选三个阶段为用户提供最优的资源服务组合,具体实现流程如图6-1所示。利用多目标优化算法求解云制造资源服务组合优化选择问题,以获得Pareto(帕雷托)最优解集,然后对Pareto最优解集所对应的各云制造资源服务组合进行综合评估并排序,为最终选择云制造资源服务组合提供参考依据。

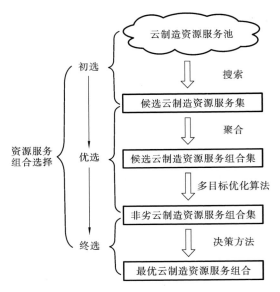

图6-1 云制造资源服务组合优化选择流程图

6.1.2 Pareto 最优解

在多目标优化问题中,"支配"这一概念是大多数多目标优化算法的基础,很有必要对其进行详细说明。

设 x_1、x_2 分别是多目标优化问题中的两个解,如果它们同时满足以下两个条件:

① x_1 在所有目标上都不比 x_2 差;

② x_1 至少在一个目标上比 x_2 好；

则可以称 x_1 支配 x_2，记为 $x_1 \prec x_2$。

若上述两个条件中有任一个不能满足，那么 x_1 就并非支配 x_2。

x_1 支配 x_2，也常表述为 x_2 受支配于 x_1，x_1 不受 x_2 支配或者 x_1 非劣于 x_2。

在多目标优化过程中，两个解 x_1 和 x_2 之间的支配关系可能存在以下三种结果：

① x_1 支配 x_2；

② x_1 受支配于 x_2；

③ x_1、x_2 彼此不支配。

上述三种结果可以说明支配概念中需要注意的一个问题：若 x_1 不支配 x_2，并不能以该条件推出 x_2 支配 x_1。

支配不具有自反性和对称性，也就不具有反对称性，但具有传递性。支配的传递性是指如果存在三个解 p、q、r，满足 p 支配 q 且 q 支配 r，那么就可以得到 p 支配 r。

在由所有解组成的解集 P 中，那些不受 P 中任意解支配的解集 P' 称为非支配解集或非劣解集。

以图 6-2 所示的非劣解示例对上述概念进行分析和说明。目标函数 $f_1(x)$ 以最大化为目的，而目标函数 $f_2(x)$ 以最小化为目的，A、B、C、D、E 为 5 个解。若对 A 和 B 进行比较，可知 $f_1(A) > f_1(B)$ 且 $f_2(A) < f_2(B)$，即 A 在两个目标上均优于 B，那么就可以说 A 支配 B。若对 A 和 E 进行比较，可知 $f_1(E) > f_1(A)$ 且 $f_2(E) = f_2(A)$，即 E 在目标 $f_1(x)$ 上好于 A 且 E 在目标 $f_2(x)$ 不比 A 差，同样可以说 E 支配 A。进一步分析可以知道，位于 1 级的两个解 C、E 支配位于 2 级的解 A、D，也支配位于 3 级的解 B；位于 2 级的解 A、D 支配位于 3 级

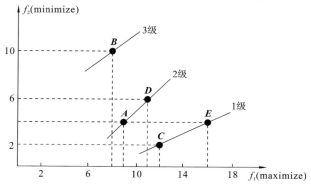

图 6-2　非劣解示例

的解 **B**。另外,同时位于 1 级或 2 级的解相互之间不支配。

如果 x_1 支配 x_2,那么在多目标优化过程中可以很直观地说明 x_1 比 x_2 好。由于支配这个概念使用一定的方式在多个目标上进行解与解之间的比较,故绝大多数多目标优化算法使用支配概念去搜寻非劣解集。

Pareto 最优源于西方福利经济学,将此概念应用于求解多目标优化问题,上述的非支配解也就是 Pareto 最优解(Pareto optima solution)。一个多目标优化问题所有的 Pareto 最优解构成一个前沿面(frontier),或称有效前沿。

就一般情况而言,多目标优化问题的解并不是唯一的,而是存在一个最优解集合,即 Pareto 最优解集。利用多目标优化算法求解多目标优化问题的实质就是寻找该问题的 Pareto 最优解集。

6.1.3 改进的带精英策略的快速非支配排序遗传算法

1. 带精英策略的快速非支配排序遗传算法

非支配排序遗传算法(nondominated sorting genetic algorithm,NSGA)是由 Srinivas 和 Deb 在 1993 年共同提出的一种基于 Pareto 最优概念和遗传算法的多目标优化算法,该算法的基本思想是在每次迭代过程执行选择操作前先依据每代种群中所有个体之间的非支配关系进行分级排序操作,并利用基于决策向量空间的共享机制来保持解的分布性和多样性[3]。NSGA 可以很好地搜索到非支配解区域,并且可以使种群以较快的速度收敛于此区域,具有可同时处理多个优化目标函数、允许存在多个不同的等效非支配解、Pareto 最优解分布均匀等优点,但也存在构造进化群体非支配解时计算复杂度高、共享参数难以确定、无最优个体保留机制等缺点。

Deb 等人于 2000 年对上述算法进行了相应改进,提出了带精英策略的快速非支配排序遗传算法(NSGA-Ⅱ)[4]。与 NSGA 相比较,NSGA-Ⅱ具有以下几个优点[5]。

(1)NSGA-Ⅱ采用了一种基于分级策略的快速非支配排序方法,使得当目标函数个数和种群个数分别为 M、N 时,算法的计算复杂度由 $O(MN^3)$ 降为 $O(MN^2)$。

(2)NSGA-Ⅱ不需要预先指定一个共享参数,而是采用一种用于密度估计的拥挤度比较法,对算法运行过程中的非首次快速非支配排序后需要保留至下一代同一序值等级而有着不同适应度值的个体进行比较并做出选择,使得已搜索到的非支配解集有良好的扩展能力,并使其尽可能地均匀分布。

(3)NSGA-Ⅱ采用了一种精英保留机制,即将经过二元锦标赛选择、重组、交叉而产生的个体与其父代个体进行合并,然后用序值和拥挤度两个度量标准来选择产生下一代种群,这有利于保留优秀个体以提升整体进化水平。

NSGA-Ⅱ的主要过程[5]如图 6-3 所示,其中快速非支配排序和拥挤距离排序是非常重要的步骤。

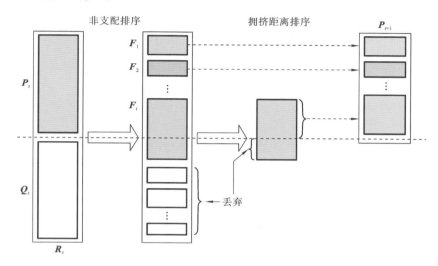

图 6-3 NSGA-Ⅱ主要过程

2. 基于分级策略的快速非支配排序

要对种群 **P** 进行非支配排序,就需要将每个个体和种群中的其他个体进行比较来判断它是否被支配。在快速非支配排序中,选用两个实体对象 n_p 和 S_p 来进行相应数据统计。其中:n_p 为支配数,表示支配个体 **p** 的所有个体的数量;S_p 为支配集合,表示所有被个体 **p** 支配的个体所组成的集合。对种群 **P** 进行快速非支配排序的具体过程如下。

(1) 对 n_p、S_p 进行初始化,使得 $n_p=0$ 且 $S_p=\varnothing$,然后遍历种群 **P** 中的每一个个体 **q**。如果 $p \prec q$,则 $S_p=S_p \bigcup \{q\}$;如果 $q \prec p$,则 $n_p=n_p+1$。最终得到每个个体的支配数 n_p 和支配集合 S_p,并将 $n_p=0$ 的所有个体放入前端 F_1 中,且 $p_{rank}=1$。

(2) 令 $i=1$。

(3) 令 H 为空集,对于每个解 $p \in F_{rank}$,执行下列操作:对于每个解 $q \in S_p$,$n_q=n_q-1$;如果 $n_q=0$,则 $q_{rank}=i+1$ 且 $H=H \bigcup \{q\}$。

(4) 如果 $H \neq \varnothing$,则执行 $i=i+1$,$F_i=H$,转到第(3)步;循环迭代下去,直到 $H=\varnothing$ 的时候停止迭代。

基于分级策略的快速非支配排序方法的伪代码如图 6-4 所示。

```
fast_nondominated_sort(P)
  for each solution p in the population P
    for each solution q in the population P
      if p dominates q then
        put q in a set Sp
      else if p is dominated by q then
        increase np by one
      end if
    end for
    if no solution dominates p,namely np=0 then
      put p in the first front F1 and assign one to the rank value of q
    end if
  end for
  i=1
  while Fi is not an empty set
    assign H to an empty set
    for each p in Fi
      for each q in Sp
        decrease nq by one
        if nq is equal to zero then
          assign i+1 to the rank value of q and put q in the set H
        end if
      end for
    end for
    i=i+1
    put all of the solution in set H into the i-th front Fi
  end while
```

图 6-4　基于分级策略的快速非支配排序方法的伪代码

对种群进行快速非支配排序后,每个个体 i 就都有了自己的序值 i_{rank}。如果 q 被 p 支配,那么 q 的序值比 p 的高。如果 p 和 q 相互之间不支配,那么 p 和 q 的序值就是相同的。对个体按照序值升序排列,就可以将每一次迭代过程中种群的所有个体分配到不同的前端,即第一前端中的所有个体的序值为 1,第二前端中的所有个体的序值为 2,依次类推。在每一次迭代中,种群第一前端中的个体是完全不受支配的,而第二前端中的个体受第一前端中个体的支配[6]。

3. 基于拥挤距离的排序

拥挤距离用来表征个体之间的密集程度,利用包含某个个体而不包含该个体所在种群前端中其他任何个体的最大立方体尺寸来衡量个体间的拥挤程度。需特别强调的一点是,计算位于不同前端个体之间的拥挤距离是没有任何意义的,仅计算处于同一前端中个体间的拥挤距离才有意义。

如图 6-5 所示,计算个体 i 周围个体 $i-1$ 和个体 $i+1$ 沿着各个目标的距离平均值,作为拥挤距离 $i_{distance}$,并且将位于边界的个体(即使某个目标函数值最大或最小的个体)的拥挤距离设定为无穷大。

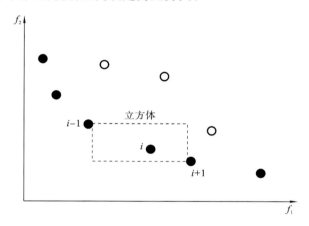

图 6-5　拥挤距离计算

由拥挤距离的计算方法可知,它的值越小,表示个体间越拥挤,种群的多样性也就越差。拥挤距离比较运算符 $\geqslant_n$ 指导 Pareto 最优前沿在算法运行各阶段的选择过程中逐渐趋于均匀分布。假设种群中的每个个体 i 均有非劣排序值 i_{rank} 和拥挤距离 $i_{distance}$ 两项属性值,则当且仅当非劣排序值 $i_{rank} < j_{rank}$ 或者 $i_{rank} = j_{rank}$ 且 $i_{distance} > j_{distance}$ 的时候,有 $i \geqslant_n j$。也就是说,当两个个体的非劣排序值不同时更倾向于选择非劣排序值较小的那个个体,而当两个个体的非劣排序值相同的时候更倾向于选择拥挤距离较大的那个个体。

4. NSGA-Ⅱ 的改进措施

在采用 NSGA-Ⅱ 求解云制造资源服务组合优化选择问题的过程中,我们发现了该算法所存在的一些缺陷,并采用相应的措施将其改进(后文将改进后的算法记为 INSGA-Ⅱ)。

(1) NSGA-Ⅱ 在求解过程中需要不断地进行数据间的转换及一些非法解

的处理。这里设计了有效的整数编码方式和相应的遗传操作,采取将完成各子任务对应的候选制造资源服务的序号作为染色体基因的编码方案,使得求解过程无须经过烦琐的数据转换过程,提高求解云制造环境下制造资源服务组合的优化选择问题的效率,并促使问题的求解过程变得更加简单、易于理解。

(2) NSGA-Ⅱ精英保留机制中将父代种群和子代种群进行合并以产生下一代个体,虽使优秀个体得到了保留,但下一代个体中很多时候存有重复的个体,不利于算法搜寻到更多的 Pareto 最优解。为增强种群的多样性,这里增加了去重操作,以消除种群中的重复个体,最终获得一系列 Pareto 最优解。

(3) 在拥挤距离的计算过程中,若不考虑各个目标函数值的量纲和数量级的差异,则其中的某个或某些目标在计算拥挤距离时会起主导作用,而其他目标计算的距离几乎可以忽略不计。为以一种更为客观的方法来对位于同一序值等级但适应度不同的个体进行选择,这里在计算拥挤距离的时候采用了归一化的数据处理方法,以消除量纲和数量级的不一致性所带来的影响。

(4) 为便于算法以整数编码方式对种群进行一系列操作,这里采用两点交叉和均匀变异分别替代标准 NSGA-Ⅱ中的模拟二进制交叉和多项式变异。

5. INSGA-Ⅱ的计算流程

利用 INSGA-Ⅱ求解云制造环境下制造资源服务组合优化选择问题的计算步骤如下。

步骤 1:对云制造资源服务组合进行整数编码以构建与之相对应的个体。例如,当候选云制造资源组合服务为 $CMRS_{15}$-$CMRS_{23}$-$CMRS_{34}$-$CMRS_{41}$-$CMRS_{52}$时,其对应的整数编码即为[5 3 4 1 2]。

步骤 2:随机生成个数为 N 的初始种群 P_t(此时取 $t=0$),计算各个目标对应的适应度值,对种群 P_0 进行非支配排序分层并计算所有个体的拥挤距离。

步骤 3:采用二元锦标赛机制对种群 P_t 中的个体进行选择,并进行交叉和变异遗传操作,生成个数为 N 的子代种群 Q_t。

步骤 4:将父代种群 P_t 和子代种群 Q_t 进行合并,得到种群大小为 $2N$ 的混合种群 R_t。

步骤 5:对种群 R_t 实施去重操作而获得种群 S_t。

步骤 6:将种群 S_t 进行快速非支配分级排序,并对位于同一前端的所有个体按照拥挤距离排序,依据精英保留策略挑选出前 N 个个体组成下一代种群 P_{t+1}。

步骤 7:令 $t=t+1$,在设定的遗传代数终止条件范围内重复执行步骤 3 至步骤 6,最终获得云制造环境下制造资源服务组合优化选择问题的最优解集。

其中,算法中的交叉操作选用两点交叉方法;算法中的变异操作采用均匀变异方法,即将每个基因位都看作潜在的变异点,随机产生与个体同等长度的 0-1 编码,根据编码中的片段确定个体中进行变异操作的基因位,并将这些基因位上的基因值用与其相对应的候选制造资源序号集合中随机选取的整数替代。利用 INSGA-Ⅱ 对云制造环境下制造资源服务组合优化选择问题进行求解的流程如图 6-6 所示。

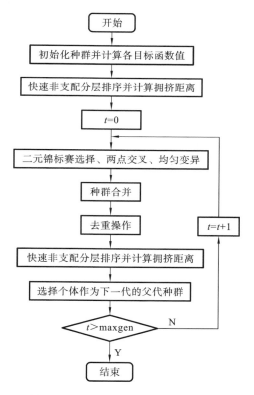

图 6-6　INSGA-Ⅱ 求解云制造环境下制造资源服务组合优化选择问题流程图

6.1.4　算例

1. 算例模型

云制造服务需求方 A 向云制造平台提交了某设备上一个连杆的制造加工任务请求。其中,连杆生产中的工位及设备需求如图 6-7 所示。

云制造服务平台根据连杆的制造工艺等规则将云制造服务需求方 A 提出

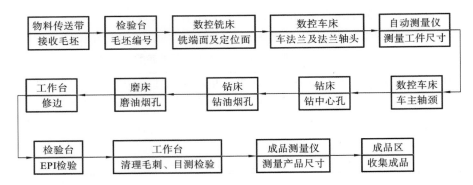

图 6-7　连杆生产中的工位及设备需求

的加工任务请求分解为 5 个串联结构形式的制造子任务，这 5 个制造子任务可分别通过铣削云服务、车削云服务、钻削云服务、磨削云服务和质检云服务来完成，如图 6-8 所示。

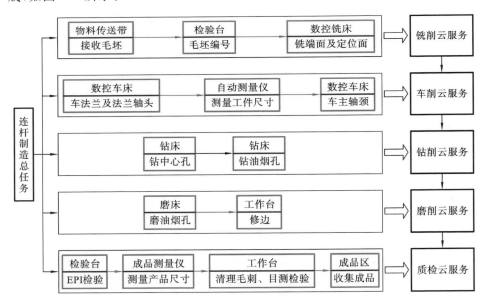

图 6-8　云制造环境下连杆制造总任务分解规划图

云制造服务平台通过资源发现机制已搜索并匹配到 5 个加工子任务的候选制造资源服务集。候选制造资源服务的加工时间、等待时间、加工成本、历史用户满意度等相关信息如表 6-1 所示，其中：$CMRS_{ij}$ 表示用于完成第 i 个子任务的第 j 个候选资源服务；$T_{process}$ 表示资源服务执行相应制造子任务的加工时间；T_{wait} 表示资源服务执行相应制造子任务的等待时间；$C_{process}$ 表示资源服务执行相应制造子任务时所消耗的加工成本；$S_{process}$ 表示资源服务用于执行任务时的历史用户满意度。

表 6-1 候选制造资源云服务的相关参数

候选制造资源	$T_{process}/h$	T_{wait}/h	$C_{process}/元$	$S_{process}/(\%)$
$CMRS_{11}$	6	2	93	95
$CMRS_{12}$	5	1	153	94
$CMRS_{13}$	6	2	102	93
$CMRS_{14}$	4	1	78	98
$CMRS_{15}$	2	0	48	90
$CMRS_{16}$	5	1	90	96
$CMRS_{21}$	6	2	162	92
$CMRS_{22}$	5	3	90	90
$CMRS_{23}$	3	0	69	88
$CMRS_{24}$	6	2	150	94
$CMRS_{31}$	3	1	57	95
$CMRS_{32}$	5	3	120	93
$CMRS_{33}$	3	0	45	90
$CMRS_{34}$	3	1	90	92
$CMRS_{35}$	4	3	114	94
$CMRS_{41}$	6	4	150	93
$CMRS_{42}$	4	1	111	90
$CMRS_{43}$	3	1	72	96
$CMRS_{44}$	2	2	63	91
$CMRS_{51}$	6	3	60	95
$CMRS_{52}$	8	2	114	90
$CMRS_{53}$	4	0	126	98
$CMRS_{54}$	5	1	102	96

　　云制造服务需求方、候选云制造资源服务间的物流时间和成本如表 6-2 所示，其中物流连接表示完成某一个子任务后将半成品运送至用于完成下一制造子任务的资源服务处，或是将成品交付给云制造服务需求方。

表 6-2　云制造服务需求方、候选制造资源服务间的物流时间和成本

物流连接	物流时间(单位:h)/物流成本(单位:元)				
	1	2	3	4	5
$CMRS_{11}$—$CMRS_{2i}$	5/45	4/35	2/28	2/25	—
$CMRS_{12}$—$CMRS_{2i}$	3/25	6/56	4/40	4/36	—
$CMRS_{13}$—$CMRS_{2i}$	3/25	2/20	5/45	4/40	—
$CMRS_{14}$—$CMRS_{2i}$	4/35	6/60	4/45	3/25	—
$CMRS_{15}$—$CMRS_{2i}$	2/15	2/20	5/55	4/50	—
$CMRS_{16}$—$CMRS_{2i}$	4/45	5/65	4/50	5/55	—
$CMRS_{21}$—$CMRS_{3i}$	2/25	4/45	3/35	6/75	5/60
$CMRS_{22}$—$CMRS_{3i}$	4/40	3/35	2/20	5/42	5/45
$CMRS_{23}$—$CMRS_{3i}$	6/55	3/35	2/25	4/45	3/30
$CMRS_{24}$—$CMRS_{3i}$	5/55	2/25	3/40	4/50	4/45
$CMRS_{31}$—$CMRS_{4i}$	3/25	5/45	2/30	4/40	—
$CMRS_{32}$—$CMRS_{4i}$	3/25	3/30	4/45	6/60	—
$CMRS_{33}$—$CMRS_{4i}$	4/46	3/35	2/20	4/45	—
$CMRS_{34}$—$CMRS_{4i}$	5/66	2/30	5/58	3/36	—
$CMRS_{35}$—$CMRS_{4i}$	5/48	4/42	5/55	3/32	—
$CMRS_{41}$—$CMRS_{5i}$	3/28	3/30	2/26	4/42	—
$CMRS_{42}$—$CMRS_{5i}$	5/58	6/72	3/35	5/60	—
$CMRS_{43}$—$CMRS_{5i}$	3/32	3/28	2/20	5/60	—
$CMRS_{44}$—$CMRS_{5i}$	5/48	7/78	4/46	5/56	—
$CMRS_{5i}$—需求方	9/68	6/44	4/38	3/25	—

假设云制造服务需求方对加工任务的要求为:制造总时间不超过 70 h,制造总成本不超过 1000 元,历史用户对服务的满意度不低于 86%。则该算例的数学模型为:

$$
\begin{cases}
\min \boldsymbol{F} = \begin{bmatrix} T & C & 100(1-S) \end{bmatrix}^{\mathrm{T}} \\
\text{s. t. } T \leqslant 70 \\
\quad C \leqslant 1000 \\
\quad S_{\text{process}}(i) \geqslant 86\% \ (i=1,2,\cdots,n)
\end{cases}
$$

2. 算例求解与分析

在 MATLAB R2010a 运算环境下,采用 INSGA-Ⅱ求解该算例模型。取初始种群大小为 $N=50$,最大迭代次数 maxgen$=200$,交叉概率 $P_c=0.9$,变异概率 $P_m=0.05$。计算每一代中完全非支配解所占的比例并分别计算该算例模型中三个目标函数在每一代群体中的平均适应度值。图 6-9 和图 6-10 表明,程序运行 20 代后完全非支配解集在种群中所占的比例和目标函数的平均适应度值均趋于稳定。

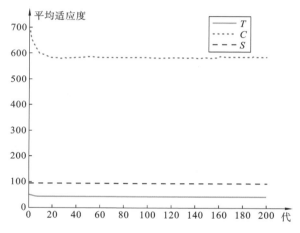

图 6-9　三个目标函数的平均适应度值

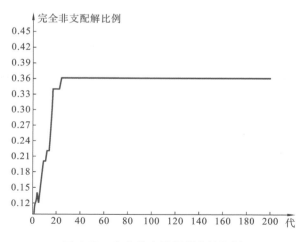

图 6-10　完全非支配解所占的比例

表 6-3 所示的是利用 INSGA-Ⅱ求得的所有完全非支配解所对应的资源服务组合的信息,共有 18 组非劣解,每一组非劣解对应一种资源服务组合。

表 6-3　INSGA-Ⅱ求解得到的完全非支配解所对应的资源服务组合

组序	资源服务组合					制造总时间/h	制造总成本/元	历史用户满意度/(%)
1	4	3	3	3	3	33	538	94.0
2	4	1	1	3	3	39	643	95.8
3	1	3	3	3	3	34	536	93.4
4	5	2	3	3	1	44	475	92.2
5	4	3	1	3	3	38	590	95.0
6	4	3	3	3	3	40	569	94.4
7	4	3	3	3	1	49	566	94.4
8	5	2	3	3	3	33	499	92.8
9	5	2	3	3	3	31	518	92.4
10	4	3	3	3	1	44	514	93.4
11	4	2	3	3	1	54	587	94.8
12	4	4	1	3	3	41	651	96.2
13	4	3	3	3	3	38	614	95.2
14	5	1	1	3	3	34	593	94.2
15	5	2	3	3	1	42	494	91.8
16	4	2	3	3	3	43	611	95.4
17	1	3	3	3	3	39	588	94.4
18	4	4	1	3	1	52	627	95.6

　　为验证本节所采用的改进算法 INSGA-Ⅱ在求解云制造资源服务组合优化选择问题上的有效性,对 MATLAB 优化算法工具箱中基于遗传算法的多目标优化算法[7]进行改进以适用于求解整数编码的多目标优化问题(下文将改进后的算法记为 GAMULTIOBJ),并引入多目标粒子群优化(multi-objective particle swarm optimization,MOPSO)算法[8]、改进的强度 Pareto 进化算法(improved strength Pareto evolutionary algorithm,SPEA2)[9],利用这几种算法对云制造资源服务组合优化选择问题进行求解。在参数设置相同,即算法种群大小均设定为 50,最大迭代次数为 200,交叉概率为 0.9,变异概率为 0.05 的情况下,将几种算法进行对比分析。分别进行 50 组实验,得到如表 6-4 所示的各算法在求解云制造资源服务组合优化选择问题中的最短时间平均值、最低成本平均值、最高满意度平均值、完全非支配解的平均个数和各算法的平均运行时间。

表 6-4　算法对比结果

评价目标	算法				
	INSGA-Ⅱ	NSGA-Ⅱ	SPEA2	MOPSO	GAMULTIOBJ
最短时间平均值 T/h	31.00	32.12	31.58	31.00	31.00
最低成本平均值 C/元	475.00	492.66	482.14	475.38	475.00
最高满意度平均值 R/(%)	96.20	95.94	96.00	96.20	96.20
完全非支配解平均个数 N/个	18.00	10.60	15.38	17.94	18.00
平均运行时间 t/s	2.31	2.93	24.28	3.45	3.90

表 6-4 所示的数据表明,所采用的 INSGA-Ⅱ算法相比其他几种算法能够找到更多的完全非支配解,求解效率更高,所求得的解性能更好。

另外,利用枚举法求解该问题并进行非劣排序,可得到如表 6-5 所示的 18组非劣解所对应的资源服务组合的相关信息。将表 6-3 与表 6-5 对比分析可知,表 6-3 中所对应的每一组解均在表 6-5 中,即利用 INSGA-Ⅱ和枚举法所求得的非劣解集完全相同。由此可知,本节所提出的改进算法 INSGA-Ⅱ能够搜寻到所有的非劣解,求解效果较好。

表 6-5　枚举法求解得到的完全非支配解所对应的资源服务组合

组序	资源服务组合					制造总时间/h	制造总成本/元	历史用户满意度/(%)
1	1	3	1	3	3	39	588	94.4
2	1	3	3	3	3	34	536	93.4
3	4	1	1	3	3	39	643	95.8
4	4	2	1	3	1	54	587	94.8
5	4	2	1	3	3	43	611	95.4
6	4	2	3	3	3	40	569	94.4
7	4	3	1	3	1	49	566	94.4
8	4	3	1	3	3	38	590	95.0
9	4	3	3	3	1	44	514	93.4
10	4	3	3	3	3	33	538	94.0
11	4	4	1	3	1	52	627	95.6
12	4	4	1	3	3	41	651	96.2
13	4	4	3	3	3	38	614	95.2
14	5	1	1	3	3	34	593	94.2
15	5	2	3	3	1	44	475	92.2
16	5	2	3	3	3	33	499	92.8
17	5	3	3	3	1	42	494	91.8
18	5	3	3	3	3	31	518	92.4

6.2　三种制造云服务组合优化算法

基于 QoS 的制造云服务组合优化问题是工程科学领域中一个典型的 NP (non-deterministic polynomial)难题。由于求解的问题复杂,具有组合爆炸的问题,根本无法利用传统的最优化方法求得全局最优解,即使求局部最优解也很困难。当前基于 QoS 的制造云服务组合选择算法主要有整数规划、遗传算法、粒子群算法、人工蜂群算法以及一些其他的混合算法。

但是,目前的研究主要是针对小规模的制造云服务组合优化问题,当服务组合的规模较大时,传统遗传算法和粒子群算法等容易产生早熟收敛,陷入局部最优解。因此,本节针对大规模制造云服务组合问题,提出一个改进的遗传算法和改进的粒子群算法,并引入一种新的智能优化算法——教-学算法,研究这些算法的适应性,并对比它们的效用与效率,最后阐述基于云熵遗传算法求解服务组合优化问题。

6.2.1　改进的遗传算法

遗传算法(GA)是一种由模拟生物界的遗传和进化规律演化而来的一种自适应全局概率搜索算法。遗传算法种群中的一个个体代表实际问题的一个可行解,个体用编码染色体表示。根据适应度函数,计算种群中每个个体的适应度值,然后进行交叉、变异、选择等遗传操作产生子代种群,反复迭代,直至满足终止条件。

遗传算法容易早熟收敛,使得种群中适应度值较大的个体在种群中占有的比例较高,种群的多样性降低,使得算法以较快的速度趋近于局部最优解。下面在对基本遗传算法的遗传操作进行分析的基础之上,提出相应的改进策略,从而抑制遗传算法的早熟收敛。

1. 染色体编码

如何将待优化问题转化成染色体编码是应用遗传算法要解决的首要问题。遗传算法并不直接操作待优化问题的实际控制变量,而是对代表可行解的个体编码进行选择、交叉、变异等遗传操作,以达到最优。在实际应用中,遗传算法广泛使用的编码方式有二进制编码、格雷码编码和实数(十进制)编码。

这里采用实数编码,直接将每个子服务的序号当作一个染色体串。实数编码适用于较大空间的遗传搜索,无须解码,可以提高运行效率。在实数优化问题中,实数编码节省了二进制编码解码所占用的计算时间,克服了表达精度的要求与计算量之间的矛盾。

实数编码的反对者认为,在交叉和变异的遗传操作过程中,实数编码方式未能体现出基因的交换和突变的细节特征,它不具备基因的外在表现形式,偏离了生物进化论这一遗传算法建立的思想基础。而实数编码的认同者认为,生物进化论仅仅是遗传算法的思想基础而非恪守的准则,问题的本身才是工程优化需要考虑的,只要能够较好地解决优化问题,遗传算法与生物进化论在形式上有不同表现也是能够接受的。

采用实数编码的染色体编码示意图如图 6-11 所示。染色体的长度由子任务的数目决定,染色体上每一个基因位上的实数表示完成该项子任务所对应的候选云任务的序号。显然,这种编码方法的搜索空间是 $\prod_{i=1}^{I} K_i$,K_i 表示第 i 个子任务的候选资源服务集中 MCS 的总数。

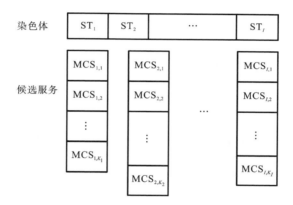

图 6-11　染色体编码

例如,对如图 6-12 所示的制造云服务组合模型进行编码,针对多资源请求的云制造任务,其制造云服务组合执行路径的生成分为如下三步。

(1) 任务分解。将制造云任务 Task(T) 分解为 I 个子任务(subtasks,ST),即 Task={ST$_1$, ST$_2$, …, ST$_i$, …, ST$_I$},其中,ST$_i$ 表示第 i 个子任务,I 为子任务的个数。如果 $I=1$,则该制造任务为单资源请求的云制造任务。

(2) 生成候选服务集。针对各个子任务,从海量的云服务中选取符合用户功能性要求和 QoS 要求的制造云服务(manufacturing cloud service,MCS)组成相对应的候选云服务集(candidate MCS set,CMCSS),各个子任务对云服务的 QoS 要求为 QR$_i$,即 CMCSS$_i$={MCS$_{i,1}$, MCS$_{i,2}$, …, MCS$_{i,j}$, …, MCS$_{i,K_i}$},QR$_i$={$q_{i,1}$, $q_{i,2}$, …, $q_{i,n}$, …, $q_{i,N}$},其中 CMCSS$_i$ 表示第 i 个子任务的候选云

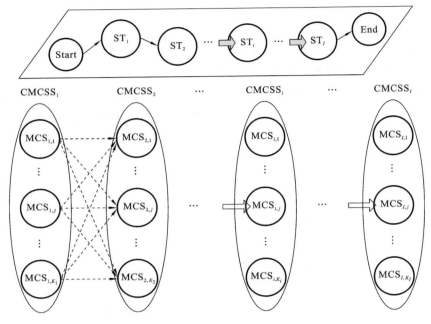

图 6-12　制造云服务组合模型

服务集，$MCS_{i,j}$ 表示第 i 个子任务候选云服务集中的第 j 个候选云服务，K_i 表示第 i 个子任务的候选云服务集中 MCS 的总数，$q_{i,n}$ 表示第 i 个子任务对第 n 个 QoS 值的要求。

（3）生成执行路径。从各个候选云服务集中选择一个云服务，串联成一条执行路径，一条执行路径即为一个组合服务（composite manufacturing cloud service，CMCS）。执行路径集 $P = \{P_1, P_2, \cdots, P_m, \cdots, P_{K_{\text{path}}}\}$，且 $P_m = \{MCS_{1,m_1}, MCS_{2,m_2}, \cdots, MCS_{i,m_i}, \cdots, MCS_{I,m_I}\}$，其中，$P_m$ 为第 m 条执行路径，$K_{\text{path}} = \prod_{i=1}^{I} K_i$ 为执行路径的总条数，MCS_{i,m_i} 表示第 i 个子任务的候选资源服务集中的第 m_i 个云服务。

在实际过程中，执行路径不仅仅只有顺序结构，它包含多种结构，如并行结构、循环结构和选择结构等。

假设其中一个可行解对应的染色体为 02-06-04-08-05-10-03-06-07-09，它表示该组合服务包含 10 个子服务，组合服务中的第 1 个子服务是第 1 个子任务所对应的候选资源服务集中序号为 02 的云服务，组合服务中的第 2 个子服务是第 2 个子任务所对应的候选资源服务集中序号为 06 的云服务，依此类推。

2. 适应度函数

适应度函数是依据目标函数确定的,作为判别种群中个体好坏的标准,是进行优胜劣汰选择的唯一依据。因此,适应度函数的选取相当重要。目标函数用于提供个体在所求解的问题领域的表现。在求最小值问题时,群体中目标函数值最小的个体的适应度值最大,适应度值大的个体将具有更高的概率生存下来。

通常的做法是,将目标函数值 $f(x)$ 转化为适应度函数值 $F[f(x)]$,即

$$F(x) = g[f(x)] \qquad (6\text{-}1)$$

式中:x 为种群中的个体;$f(x)$ 为目标函数;$g(\cdot)$ 将目标函数值转化成一个非负的值;$F(x)$ 为由此产生的对应适应度值。

但是,当个体的目标函数值相差不大时,利用上述方法得到的原始适应度值来进行相应的遗传操作,算法容易陷入早熟收敛。Baker[10] 提出通过限制个体的生殖范围,使得没有个体能够产生过多的后代,可以防止早熟收敛。因此,这里利用个体的目标函数值在种群中的排序来分配个体的适应度值。

在基于排序的方法中,设置偏差(选择压差)Max,其他个体的适应度值遵循以下规则:

$$\begin{cases} \text{Min} = 2 - \text{Max} \\ \text{Inc} = 2 \times (\text{Max} - 1)/N_{\text{ind}} \\ \text{Low} = \text{Inc}/2 \end{cases}$$

式中:Min 为下限;N_{ind} 为种群大小;Inc 为两个连续个体的适应度值之差;Low 为适应度值最差的个体的最小期望值。种群中其他个体的适应度值计算方法为:

$$F(x_k) = 2 - \text{Max} + 2 \times (\text{Max} - 1) \frac{x_k - 1}{N_{\text{ind}} - 1} \qquad (6\text{-}2)$$

式中:x_k 为个体 k 在种群中的排序序号。

例如,考虑具有 10 个个体的种群,利用线性排序的方法,设定选择压差为2,其染色体对应的目标函数值和适应度值如表 6-6 所示。

表 6-6　种群线性排序适应度值

染色体	目标函数值	适应度值
09-02-07-08-05-03-08-09-04-01	0.385651	0.888889
10-10-01-01-04-07-03-03-09-01	0.414896	1.555556

续表

染色体	目标函数值	适应度值
02-10-09-03-08-07-06-09-06-06	0.342720	0.222222
10-05-10-01-08-02-07-03-06-08	0.431084	2.0
07-09-07-01-02-02-09-10-10-10	0.348443	0.444444
01-02-08-09-05-05-10-04-03-02	0.424679	1.777778
03-05-08-07-05-10-06-02-08-06	0.357533	0.666667
06-10-04-04-07-04-02-03-08-05	0.400097	1.333333
10-08-07-10-08-06-02-07-04-01	0.390949	1.111111
10-10-02-01-08-03-03-05-06-04	0.311529	0

3. 选择操作

选择操作是从父代种群中选取生命力较强的个体组成新种群,选择优胜个体、淘汰劣质个体的操作。个体被选择遗传到子代中的概率与个体适应度值的大小直接相关。其中,适应度值越高的个体遗传到子代中的概率越大,适应度越低的个体遗传到子代中的概率越小。选择算子的优劣,将直接影响到遗传算法的求优结果。选择算子选择得不恰当,将会导致种群中适应度值相同的个体越来越多,造成子代与父代个体相近,进而导致进化停滞不前[11]。

常见的选择算子有轮盘赌选择算子、随机竞争选择算子、无放回随机选择算子和随机联赛选择算子等。

1) 轮盘赌选择

轮盘赌选择是一种比较常见的比例选择方式。每个个体被选择遗传到下一代的概率等于该个体的适应度值与整个种群中所有个体适应度值之和的比,即产生随机数 $\xi \in [0,1]$,若满足

$$\sum_{j=1}^{i-1} F(x_j) \Big/ \sum_{j=1}^{N_{ind}} F(x_j) < \xi < \sum_{j=1}^{i} F(x_j) \Big/ \sum_{j=1}^{N_{ind}} F(x_j) \qquad (6-3)$$

则个体 x_i 被选择进入下一代。

式中:N_{ind} 为种群大小;$F(x_j)$ 为个体分配的适应度值。

种群规模的有限性及随机数产生的不确定性等原因,可能会导致个体实际上被选中的次数与它理论上应该被选中的期望值 $nF(x_i)\Big/\sum_{j=1}^{N_{ind}} F(x_j)$ 之间有一定的误差,因此,轮盘赌选择的误差相对较大,有时候甚至出现适应度值最大的

个体也落选的情况。

2）随机竞争选择

随机竞争选择是先根据轮盘赌选择的机制每次选取一对个体，接着让这两个个体竞争，适应度值大的个体被选中遗传给子代，如此反复，直至选满子代种群为止。

3）无放回随机选择

无放回随机选择又称为期望值选择，它的随机运算依据个体在子代种群中的生存期望值来进行。其基本步骤是：① 求出每个个体在子代种群中的生存期望数目 N。② 若某个体被选择参与交叉操作，则它在子代中的生存期望值减小 0.5；若某个体没有被选择参与交叉操作，则它在子代中的生存期望值减小 1.0。③ 随着选择过程的推移，若某个体在子代中的生存期望值小于 0，则该个体不再有被选择的机会。无放回随机选择虽然可以降低选择误差，但是不易执行，操作不便。

4）随机联赛选择

随机联赛选择是每次随机选择几个个体，将适应度值高的个体遗传到子代。在随机联赛选择的方法中，只有个体适应度值的大小比较，而不存在个体适应度值的算术运算。其操作过程是：① 在父代种群中随机选择 N 个个体，选择适应度值大的个体遗传到子代种群；② 重复过程①M 次，得到子代种群的 M 个个体。

此处选用轮盘赌选择的方法，该方法操作简单，易实现，但容易导致早熟收敛的问题。为了防止早熟收敛，本文同时采用最优保持策略，把本代种群中目标函数值最优的个体保留到下一代。

4. 交叉操作

交叉操作是对父代配对个体进行基因重组，产生出大量的新个体，从而使得更优个体的出现成为可能。交叉操作是在不破坏染色体有效模式的前提下，保证子代个体能够继承父代个体的优秀特性。交叉运算作为遗传算法的关键部分，是产生新个体的主要方法，是遗传算法区别于其他智能算法的重要特征。

在二进制编码的遗传算法中，常用的交叉算子有单点交叉（one-point crossover）、两点交叉（two-point crossover）、多点交叉（multi-point crossover）和均匀交叉（uniform crossover）等。均匀交叉是随机生成与个体染色体长度等长的屏蔽字 $H = h_1 h_2 \cdots h_1$，其中，I 是个体染色体长度，屏蔽字中的 h_i 决定新个体的基因值来源于哪个父代个体。设两个新的子代个体 A'、B' 分别由两个父代

个体 A、B 产生。若 $h_i=0$，则 A' 在第 i 个基因位上的值继承 A 上第 i 个基因位上的值，B' 在第 i 个基因位上的值继承 B 上第 i 个基因位上的值；若 $h_i=1$，则 A' 在第 i 个基因位上的值继承 B 的对应的值，B' 在第 i 个基因位上的值继承 A 的对应的值。

均匀交叉运算示意如图 6-13 所示。

图 6-13　均匀交叉运算示意图

在实数编码的遗传算法中，常用的交叉算子有离散重组（discrete recombination）算子和算术交叉（arithmetic crossover）算子等。离散重组算子类似于二进制编码的多点交叉算子及均匀交叉算子，离散重组算子是指交换个体间的变量值，子代个体的每个变量以相同的概率随机地挑选父代个体变量的方法。算术交叉是由两个个体线性组合而产生两个新的个体的方法。当种群部分的子域中含有一个局部最优解或某个局部最优个体适应度值明显比其他局部最优解大时，算术交叉算子会使子域的个体渐渐向这一最优个体靠近。这使得遗传算法具备很高的搜索效率。

这里采用算术交叉算子，假设两个新个体 A'、B' 分别由两个父代个体 A、B 算术交叉后产生，则两个新个体分别为：

$$\begin{cases} A'=A+\alpha_1(B-A) \\ B'=A+\alpha_2(B-A) \end{cases} \tag{6-4}$$

式中：α_1，α_2 为在区间 $[-0.25,1.25]$ 内随机产生的标量因子。

算术交叉算子能产生略大于父代双亲定义的立体空间中的任意点，新个体的变量值不是整数，而且可能会超出定义的区间，需进行相应的调整。调整方法如下。

（1）对子代中的个体 O 取整，保留整数部分。

（2）如果 $O_{i,j}>K_i$，则 $O_{i,j}=K_i$；如果 $O_{i,j}\leqslant 0$，则 $O_{i,j}=1$。其中：$1\leqslant i\leqslant I$，I 为个体编码长度，即对应制造云服务组合中子任务的个数；K_i 为第 i 个基因位可取的最大值，即对应第 i 个子任务的候选资源服务集中 MCS 的总数。

例如，现有两个父代染色体 OldChrom 如下：

$$\text{OldChrom}=\begin{bmatrix} 8 & 4 & 12 & 18 & 3 & 20 \\ 6 & 12 & 7 & 14 & 9 & 13 \end{bmatrix} \begin{matrix} 父代1 \\ 父代2 \end{matrix}$$

产生标量因子 α_1、α_2 为：

$$\alpha = \begin{bmatrix} 0.6032 & 0.4541 & -0.2321 & 0.2557 & -0.0067 & 0.9414 \\ 0.2168 & 0.5428 & -0.0015 & 0.6530 & 0.1445 & 0.7311 \end{bmatrix} \begin{matrix} \alpha_1 \\ \alpha_2 \end{matrix}$$

利用式(6-4)得到子代个体为：

$$\text{NewChrom} = \begin{bmatrix} 6.7935 & 7.6327 & 13.1607 & 16.9773 & 2.9596 & 13.4100 \\ 7.5664 & 8.3424 & 12.0076 & 15.3881 & 3.8667 & 14.8822 \end{bmatrix} \begin{matrix} \text{子代 1} \\ \text{子代 2} \end{matrix}$$

对其取整得：

$$\text{NewChrom} = \begin{bmatrix} 6 & 7 & 13 & 16 & 2 & 13 \\ 7 & 8 & 12 & 15 & 3 & 14 \end{bmatrix} \begin{matrix} \text{子代 1} \\ \text{子代 2} \end{matrix}$$

5. 变异操作

变异操作模仿生物遗传和进化历程中的变异环节。遗传算法中的变异操作是指变换代表个体的染色体中的某些基因位上的值，从而形成新个体。交叉算子的选择决定了遗传算法的全局搜索能力，而变异算子的选择决定了遗传算法的局部搜索能力。它们之间相互配合补充，共同完成对解空间的全局和局部搜索，使得遗传算法具有良好的搜索性能。常用的变异方法有基因位变异方法、均匀变异方法、边界变异方法、非均匀变异方法和高斯变异方法等，其分析比较如表 6-7 所示。

表 6-7 变异方法的比较

变异方法	特 点
基因位变异	以变异概率、随机指定的方法指定个体编码串中某一个或者某几个基因位，然后替换指定位上的值，常被用于二进制编码的个体
均匀变异	用均匀分布在某一个范围内的随机数，以较小的概率替换个体编码中各个基因位上原有的值
边界变异	是均匀变异的变形。随机取基因位对应的两个边界基因值之一去替代原有的值。边界变异特别适用于最优点位于或接近可行解的边界时的一类问题
非均匀变异	对原有的基因值做一随机扰动，以扰动后的结果作为变异后的新基因值。它对每个基因位以相同的概率进行变异运算，相当于整个矢量在解空间轻微变动
高斯变异	用符合均值为 μ、方差为 σ^2 的正态分布的一个随机数来替换原有的值，其操作过程与均匀变异类似，可以提高遗传算法对重点搜索区域的局部搜索能力

这里采用适合于实数编码的均匀变异方法，使搜索点可以在整个解空间内自由移动，增加群体的多样性。

6. 最优保存策略

在遗传算法中,虽然随着种群的进化会出现越来越多的优秀个体,但是由于遗传操作的随机性,当前种群中的最优个体可能会被破坏掉。而这不是我们所期望的,因为它会降低群体的平均目标函数值,并且对算法的运行效率、收敛性都会产生不利的影响,所以希望父代中适应度值最好的个体尽量保留到子代中。

本节中适应度值是根据个体目标函数值的排序方法分配的,因此本节中最优保存策略的操作是用迄今为止种群中目标函数值最高的个体替代当前群体中目标函数值最低的个体。

最优保存策略能够保证到目前为止所得到的最优个体不被破坏,它是保证遗传算法收敛性的关键因素之一。

7. 收敛准则

在遗传算法中,通常设定一个总进化次数 T_{max},作为收敛依据,一旦进化次数达到 T_{max},算法终止,输出最优解。但在算法的执行过程中,若初始群体及其他参数选择非常理想,算法很快便能找到最优解。此时再采用总进化次数 T_{max} 为收敛依据就增加了不必要的计算时间。因此,需采用双重收敛判断准则:

(1) 最大进化次数 T_{max};

(2) 连续多次进化,最优结果不变次数 $\text{maxgen}_{utilityQoS}$。

在遗传进化的过程中,满足上述条件中的任何一个,算法即终止。

8. 算法流程

服务关联感知的制造云服务组合优化的遗传算法求解流程的伪代码如图 6-14 所示。

在本节所提出的算法中,将组合服务的效用 QoS 值作为目标函数。而各个组合服务的目标函数值相差不大,为了防止算法的早熟收敛,采用个体的目标函数值在种群中排序的方法来分配个体的适应度值。选择操作采用轮盘赌选择方法。为了防止早熟收敛,算法中同时采用最优保存策略。由于染色体的编码采用实数编码的方法,故交叉操作采用算术交叉方法,使得算法有较高的搜索效率。变异操作采用均匀变异方法,使搜索点可以在整个解空间内自由移动,增加群体的多样性。

9. 算法的有效性测试

在制造云服务组合实例中,云任务被分解为 6 个子任务,每个子任务有 3 或 4 个候选服务。假设每个候选云服务的默认 QoS 值如表 6-8 所示,其关联服务的 QoS 值如表 6-9 所示。

```
Genetic algorithm for optimal service selection
1: randomly create an initial Population for popsize individuals;        //生成初始种群
2: for each k in Population do
3:       calculate the QoS utility of CMCS_k Q(CMCS_k);                  //计算个体的效用 QoS 值
4: end for
5. find the best individual named best in Population and store the QoS utility of it into bestQoS;
                                                                        //找出最优个体
6: while termination condition is not true do                           //判断终止条件是否满足
7:       for each k in Population do
8:           calculate its fitness F(CMCS_k);                           //计算个体的适应度值
9:       end for
10:      select individuals from Population to form newPopulation;       //选择操作
11:      apply crossover operator to chromosome form newPopulation;     //交叉操作
12:      apply mutation operator to chromosome from newPopulation;      //变异操作
13:      for each k in newPopulation do
14:          calculate its fitness F(CMCS_k);                           //计算新种群的效用 QoS 值
15:      end for
16:      reinsert newPopulation to Population form newPopulation based on fitness;
                                                                        //插入操作
17:      replace the least individual of newPopulation with the best;   //最优个体更新
18:      replace Population with newPopulation;                         //用子代种群替代父代种群
19: end while
20: return the best in Population
```

图 6-14　云服务组合优化问题的遗传算法伪代码

表 6-8 中,由于订单服务(OS)通过在线提交,其时间消耗很少,因此假设它的执行时间为 0,即 $q_{time}(MCS_{1,i}) = 0$。同理,假设电子支付服务(EPS)的执行时间及价格为 0,即 $q_{time}(MCS_{6,i}) = 0$,$q_{cost}(MCS_{6,i}) = 0$。表 6-9 中,$MCS_{2,1} \leftarrow MCS_{3,1}$ 表示,如果 $MCS_{2,1}$ 和 $MCS_{3,1}$ 同时被选择在一个组合服务中,那么 $MCS_{2,1}$ 的 6 个 QoS 属性值将分别变为 $55, 1500, 0.9, 0.9, 0.93$ 和 0.92。

表 6-8　候选云服务的默认 QoS 值

候选服务	时间(q_{time})	价格(q_{cost})	可靠性(q_{rel})	可用性(q_{avail})	鲁棒性(q_{rob})	声誉(q_{rep})
$MCS_{1,1}$	0	10	0.95	0.92	0.92	0.92

续表

候选服务	时间(q_{time})	价格(q_{cost})	可靠性(q_{rel})	可用性(q_{avail})	鲁棒性(q_{rob})	声誉(q_{rep})
$MCS_{1,2}$	0	8	0.9	0.91	0.89	0.91
$MCS_{1,3}$	0	12	0.93	0.95	0.9	0.92
$MCS_{2,1}$	60	1500	0.85	0.88	0.88	0.89
$MCS_{2,2}$	50	1600	0.88	0.85	0.91	0.95
$MCS_{2,3}$	48	1800	0.9	0.91	0.89	0.93
$MCS_{3,1}$	72	1000	0.83	0.95	0.85	0.9
$MCS_{3,2}$	65	1200	0.84	0.89	0.92	0.93
$MCS_{3,3}$	60	1500	0.9	0.93	0.91	0.88
$MCS_{3,4}$	70	1100	0.86	0.9	0.85	0.89
$MCS_{4,1}$	80	2000	0.82	0.86	0.86	0.92
$MCS_{4,2}$	70	2200	0.81	0.88	0.9	0.89
$MCS_{4,3}$	75	2400	0.86	0.84	0.91	0.9
$MCS_{5,1}$	48	100	0.9	0.92	0.93	0.9
$MCS_{5,2}$	36	150	0.89	0.9	0.9	0.91
$MCS_{5,3}$	48	100	0.85	0.89	0.91	0.92
$MCS_{6,1}$	0	0	0.96	0.98	0.96	0.98
$MCS_{6,2}$	0	0	0.95	0.96	0.95	0.97
$MCS_{6,3}$	0	0	0.98	0.98	0.98	0.98

表 6-9　关联服务的 QoS 值

关联服务	时间(q_{time})	价格(q_{cost})	可靠性(q_{rel})	可用性(q_{avail})	鲁棒性(q_{rob})	声誉(q_{rep})
$MCS_{2,1} \leftarrow MCS_{3,1}$	55	1500	0.9	0.9	0.93	0.92
$MCS_{2,2} \leftarrow MCS_{3,3}$	45	1500	0.92	0.89	0.92	0.95
$MCS_{2,3} \leftarrow MCS_{6,1}$	48	1600	0.9	0.91	0.89	0.93
$MCS_{3,2} \leftarrow MCS_{2,3}$	60	1100	0.9	0.93	0.94	0.95
$MCS_{3,3} \leftarrow MCS_{6,2}$	60	1200	0.9	0.93	0.91	0.9
$MCS_{4,1} \leftarrow MCS_{5,3}$	75	2000	0.85	0.86	0.87	0.92
$MCS_{4,2} \leftarrow MCS_{5,1}$	65	2200	0.82	0.88	0.92	0.93
$MCS_{4,3} \leftarrow MCS_{5,2}$	70	2400	0.88	0.84	0.91	0.9
$MCS_{5,2} \leftarrow MCS_{6,3}$	36	120	0.89	0.9	0.9	0.95

将传统遗传算法[12]（traditional genetic algorithm，TGA）与提出的改进遗传算法（proposed GA，PGA）及在不考虑服务关联的情况下提出的算法（the proposed algorithm with non-correlation-aware，PGA-N）相比较，利用表 6-8 和表 6-9 所示的数据，验证算法的有效性。

仿真实验的运行环境是 PC，CPU AMD 3600＋ 2.01GHz，3GB RAM，Windows XP SP3，MATLAB R2011a。

假设用户对 q_{time}、q_{cost}、q_{rel}、q_{avail}、q_{rob} 和 q_{rep} 等 6 类 QoS 属性的权重因子分别是 $w_1=0.3$，$w_2=0.3$，$w_3=0.1$，$w_4=0.1$，$w_5=0.1$，$w_6=0.1$。

遗传算法的参数设置如下：交叉概率设为 0.7，变异概率设为 0.1，种群个体数 N_{ind} 设为 100，代沟设为 0.95，最大进化次数 T_{max} 设为 100，最优结果不变次数 $\text{maxgen}_{utilityQoS}$ 设为 50。

图 6-15 描述了三种算法中组合服务效用 QoS 值的进化过程。对于 TGA 和 PGA-N，求得的最佳组合方式是 $\{MCS_{1,1}, MCS_{2,2}, MCS_{3,2}, MCS_{4,2}, MCS_{5,2}, MCS_{6,3}\}$，其组合服务的效用 QoS 值是 0.6123；对于 PGA，得到的最佳组合方式是 $\{MCS_{1,1}, MCS_{2,3}, MCS_{3,2}, MCS_{4,2}, MCS_{5,1}, MCS_{6,1}\}$，其组合服务的效用 QoS 值是 0.7368。显然，服务关联感知的组合方法优于不考虑服务关联的组合方法。并且，这里提出的改进遗传算法的收敛速度明显优于传统遗传算法的收敛速度。

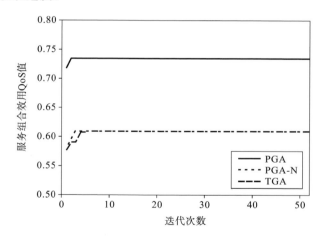

图 6-15　组合服务效用 QoS 值进化过程

6.2.2　改进的粒子群算法

1. 粒子群算法的基本原理

在粒子群（PSO）算法中，每个优化问题的解被看作搜索空间的一种"鸟"，被抽象为 D 维空间里一个没有体积、没有质量的"粒子"。每个粒子由被求解问题的适应度函数(目标函数)决定其适应度值(fitness value),并且每个粒子还有一个决定其飞行的方向和距离的速度。PSO 算法首先初始化一群随机粒子,粒子以自身和群体的飞行经验为根据来动态调整自己,经过若干次进化(迭代),找到最优解。每个粒子通过追踪两个"极值"来更新自己:一个是粒子本身所经历的最优位置,称为个体极值 pbest;另一个是整个种群到现在为止找到的最优位置,称为群体极值 gbest(gbest 即所有 pbest 中的最优值)。

PSO 算法的数学描述如下:一个由 m 个粒子组成的群体,在 D 维空间中以一定的速度飞行。第 i 个粒子的位置表示为 $x_i = (x_{i,1}, x_{i,2}, \cdots, x_{i,D})$,其中,$D$ 表示问题的维度;第 i 个粒子的速度表示为 $v_i = (v_{i,1}, v_{i,2}, \cdots, v_{i,D})$。第 i 个粒子当前最优位置表示为 $\text{pbest}_i(t) = (y_{i,1}, y_{i,2}, \cdots, y_{i,D})$,粒子群目前找到的群体最优值为 $\text{gbest}(t)$,其中 t 表示进化(迭代)的次数。则每个粒子更新自己的速度和位置的公式为:

$$v_{i,j}(t+1) = \omega v(t) + c_1 r_1 [\text{pbest}_i(t) - x_{i,j}(t)] + c_2 r_2 [\text{gbest}_i(t) - x_{i,j}(t)]$$

$$(6\text{-}5)$$

$$x_{i,j}(t+1) = x_{i,j}(t) + v_{i,j}(t+1) \qquad (6\text{-}6)$$

式中:$\omega(0 < \omega \leqslant 1)$ 为惯性权重,它使粒子保持惯性运动和具有扩大搜索空间的趋向,有能力搜索新的区域,被用于平衡全局和局部搜索能力,较大的 ω 对应较强的全局搜索能力,而较小的 ω 则对应较优的局部搜索能力;c_1 和 c_2 为加速度因子,一般取正常数,这两个常数反映粒子具有自我学习和向群体中最优个体学习的能力,使粒子向自身的历史最优点和群体内的全局最优点逼近,c_1 和 c_2 通常等于 2;r_1 和 r_2 为分布于 $[0,1]$ 之间的随机数。

在 PSO 算法运行的过程中,粒子的 pbest 和群体的 gbest 都不断更新。算法终止时,输出的群体极值 gbest 即是问题的最优解。

2. 粒子的编码

PSO 算法需解决的首要问题就是粒子的编码,即实现待优化问题与粒子之间的映射。本节采用实数编码的方法,设每个粒子代表一个可行解,即一个候选的 CMCS。PSO 算法的搜索空间为 D 维空间,则 $D = I$,即空间的维数与 CMCS 中子服务的个数对应。如第 i 个粒子表示为 $x_i = (x_{i,1}, x_{i,2}, \cdots, x_{i,j}, \cdots, x_{i,I})$,其中,$x_{i,j}$ 为 CMCS 对应的第 j 个 CMCSS 中 MCS 的序号(索引),其取值为一个离散的值域 $\{x_{i,j} : 0 < x_{i,j} \leqslant K_j\}$,$K_j$ 表示第 j 个子任务的 CMCSS 中 MCS 的总数。如图 6-16 所示,候选的 CMCS 为 $\{\text{MCS}_{1,3}, \text{MCS}_{2,2}, \text{MCS}_{3,4}, \text{MCS}_{4,6}, \text{MCS}_{5,4}, \text{MCS}_{6,3}\}$,其对应的粒子表示为 $(3,2,4,6,4,3)$。

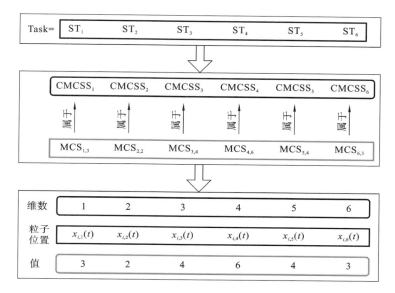

图 6-16　组合服务与 PSO 算法粒子之间的映射实例

3. 适应度函数的设定

制造云服务组合的目标是在满足使用者约束的条件下,使可靠性、可用性、鲁棒性和声誉等属性指标越高,而时间、价格等属性指标越低。为此,直接将粒子所对应的组合服务的效用 QoS 值作为粒子的适应度值,则粒子 x_i 的适应度值为:

$$\text{fitness}(x_i) = \text{UQ}(x_i) \tag{6-7}$$

式中:$\text{UQ}(x_i)$ 为粒子 x_i 所对应的组合服务的效用 QoS 值。

4. 粒子群算法的控制参数

为了提高 PSO 算法的性能,研究者们从多种角度来对其进行各种改进,主要包括对其控制参数的改进和融合其他优化算法。影响 PSO 算法性能的主要控制参数是惯性权重和加速度因子。接下来重点说明如何恰当地改进这两个参数的选择方法以提高 PSO 算法的精度和效率,另外简要说明种群规模和最大速度对算法性能的影响。

1) 惯性权重

惯性权重是 PSO 算法非常重要的控制参数,可以用来控制算法的开发和探索能力。惯性权重的大小决定了粒子对当前速度继承的多少。较大的惯性权重对初始解的依赖性较小,使粒子具有较强的探索能力;较小的惯性权重有利于局部搜索,使粒子具有较强的开发能力。惯性权重的取值方式主要有两种：固定权重和时变权重。

（1）固定权重。固定权重是指取常数作为惯性权重 ω 的值的方法，其值不随算法的进化次数而变化。选择固定权重，算法的搜索能力不随时间的变化而改变。固定权重的选择方法有多种，本章参考文献[13]采用遗传算法对PSO算法的3个参数进行优化，并利用常用的对比函数进行仿真，得到PSO算法性能最佳时，惯性权重和加速度因子的取值分别是 $\omega=0.66,c_1=2.79,$ $c_2=1.34$。

（2）时变权重。时变权重是指指定惯性权重 ω 的取值范围，并指定其取值随进化次数变化而变化的规律的方法。采用时变权重，粒子的搜索能力随着时间的推移而动态调整。为了更好地平衡算法的全局搜索和局部搜索能力，Shi等[14]提出了线性递减惯性权重（linear decreasing inertia weight，LDIW），即

$$\omega(t)=\omega_{\text{start}}-(\omega_{\text{start}}-\omega_{\text{end}})\frac{t}{K_{\text{max}}} \tag{6-8}$$

式中：ω_{start} 为惯性权重初始值；ω_{end} 为种群进化到最大次数时的惯性权重值；t 为当前进化次数；K_{max} 为最大进化次数。通常，当 $\omega_{\text{start}}=0.9,\omega_{\text{end}}=0.4$ 时，算法的性能最好。

这里采用线性递减惯性权重。在进化初期，较大的惯性权重使得算法有较强的全局搜索能力；在进化后期，较小的惯性权重有利于算法实施更精确的局部搜索。

2）加速度因子

加速度因子是控制粒子向自我最优历史和群体最优个体学习的因子，展示了粒子的个体寻优能力和群体协作能力。与惯性权重 ω 类似，加速度因子也能起到平衡局部搜索和全局搜索的能力。与惯性权重相反的是，加速度因子值越大，越有利于算法收敛，增强局部搜索能力。目前加速度因子的取值有如下三种方式。

（1）固定加速度因子。固定加速度因子是指将加速度因子设置为不变的常量，而不随算法的进程而改变，一般取 $c_1=c_2=2$，它同时平衡了粒子自我认知和社会学习的能力。

（2）同步变化的加速度因子。同步变化的加速度因子是指将加速度因子 c_1 和 c_2 的取值范围设定为 $[c_{\text{start}},c_{\text{end}}]$ 的因子，第 t 次迭代的加速度因子为：

$$c_1=c_2=c_{\text{start}}-(c_{\text{start}}-c_{\text{end}})\frac{t}{K_{\text{max}}} \tag{6-9}$$

式中：t 为当前进化次数；K_{max} 为最大进化次数。

该方法中,加速度因子随着算法的运行而同步地线性递减,同时降低了粒子的自我认知能力和社会学习能力。

(3) 异步变化的加速度因子。异步变化的加速度因子是指随着算法的运行,c_1 和 c_2 产生不同的变化的因子,其取值方式为:

$$\begin{cases} c_1(t) = (c_{1,\text{end}} - c_{1,\text{start}})\dfrac{t}{K_{\max}} + c_{1,\text{start}} \\[2mm] c_2(t) = (c_{2,\text{end}} - c_{2,\text{start}})\dfrac{t}{K_{\max}} + c_{2,\text{start}} \end{cases} \tag{6-10}$$

式中:$c_{1,\text{start}}$ 和 $c_{2,\text{start}}$ 分别为 c_1 和 c_2 的初始值;$c_{1,\text{end}}$ 和 $c_{2,\text{end}}$ 分别为 c_1 和 c_2 的终止值;t 为当前进化次数;$K_{\max}$ 为最大进化次数。$c_{1,\text{start}}$ 为 $c_1(t)$ 取得的最大值;$c_{1,\text{end}}$ 为 $c_1(t)$ 取得的最小值,c_1 的取值范围是 $[c_{1,\text{end}}, c_{1,\text{start}}]$。相反的是,$c_{2,\text{start}}$ 是 $c_2(t)$ 取得的最小值,$c_{2,\text{end}}$ 是 $c_2(t)$ 取得的最大值,c_2 的取值范围是 $[c_{2,\text{start}}, c_{2,\text{end}}]$。$c_1$ 与 c_2 呈异步变化。通常,c_1 的取值从 2.5 到 0.5 变化,c_2 的取值从 0.5 到 2.5 变化。

这里采用异步变化的加速度因子,它使得算法在进化初期具有较强的全局搜索能力,在进化后期具有较强的局部搜索能力,这有利于加速收敛到全局最优。所采用的惯性权重和加速度因子的动态变化如图 6-17 所示。

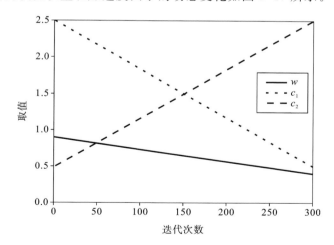

图 6-17　惯性权重和加速度因子的动态变化

3) 种群规模

种群规模越大,参与相互协作搜索的粒子就越多,就能更好地发挥 PSO 算法的搜索能力。然而,种群规模过大,算法需要的运行时间就会大幅增长。种群规模增长到一定的数量时,继续增大种群规模,算法的搜索能力并不会明显增加。种群规模过小时，算法较易陷入局部收敛。为了平衡算法的效率与效用，这里种群规模设置为50～100。

4）最大速度

最大速度v_{max}决定粒子在一次更新中能移动的最大距离。若v_{max}较大，算法的全局搜索能力较强，但粒子容易飞过最优解；若v_{max}较小，则算法的局部搜索能力较强，但容易陷入局部最优。一般将v_{max}设定为每维变量的取值范围，即$v_{j,max}=K_j$，其中，$v_{j,max}$表示粒子第j维的最大速度，K_j表示第j个子任务的CMCSS中MCS的总数。

此外，由于每个粒子在每维的取值$x_{i,j}$是一组离散的值域$\{x_{i,j}:0<x_{i,j}\leqslant K_j\}$，因此必须对每次迭代得到的$x_{i,j}$做相应的处理。在进化过程中，$x_{i,j}$的值取其结果的整数部分，且$x_{i,j}$的值在$\{x_{i,j}:0<x_{i,j}\leqslant K_j\}$之外时，利用如下方式进行调整：

$$\begin{cases} x_{i,j}(t)=K_j, & x_{i,j}(t)>K_j \\ x_{i,j}(t)=1, & x_{i,j}(t)<1 \end{cases} \tag{6-11}$$

5. 算法流程

服务关联感知的制造云服务组合优化的PSO算法求解流程的伪代码如图6-18所示。

```
Particle swarm optimization for optimal service selection
1：randomly create an initial Population for popsize individuals；     //生成初始种群
2：for each k in Population do
3：     calculate the QoS utility of p_k Q(p_k)；                      //计算效用QoS值
4：end for
5．initialize the personal best position of each particle pbest_k, initialize the global best position gbest；
                                                                      //找出粒子的个体极值和群
                                                                        体极值
6：while termination condition is not true do                         //判断终止条件是否满足
7．     updating ω(t),c_1(t),c_2(t)                                    //更新惯性权重和加速度因子
8：     for each k in Population do                                    //对于群体中的每个粒子
9．          generating new velocity of particle p_k                   //得到粒子新的速度
10．         generating new position of particle p_k                   //得到粒子新的位置
11：         calculate the fitness of the new particle                 //得到新粒子的适应度值
12：     end for
13．    updating pbest_k and gbest                                     //更新个体极值和群体极值
14：end while
15：return gbest
```

图6-18 云服务组合优化问题的粒子群算法伪代码

6. 算法的有效性测试

结合制造云服务组合实例,利用表 6-8 提供的候选云服务的默认 QoS 值及表 6-9 提供的关联服务的 QoS 值,来验证上文所提到的改进的 PSO 算法。

仿真实验的运行环境是 PC,CPU AMD 3600+ 2.01GHz,3GB RAM,Windows XP SP3,MATLAB R2011a。

假设用户对 q_{time},q_{cost},q_{rel},q_{avail},q_{rob} 和 q_{rep} 等 6 类 QoS 属性的权重因子分别是 $w_1=0.3,w_2=0.3,w_3=0.1,w_4=0.1,w_5=0.1,w_6=0.1$。

改进的 PSO 算法的参数设置如下:种群大小 m 设为 50,最大进化次数 K_{max} 设为 100,惯性权重设为 $\omega_{start}=0.9$,$\omega_{end}=0.4$,加速度因子设为 $c_{1,start}=2.5$,$c_{1,end}=0.5$,$c_{2,start}=0.5$,$c_{2,end}=2.5$。

图 6-19 描述了改进的 PSO 算法中组合服务效用 QoS 值(群体最优值 gbest)的进化过程。图中 PSO 表示考虑服务关联的情况,PSO-N 表示不考虑服务关联的情况。

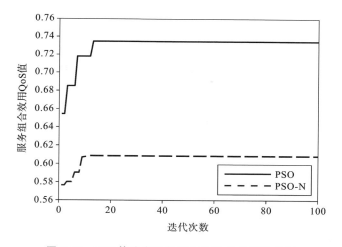

图 6-19　PSO 算法中服务组合效用 QoS 值进化图

对于 PSO-N,求得的群体最优值 gbest 的位置为(1,2,2,2,2,3),即最佳组合方式是{MCS$_{1,1}$,MCS$_{2,2}$,MCS$_{3,2}$,MCS$_{4,2}$,MCS$_{5,2}$,MCS$_{6,3}$},其组合服务的效用 QoS 值是 0.6123,与 PGA-N 求得的结果相同;对于 PSO,求得的群体最优值 gbest 的位置为(1,3,2,2,1,1),即最佳组合方式是{MCS$_{1,1}$,MCS$_{2,3}$,MCS$_{3,2}$,MCS$_{4,2}$,MCS$_{5,1}$,MCS$_{6,1}$},其组合服务的效用 QoS 值是 0.7368,与 PGA 求得的结果相同。可知,改进的 PSO 算法可以有效地求解制造云服务组合问题。

6.2.3 教-学优化算法

1. 教-学优化算法的基本原理

教-学优化(TLBO)算法是 2011 年 Rao 等人提出的一种启发式群智能优化算法。与其他优化算法相比,TLBO 算法的控制参数少,只需要设定群体规模及迭代次数[15]。遗传算法在针对不同问题时选择适应的种群规模、交叉概率、变异概率等参数较为困难;同样,PSO 算法对控制参数如种群规模、惯性权重、加速度因子等的依赖较强。而 TLBO 算法能避免因参数设置不当而造成算法性能降低的问题。TLBO 算法通过模拟班级教学过程中教师的"教"和学生的"学"两个阶段的方法,找到最优学生个体。

在 TLBO 算法中,每个优化问题的解相当于班级中的一个学生,每个决策变量相当于学生所学的某一科目,而适应度值最优的个体相当于班级中的教师。TLBO 算法中相关概念的数学描述如下:一个由 m 个学生组成的班级 $S = (s_1, s_2, \cdots, s_i, \cdots, s_m)$ 中,第 i 个学生表示为 $s_i = (s_{i,1}, s_{i,2}, \cdots, s_{i,j}, \cdots, s_{i,D})$,其中,$s_{i,j}$ 表示学生 i 的第 j 个科目,D 表示问题的维度;教师 $s_T = \text{Best}(S)$。

2. 学生个体编码

TLBO 算法首先需要解决的问题是学生个体的编码,即实现待求解问题与班级中学生个体之间的映射。本节采用实数编码的方法,设 TLBO 算法中的每个学生代表一个可行解,即一个候选的 CMCS;学生的学科数目为 $D = I$(问题的维度),即学科的数目与 CMCS 中子服务的个数对应。如第 i 个学生表示为 $s_i = (s_{i,1}, s_{i,2}, \cdots, s_{i,j}, \cdots s_{i,I})$,其中 $s_{i,j}$ 为 CMCS 对应的第 j 个 CMCSS 中 MCS 的序号(索引),其取值为一个离散的值域 $\{s_{i,j}: 0 < s_{i,j} \leqslant K_j\}$,$K_j$ 表示第 j 个子任务的 CMCSS 中 MCS 的总数。

如图 6-20 所示,候选的 CMCS 为 $\{MCS_{1,2}, MCS_{2,4}, MCS_{3,6}, MCS_{4,5}, MCS_{5,3}, MCS_{6,1}\}$,其对应的学生个体表示为(2,4,6,5,3,1)。

3. 适应度函数的设定

制造云服务组合的目标是在满足用户约束的条件下,使可靠性、可用性、鲁棒性和声誉等属性指标尽量高,而时间、价格等属性指标尽量低。类似于 PSO 算法中的适应度函数,直接将学生个体所对应的组合服务的效用 QoS 值作为学生个体的适应度值,则学生个体 s_i 的适应度值为:

$$\text{fitness}(x_i) = \text{UQ}(x_i) \tag{6-12}$$

式中:$\text{UQ}(s_i)$ 为学生个体 s_i 所对应的组合服务的效用 QoS 值。

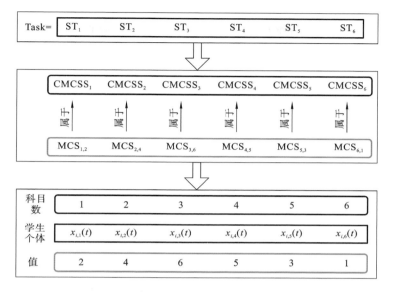

图 6-20　组合服务与学生个体之间的映射实例

4. 教学阶段

在教学阶段,选择班级中最优秀的学生个体作为教师 s_T。根据每个学生各个学科的成绩,教师 s_T 将通过教学在一定程度上提高学生各学科成绩,进而提高班级成绩的平均值。需要注意的是,教师 s_T 会尽可能使班级成绩的平均值接近于自身水平,但是限于教师 s_T 的教学水平和各个学生个体学习能力,整体提升的空间必然是有限的。教学阶段学生个体的学习方法是根据教师 s_T 和平均值(Mean)的差异进行学习的,学生个体更新的公式为:

$$\text{Difference}_t = r_t(s_T - T_f \text{Mean}) \tag{6-13}$$

$$s_i^{\text{new}} = s_i^{\text{old}} + \text{Difference}_t \tag{6-14}$$

式中:t 为迭代次数;Mean 为学科成绩的平均值,即 $\text{Mean} = \left(\sum_{i=1}^{P} s_i\right)\Big/ P$;$r_t$ 为学习因子,为 $[0,1]$ 中的随机数;T_f 为教学因子,是 1 和 2 中的任一个数,即

$$T_f = \text{round}[1 + \text{rand}(0,1)] \tag{6-15}$$

此外,由于学生个体在每个科目的成绩取值 $s_{i,j}$ 是一组离散的值域 $\{s_{i,j}: 0 < s_{i,j} \leqslant K_j\}$,因此必须对每次迭代得到的 $s_{i,j}$ 做相应的处理。在进化过程中,$s_{i,j}$ 的值取其结果的整数部分,且 $s_{i,j}$ 的值在 $\{s_{i,j}: 0 < s_{i,j} \leqslant K_j\}$ 之外时,利用式 (6-11) 所示原理进行调整。

假设现在有一班级,学生个体及其适应度值如表 6-10 所示。可知,其平均

值为(7.4,4.6,7.8,6.4,5.5,5.8,5.4,5.3,5.4,6.4)。表6-10中第6个个体的适应度值最大,则该个体为下一次进化的教师个体,即s_T=(7,3,9,4,2,9,9,1,4,8)。

表6-10 学生个体及其适应度值

学生个体										适应度值
10	8	10	6	5	3	9	2	6	5	0.327842
8	5	6	10	6	2	9	9	9	9	0.388705
7	7	9	9	1	6	3	7	8	10	0.368661
10	5	5	10	7	9	1	3	1	9	0.371246
8	4	5	7	9	9	5	9	3	8	0.338622
7	3	9	4	2	9	9	1	4	8	0.474844
10	4	10	5	5	3	5	5	9	9	0.346741
1	1	6	10	3	6	5	8	5	1	0.359920
3	5	10	1	10	9	6	4	3	4	0.297417
10	4	8	2	7	2	2	5	6	1	0.409248

根据式(6-13)和式(6-14),得到新的群体及其适应度值,如表6-11所示。

表6-11 新的群体及其适应度值

新的群体										适应度值
6	4	6	2	1	1	8	1	3	3	0.408447
4	1	2	6	1	1	8	4	6	7	0.334280
3	3	5	5	1	4	2	2	5	8	0.412302
6	1	1	6	2	7	1	1	1	7	0.426035
4	1	1	3	4	7	4	4	1	6	0.368882
3	1	5	1	1	7	8	1	1	6	0.319998
6	1	6	1	1	1	4	1	6	7	0.389832
1	1	2	6	1	4	4	3	2	1	0.406829
1	1	6	1	5	7	5	1	1	2	0.319579
6	1	4	1	2	1	1	1	3	1	0.384794

如果新的群体中,某一个体的适应度值有所提高,则接受,即用新的群体中适应度值大的个体代替旧群体中适应度值小的个体。故表6-11所示的学生个体,经教学阶段后,得到新的学生个体及其适应度值,如表6-12所示。

表 6-12　经教学阶段后得到的学生个体及其适应度值

新的群体										适应度值
6	4	6	2	1	1	8	1	3	3	0.408447
8	5	6	10	6	2	9	9	9	9	0.388705
3	3	5	5	1	4	2	2	5	8	0.412302
6	1	1	6	2	7	1	1	1	7	0.426035
4	1	1	3	4	7	4	4	1	6	0.368882
7	3	9	4	2	9	9	1	4	8	0.474844
6	1	6	1	1	1	4	1	6	7	0.389832
1	1	2	6	1	4	4	3	2	1	0.406829
1	1	6	1	5	7	5	1	1	2	0.319579
10	4	8	2	7	2	2	5	6	1	0.409248

5. 学习阶段

在学习阶段,每个学生 s_i 在班级中随机选取一个学习对象 s_j,通过分析自己和其他学生的差异进行学习。学习的方法类似于差分算法中的差分变异算子。不同的是,在 TLBO 算法中,每一个学生采用不同的学习因子 r。学习阶段,学生个体更新的公式为:

$$s_i^{\text{new}} = \begin{cases} s_i^{\text{old}} + r_i(s_i - s_j), & f(s_i) < f(s_j) \\ s_i^{\text{old}} + r_i(s_j - s_i), & f(s_j) < f(s_i) \end{cases} \tag{6-16}$$

式中:r_i 为 $[0,1]$ 中的随机数。如果 s_i^{new} 的适应度值比 s_i^{old} 的更高,就接受。

表 6-12 所示的学生个体,经过学习阶段后,得到新的个体及其适应度值,如表 6-13 所示。

表 6-13　经学习阶段后得到的新群体及其适应度值

新的群体										适应度值
6	2	6	1	1	1	5	1	6	6	0.462714
6	2	6	2	2	1	5	2	6	6	0.413189
3	3	5	5	1	4	2	2	5	8	0.412302
6	1	1	6	2	7	1	1	1	7	0.426035
4	1	1	3	4	7	4	4	1	6	0.368882
7	3	9	4	2	9	9	1	4	8	0.474844
6	2	6	1	1	1	5	1	6	6	0.462714
1	1	2	6	1	4	4	3	2	1	0.406829
5	2	7	1	6	5	4	3	3	2	0.420145
10	4	8	2	7	2	2	5	6	1	0.409248

6. 算法流程

服务关联感知的制造云服务组合优化的教-学算法流程的伪代码如图 6-21 所示。

```
Teaching-learning-based optimization for optimal service selection
1: randomly create an initial Population for popsize individuals;        //生成初始群体
2: for each i in Population do
3:     calculate the QoS utility of s_i Q(s_i);                          //计算个体的效用 QoS 值
4: end for
5. while termination condition is not true do                           //判断终止条件是否满足
6.     calculate Mean, T_f                                              //计算平均值与教学因子
7.     identify the best solution (s_T)                                 //找出教师个体
8:     generating s^{new} using Eq. (6-14)                              //教学阶段得到新个体
9.     if s^{new} better than s_i then updating s_i end if              //判断个体是否更新
10.     for each i in Population do                                     //学习阶段
11.         random select s_j (i≠j)
12.         generating s^{new} using Eq. (6-16)                         //学习阶段得到新个体
13:         if s^{new} better than s_i then updating s_i end if         //判断个体是否更新
14.     end for
15. end while
16. return the best solution (s_T)
```

图 6-21 云服务组合优化问题的教-学算法伪代码

7. 算法验证

利用表 6-8 提供的候选云服务的默认 QoS 值及表 6-9 提供的关联服务的 QoS 值，来验证上文所提到的 TLBO 算法。

仿真实验的运行环境是 PC，CPU AMD $3600+$ 2.01GHz，3GB RAM，Windows XP SP3，MATLAB R2011a。

假设用户对 q_{time}，q_{cost}，q_{rel}，q_{avail}，q_{rob} 和 q_{rep} 等 6 类 QoS 属性的权重因子分别是 $w_1=0.3$，$w_2=0.3$，$w_3=0.1$，$w_4=0.1$，$w_5=0.1$，$w_6=0.1$。

TLBO 算法的参数设置如下：种群大小 m 设为 50，最大进化次数 K_{max} 设为 100。

图 6-22 描述了 TLBO 算法中组合服务效用 QoS 值（最优值 $UQ(s_T)$）的进化过程，其中 TLBO 表示考虑服务关联的情况，TLBO-N 表示不考虑服务关联的情况。

对于 TLBO-N 算法，求得的最优值学生个体为 (1,2,2,2,2,3)，即最佳组合

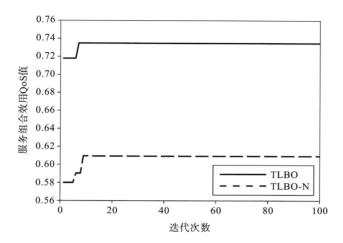

图 6-22 TLBO 算法中服务组合效用 QoS 值进化图

方式是 $\{MCS_{1,1}，MCS_{2,2}，MCS_{3,2}，MCS_{4,2}，MCS_{5,2}，MCS_{6,3}\}$，其组合服务的效用 QoS 值是 0.6123，与 PGA-N 求得的结果相同；对于 TLBO 算法，求得的群体最优学生个体为 $(1,3,2,2,1,1)$，即最佳组合方式是 $\{MCS_{1,1}，MCS_{2,3}，MCS_{3,2}，MCS_{4,2}，MCS_{5,1}，MCS_{6,1}\}$，其组合服务的效用 QoS 值是 0.7368，与 PGA 求得的结果相同。可知，TLBO 算法可以有效地求解制造云服务组合问题。

本章参考文献

[1] 易安斌. 云制造资源服务组合优化选择问题研究[D]. 广州：华南理工大学，2016.

[2] 刘书雷，刘云翔，张帆，等. 一种服务聚合中 QoS 全局最优服务动态选择算法[J]. 软件学报，2007，18(3)：646-656.

[3] SRINIVAS N，DEB K. Muiltiobjective optimization using nondominated sorting in genetic algorithms[J]. Evolutionary Computation，2014，2(3)：221-248.

[4] DEB K，AGRAWAL S，PRATAP A，et al. A fast elitist non-dominated sorting genetic algorithm for multi-objective optimization：NSGA-Ⅱ[C]// SCHOENAUER M，DEB K，YAO X F，et al. Proceedings of 2000 6th International Conference on Parallel Problem Solving from Nature. Heidel-

berg，Germany：Springer Verlag，2000：849-858.

[5] DEB K，PRATAP A，AGRAWAL S，et al. A fast and elitist multiobjective genetic algorithm：NSGA-Ⅱ[J]. IEEE Transactions on Evolutionary Computation，2002，6(2)：182-197.

[6] BURKE E K，KENDALL G. Search methodologies[M]. 2nd Edition. New York：Springer Science＋Business Media，2014：403-449.

[7] 史峰，王辉，郁磊，等. MATLAB 智能算法 30 个案例分析[M]. 北京：北京航空航天大学出版社，2011：89-99.

[8] COELLO C A C，LECHUGA M S. MOPSO：a proposal for multiple objective particle swarm optimization[C]//DAHAL K P，BURT G，MCDONALD J，et al. Proceedings of the 2002 Congress on Evolutionary Computation. Washington，United States：IEEE Computer Society，2002：1051-1056.

[9] ZITZLER E，LAUMANNS M，THIELE L. SPEA2：improving the performance of the strength Pareto evolutionary algorithm [R]. Zurich，Switzerland：Swiss Federal Institute of Technology，2001.

[10] BAKER J E. Adaptive selection methods for genetic algorithms [C]// GREFENSTETTE J J. Proceedings of the 1st International Conference on Genetic Algorithms. Pittsburgh，PA，USA：ICGA，1985：101-111.

[11] 雷英杰，张善文，李续武，等. 遗传算法工具箱及应用[M]. 2 版. 西安：西安电子科技大学出版社，2014.

[12] CANFORA G，DI P M，ESPOSITO R，et al. An approach for QoS-aware service composition based on genetic algorithms [C]//BEYER H G，O'REILLY U M. Proceedings of the 7th Annual Conference on Genetic and Evolutionary Computation. Washington，D. C.，2005：1069-1075.

[13] 张丽平. 粒子群优化算法的理论及实践[D]. 杭州：浙江大学，2005.

[14] SHI Y，EBERHART R C. Empirical study of particle swarm optimization [C]//HOTEL M. Proceedings of the 1999 Congress on Evolutionary Computation. Washington，D.C.，United states：IEEE CEC，1999：1945-1950.

[15] 金鸿. 服务关联感知的制造云服务组合与优化研究[D]. 广州：华南理工大学，2015.

第7章
制造物联网应用实例

本章给出与实际应用相关的一些实例,具体包括基于物联网的车间加工作业主动调度、面向摩托车制造和航空复杂产品设计的云服务组合优化、工业 4.0 示范项目以及制造物联网电子厂。

7.1　物联网车间加工作业的主动调度

随着市场全球化趋势的发展,面向全球逐渐增长的客户以及个性化、定制化、准时化的生产需求,将给制造企业带来诸如订单动态多变、原料短缺、交货期提前、机器故障等不确定性,制造系统将面对更加复杂的挑战,需要具有敏捷性、鲁棒性与主动性[1]。信息技术与制造技术深度融合,推动制造模式不断更新换代,基于主动计算[2]、大数据等相关技术,而提出的大数据驱动的新兴制造模式——主动制造[3],其实质是一种基于大数据而实现感知、分析、定向、决策、调整、控制于一体的人机物协同的智慧制造,进而为用户提供客户化/个性化的产品和服务。在生产制造中,静态调度被认为是 NP 难题,然而调度系统经常在高动态性和不确定性的情况下运行,由于制造环境的动态性,动态调度应运而生,从而形成比静态调度更加复杂的 NP 难题[4]。为解决以上不确定问题,在生产调度中经常采取的措施有实时调度、反应式调度、前摄性调度、再调度、在线调度和自适应调度等[5],然而,这些调度方法只能在制造系统出现异常扰动后,再做出及时动态的反应调度,还有可能造成制造系统损坏或调度冗余时间的浪费。而主动调度(proactive scheduling,PS)是在异常扰动出现之前,提前预测可能发生的扰动事件,进而对制造资源进行事前的优化配置,自主地适应制造环境变化的方法,它能够提高生产效率和降低生产成本。智慧制造/主动制造旨在为客户提供个性化、定制化的产品,要求在产品生产中,对制造资源合理调度,灵活配送原料与产品,而 AGV(automatic guided vehicle)是实现如此灵活需求的理想物料运输设备。因此,在主动调度中用 AGV 配送工件,同时考虑与机器(机床)的集成调度问题[6]。

7.1.1 调度模型分类

实际生产制造中存在广泛的不确定因素,诸如新订单插入、原材料短缺、机器故障和刀具磨损等,而且生产中需要考虑多项性能指标,诸如最大完工时间、交货期、生产成本和库存等,各项要求还有可能冲突。实际生产车间的调度是一个静态、动态和主动调度相结合的过程,目前生产车间调度模型存在多种不同的分类方法,一种直观的生产调度模型分类方法如图 7-1 所示,它根据动态性与复杂性来划分调度问题。由此可见,主动调度是实时动态调度的进一步发展,也是一类更为复杂的调度问题。

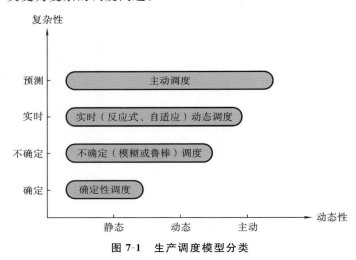

图 7-1 生产调度模型分类

7.1.2 物联网车间加工作业感知环境构建

1. 构建加工作业的感知环境

在工件的加工过程中,需要实时感知工件的加工情况以及出现的异常扰动,并预测即将发生的扰动,构建加工作业的感知环境如图 7-2 所示。

在该环境中,网络(如 LAN、Wi-Fi、蓝牙等)覆盖整个生产车间,生产车间由调度中心、原料和产品仓库(N_{rpw})、AGV、数控机床(N_{ncm})等组成,各个工位安装定向且配置 LAN(Wi-Fi)接口的 UHF RFID 读写器,工件上粘贴有抗金属陶瓷 RFID 标签;AGV 配送原材料或工件半成品到加工工位,实现从原料出库、机床加工到产品入库整个加工过程的监测;在物料所经过的各个加工工位都配置有 RFID 感知节点,实时感知到达工件的 ID、时间、位置等数据;采用复

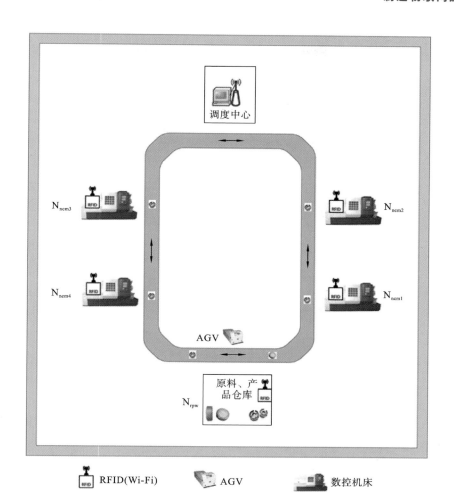

图 7-2　加工作业感知环境

杂事件处理技术[7]，实时监测工件加工过程中的异常扰动事件，形成工件实时状态矩阵 $S=(\alpha_{ij},1{\leqslant}i{\leqslant}m,1{\leqslant}j{\leqslant}4)$，即

$$S=\begin{bmatrix} \alpha_{11} & \alpha_{12} & \alpha_{13} & \alpha_{14} \\ \alpha_{21} & \alpha_{22} & \alpha_{23} & \alpha_{24} \\ \alpha_{31} & \alpha_{32} & \alpha_{33} & \alpha_{34} \\ \vdots & \vdots & \vdots & \vdots \\ \alpha_{m1} & \alpha_{m2} & \alpha_{m3} & \alpha_{m4} \end{bmatrix} \tag{7-1}$$

式中：i 表示工件序号；j 表示工位序号；$\alpha_{ij}=1$，表示工件在该工位加工情况正常；$\alpha_{ij}=0$，表示加工情况异常。

2. 刀具剩余使用寿命预测

以工件铣削加工所采用的数控铣床(型号:Xendoll Tech C000017)为例,铣削刀具采用微颗粒钨硬质合金双刃铣刀(型号:Seco S550;直径:6 mm),1 个无线三轴加速度计(型号:M69)用来测量铣削过程的振动,相配套的无线基站(型号:M90)用来调理振动信号并将其传送给调度中心。无线三轴加速度计的采样频率是每通道 1 kHz。1 台便携式数字显微镜(型号:MSUSB401),用来测量铣削后的刀具磨损。采集到的振动数据经过去噪、特征提取、特征选择,所得到的特征数据输入神经模糊网络[8],实现刀具剩余使用寿命的预测。各个机床刀具剩余使用寿命形成一个寿命预测矩阵,即

$$W = \begin{bmatrix} w_1 & w_2 & w_3 & w_4 \end{bmatrix} \tag{7-2}$$

式中:w_1 是第一台机床的刀具剩余使用寿命(这里用该刀具还能加工工件的数量表示);其他以此类推。

7.1.3 主动调度方案

1. 加工作业的调度数学模型

物联网车间加工作业的调度问题描述如下:n 个工件$\{J_1, J_2, \cdots, J_n\}$在 m 台机器$\{M_1, M_2, \cdots, M_m\}$上加工,每个工件包含 h 道工序,每道工序可以在多台机床中任意选择一台完成,n 个工件的 h 道工序加工路径可以不相同,O_{ij} 表示第 i 个工件第 j 道工序的加工操作,T_{ij} 表示第 i 个工件第 j 道工序的加工时间。

则第 i 个工件的加工完成时间为:

$$C_i = \max_{1 \leqslant j \leqslant h}(T_{ij}) \tag{7-3}$$

当初始调度方案受实时与预测扰动事件影响时,对初始调度方案稍做修改,形成主动调度(动态调度)方案,其性能鲁棒性测度为:

$$r_p = \left(\frac{\left| C_{max}^p - C_{max}^b \right|}{C_{max}^p} \right) \times 100 \tag{7-4}$$

式中:C_{max}^p 为主动调度(动态调度)方案工件加工完成时间;C_{max}^b 为初始调度方案工件加工完成时间。

初始调度方案的稳定鲁棒性测度为:

$$r_s = \frac{\displaystyle\sum_{i=1}^{n} \sum_{j=1}^{h} \left| C_{ij}^p - C_{ij}^b \right|}{\displaystyle\sum_{i=1}^{n} \sum_{j=1}^{h} T_{ij}} \tag{7-5}$$

式中：C_{ij}^{D} 为主动调度（动态调度）方案第 i 个工件第 j 道工序的加工结束时间；C_{ij}^{b} 为初始调度方案第 i 个工件第 j 道工序的加工结束时间。

当实时与预测扰动事件影响初始调度方案时，形成相应的主动调度（动态调度）方案，其目标是最小化扰动事件对初始调度方案的影响，鲁棒性测度表示为：

$$r = r_{p} + r_{s} \qquad (7\text{-}6)$$

加工作业调度问题约束条件如下：

（1）每个工件的加工路径可以不相同；

（2）每个时刻，每台机床只能够用来加工一道工序，而且不允许工序中断，每台机床都配有输入/输出缓冲区；

（3）每道工序只能够选择一台机床加工；

（4）加工每道工序的时间已经确定；

（5）一个工件不能同时在不同的机床上加工；

（6）工序的准备时间忽略不计，或者包含在加工时间中；

（7）出现实时或预测扰动事件时，没有受影响的正在加工的工序继续加工，直到该工序加工完成为止。

2. 主动调度框架

加工作业的主动调度框架如图 7-3 所示，主动调度包含了动态调度方案。制造加工过程中，扰动不可避免，当车间出现异常扰动时，首先判断异常类型（如缓冲区阻塞等），然后确定受影响工件、工序和机器，更新调度参数，生成新的动态调度方案，并执行该调度方案。为避免调度中冗余时间的浪费，减小异常扰动给制造加工系统带来的损失（有时是严重的），在异常扰动发生之前，根据加工过程的实时数据与历史数据，对将来可能发生的异常扰动（如刀具寿命用尽等）进行预测，采取必要的预防维护措施（如更换刀具等），避免扰动的发生，确定受影响工件与工序，更新调度参数，形成主动调度方案。这里的主动调度目标是最小化异常扰动对初始（前次）调度方案的影响[9]。

3. 主动调度策略

滚动窗口是解决调度问题的重要方法[10]，对于动态调度，该方法是将不确定的调度问题分解为一系列动态但是确定的问题，并将动态调度过程分解为一系列连续的静态调度区间，然后使用调度算法优化每个调度区间，使系统在每个调度区间内最优。滚动窗口的主要思想是采用工件窗口实现滚动调度。初始调度时，选取若干工件加入工件窗口，采用优化算法进行优化，产生初始调度

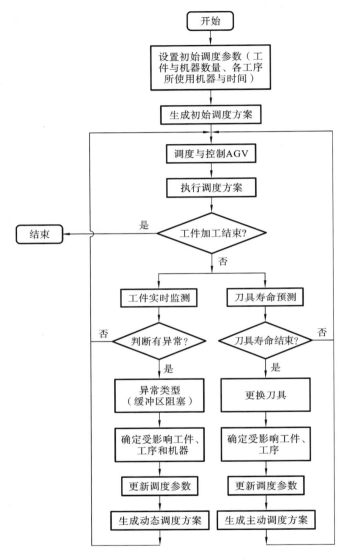

图7-3 加工作业的主动调度框架

方案;当加工过程出现扰动时,初始调度方案不再适用,需要启动动态调度方案,在动态调度时,已经加工完成的工件从工件窗口中移除,等待加工的工件加入工件窗口,重新对当前工件窗口内的工件进行优化;重复该过程,直到所有工件都加工完成为止。

滚动调度策略包括两个因素:重调度机制与工件窗口。重调度机制包括基于周期驱动的重调度、基于事件驱动的重调度和基于周期与事件驱动的重调度。基于周期驱动的重调度是指每隔一段生产周期进行一次重调度,该机制能够较好地保持车间生产的稳定性;基于事件驱动的重调度是指当系统出现一个实时的扰动事件时,重调度即刻启动,该机制能够很好地响应实时事件;基于周期与事件驱动的重调度集成了以上两种机制的优点,既能够较好地应对车间的扰动事件,又能够保持车间生产的稳定性。但这三种方式都没有预测未来扰动事件发生的能力。

主动调度采用基于预测事件驱动的重调度。该调度方式首先根据车间现场采集的加工过程实时数据以及历史数据,预测扰动事件(如机床刀具剩余寿命用尽事件)的发生,并在该扰动事件发生之前,预先安排处理措施(如更换刀具)。这里针对 RFID 监测到的实时扰动事件和无线加速度计监测并预测到的刀具剩余寿命用尽事件,采用基于实时事件驱动的重调度以及基于预测事件的重调度,实现对车间实时的动态调度和预测的主动调度的融合。

在滚动调度策略中需要定义一个工件窗口,在重调度时,只调度该时刻工件窗口中的工件。滚动调度工件窗口如图 7-4 所示,窗口中的工件分为已加工完成工件集、正在加工工件集、未加工工件集和待加工工件集。未加工工件是指已经被当前调度方案调度但还没有处在加工状态的工件;待加工工件是指还没有被调度,正在等待被调度的工件。在滚动调度策略的重调度时刻,只需要从当前工件窗口中移除已加工完成工件,再增加待加工工件,然后对工件窗口中的工件采用相应的优化算法进行调度即可。

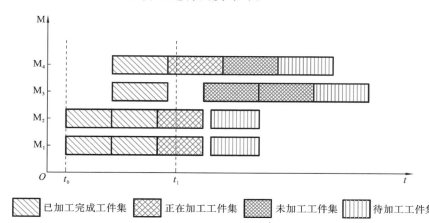

图 7-4　滚动调度工件窗口

4. 主动调度算法

遗传算法具有较强的解决非线性优化问题的能力,其中每个染色体用来表示问题的一个最优解,一个染色体能够方便地表达简单问题的潜在解,但是难以精确表达复杂问题的解(如工件加工工序与加工机器编码)。同时,为解决加工机器与 AGV 集成调度的问题,以及应对不确定实时与预测扰动事件对初始调度方案的影响,这里采用改进的多目标双层编码双级进化双重解码遗传算法(multi-objective, double encoding, double evolving, and double decoding genetic algorithm,MD3GA),算法流程如图 7-5 所示。双层编码方法把每个染色体编码分成两层(工序编码与机器编码),用一个染色体精确表达复杂问题的解。染色体采用双级进化方法,第 1 级进化以工件加工完成时间最小为目标,形成初始调度方案,第 2 级进化以工件加工完成时间和鲁棒性测度(权重和)最小为目标,形成考虑扰动事件影响的主动调度方案。解码采用双重解码方法,第 1 重解码获得不考虑 AGV 配送时间的工件加工顺序、加工机器、开始加工时间和结束时间,第 2 重解码考虑 AGV 配送工件的时间,获得各个工序包含配送时间的具体加工时间。

1) 染色体双层编码

染色体编码的方式为整数编码方式。为同时表示工件的加工工序与各工序分配机器的信息,染色体应用双层编码。第 1 层是加工工件的工序编码,也称工序码;第 2 层是各工序基于可用加工机器选择的编码,也称机器码。工件加工总数为 n,每个工件的加工工序为 h,则每个染色体的编码长度为 $2nh$,其中,染色体的前 nh 位表示所有工件在加工机器上的加工顺序,后 nh 位表示工件每道工序所选择的加工机器序号。如图 7-6 所示的染色体编码表达了 6 个工件在 4 台机器上加工的顺序,每个工件都有 3 道工序,每道工序有不同数量的加工机器可供选择,染色体前半部分表示 6 个工件的 18 道工序,后半部分表示每道工序所选择的可选加工机器序号,如第 6 个工件的第 1 道工序选择可选机器中的第 1 台机器加工,第 2 道工序选择可选机器中的第 1 台机器加工。

2) 染色体适应度值计算

适应度值用来表示染色体个体的适应度,此处采用染色体双级进化方法,每一级分别对应不同的适应度值函数。第 1 级进化染色体的适应度值为工件的加工完成时间,其目标是实现最大加工完成时间最小化,即

$$f_1 = \min(\max_{1 \leqslant i \leqslant n}(C_i)) \tag{7-7}$$

式中:C_i 为第 i 个工件的加工完成时间($i = 1, 2, \cdots, n$)。

计算个体适应度值需要将染色体完整还原为工件各工序的加工顺序与加

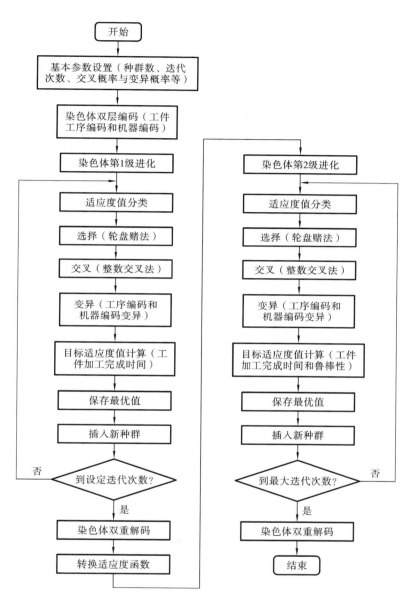

图 7-5　MD3GA 流程图

工选择的机器编码。在计算第 i 个工件第 j 道工序的完成时间时,比较该工件工序的开始时间与该工件第 $j-1$ 道工序的结束时间,取其中较大者为该工序的开始时间,然后再加上该工序的加工时间,即为第 i 个工件第 j 道工序的完成时间。

第6个工件第1道工序

第6个工件第2道工序

第6个工件的第1道工序选择
可选机器中的第1台机器加工

第6个工件的第2道工序选择
可选机器中的第1台机器加工

图 7-6　染色体编码

第 2 级进化染色体的适应度值为工件的加工完成时间和调度方案鲁棒性测度(权重和),其目标函数为:

$$f_2 = \min(w \times (\max_{1 \leqslant i \leqslant n}(C_i)) + (1-w) \times r) \qquad (7\text{-}8)$$

式中: w 为工件加工完成时间与调度方案鲁棒性测度的权重因子。

3) 染色体选择操作

选择操作采用轮盘赌方式,依据概率选择适应度较强的染色体参与后面的遗传操作,其中个体概率 F_i 的计算由适应度值决定,其表达式为:

$$F_i = 1/f_i \qquad (7\text{-}9)$$

式中: $i=1,2$, f_1、f_2 分别为第 1 级和第 2 级的适应度值函数。

设群体大小为 popsize,则某个体被选择的概率为:

$$P_i = F_i \Big/ \sum_{i=1}^{\text{popsize}} F_i \qquad (7\text{-}10)$$

4) 染色体交叉操作

新染色体通过种群交叉操作获得,推动整个种群向前进化。交叉操作使用整数交叉法,具体方法为:随机选取种群中的两个染色体,并取出每个染色体的前 nh 位,然后随机选择两个染色体的交叉位置进行交叉,在第一层的交叉点前后两个染色体互换基因,并局部调整交叉后的染色体。调整原则为:染色体表示的工件数及工序数与调度问题约束条件相符。染色体交叉操作可用图 7-7 表示,两个父代染色体的工序基因在第 4 个位置交叉,染色体交叉操作后,有些工件的工序多余(如第一个子代的工件 4,第二个子代的工件 1 和工件 2),有些工件的工序缺失(如第一个子代的工件 1 和工件 2,第二个子代的工件 4),此时,将工件工序多余的操作调整为工序缺失的操作,并按照交叉前各个工件工序的加工机器编码来调整从 $nh+1$ 位到 $2nh$ 位的加工机器(如第一个子代的加工工件 1 第 3 道工序的机器编码为 1,加工工件 2 第 3 道工序的机器编码为 3)。

5) 染色体变异操作

新染色体也可以通过种群变异操作获得,同样推动整个种群向前进化,具

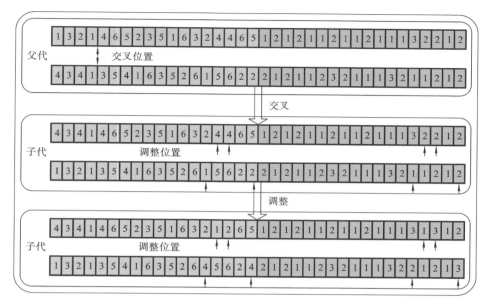

图 7-7　染色体交叉操作

体操作方法为:先从种群中随机选取一个变异染色体,然后选择变异的位置 p_1 和 p_2,最后将变异染色体中 p_1 和 p_2 的加工工序以及对应的加工机器编码对换。如图 7-8 所示,变异个体中选择工序编码的第 3 位置和第 5 位置相互交换,相对应的机器编码也相互交换位置,得到变异的新染色体。

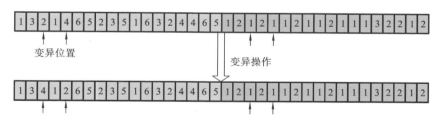

图 7-8　染色体变异操作

6) 染色体双级进化

　　双级进化是指将染色体的进化过程分为两个级别。第 1 级不考虑扰动事件,以工件加工完成时间最小为目标形成初始调度方案;第 2 级考虑扰动事件的影响,用第 1 级进化形成的染色体个体为初始种群,以扰动对初始调度方案的影响最小(工件加工完成时间和鲁棒性测度最小)为目标,形成主动调度方案。染色体双级进化的目的是提高调度方案的抗干扰能力。

例如,有 6 个工件需要加工,每个工件有 3 道加工工序,各个工件每道工序可选的加工机器如表 7-1 所示,各工序在对应机器上的加工时间如表 7-2 所示。当取不同权重因子 w 时,利用式(7-8)分析调度算法的不同执行性能,其结果如表 7-3 所示。MD3GA 算法在不同权重因子下的进化曲线如图 7-9 所示。

表 7-1　工序加工可选机器列表

工件	工序 1	工序 2	工序 3
工件 1	(1,2,3)	(2,3,4)	(3,4)
工件 2	(2,3,4)	(2,3)	(1,3,4)
工件 3	(1,3,4)	(1,2,3)	(1,4)
工件 4	(1,2,3)	(1,2)	(1,2,4)
工件 5	(3,4)	(1,3)	(1,3,4)
工件 6	(2,3)	(1,2,3)	(1,4)

表 7-2　工序在相应机器上的加工时间列表

工件	工序 1/s	工序 2/s	工序 3/s
工件 1	(10,15,20)	(24,14,15)	(12,24)
工件 2	(24,27,14)	(14,23)	(23,13,14)
工件 3	(12,13,24)	(11,22,13)	(13,24)
工件 4	(21,12,23)	(21,12)	(21,22,14)
工件 5	(23,24)	(21,23)	(23,24,26)
工件 6	(21,23)	(15,17,21)	(21,22)

表 7-3　MD3GA 算法在不同权重因子下的执行性能

权重因子(w)	目标值(f_1)	目标值(f_2)	运行时间/s
0	81	13.03	352
0.1	81	19.21	481
0.3	81	26.67	518
0.5	81	46.81	418
0.7	81	62.06	412
0.9	81	78.46	536
1.0	81	81	407

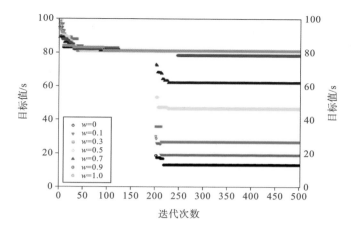

图 7-9　MD3GA 算法在不同权重因子下的进化曲线

由表 7-3 和图 7-9 可知：当权重因子 w 取不同的值时，初始调度方案的第 1 级进化目标函数值 f_1 将保持不变；当 $w=0$ 时，第 2 级进化不考虑工件加工完成时间，只考虑调度方案的鲁棒性测度，此时，目标函数值 $f_2=13.03$ 为最小；当 $w=1$ 时，第 2 级进化不考虑调度方案的鲁棒性测度，只考虑工件的加工完成时间，此时，目标函数值 $f_2=81$ 为最大；随着 w 的增大，目标函数值 f_2 逐渐增大。综合考虑 MD3GA 的多目标特性以及执行性能，选择 $w=0.7$。

7）染色体双重解码

以上所得到的最优染色体基因决定了工件配送的初始顺序，并不是工件加工的先后顺序，会出现基因靠前的工件开始加工的时间晚于基因靠后的工件的加工时间等问题。为解决加工机器与单台 AGV 集成调度问题，基于先加工先配送的策略，对遗传算法进行改进，采用染色体双重解码方法，其流程如图7-10所示。第 1 重解码，不考虑 AGV 配送工件的运行时间，获取每个工件的加工序列和加工机器，以及加工开始时间和结束时间，然后依据各个工序的加工开始时间对染色体基因升序排序，确保先加工的工件先得到 AGV 配送，并没有改变各机器加工工件的顺序。第 2 重解码，依据排序后的染色体，综合考虑工件加工序列、加工时间和 AGV 配送时间进行调度，将获得包含 AGV 配送时间的各个工序具体加工开始时间和结束时间，实现工件加工机器与 AGV 配送的集成调度。

在第 2 重解码中，由于所有原料都存储于原料库中，而且单台 AGV 每次只能取 1 个原料（工件半成品）配送，因此加工每个工件的第 1 道工序前，AGV 都从原料库取原料并配送到相应的加工机器上。当所加工的工序不是第 1 道工

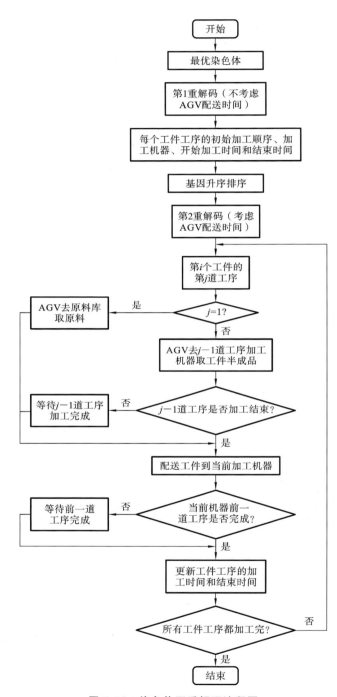

图 7-10   染色体双重解码流程图

序时，AGV 去加工该工件前一道工序的机器缓冲区，并判断前一道工序是否已经加工完成，若前一道工序还没有结束，则等待加工完成后，再取工件半成品并将其配送到当前加工机器；同样，AGV 先判断当前机器所加工的前一道工序是否加工完成，若没有加工完成，则等待当前机器所加工的前一道工序加工完成，再开始当前工序的加工。所有工件的每道工序都按照此步骤执行，直到所有工序都加工完成，形成包含 AGV 配送时间的每个工件各个工序的具体开始加工时间、结束时间。

　　同样以 6 个工件需要加工，每个工件有 3 道加工工序为例，说明双重解码方法。应用 MD3GA，对第 1 重解码得到的染色体按照工件开始加工时间升序排序，如图 7-11 所示。

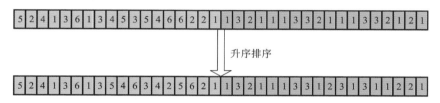

图 7-11　染色体按照开始加工时间升序排序

　　经过双重解码得到最终的加工机器与 AGV 集成调度时间，如表 7-4 所示，其中 O_{ij} 为工件加工工序，"始"为工件开始加工时间，"终"为工件加工结束时间，T_W 为 AGV 去加工工件前一个工序加工机器取该工件时的等待时间（因前一个工序还没有完成）与在当前加工工位的等待时间（因当前加工机器前一个工序还没有完成）之和，T_D 为 AGV 配送原料（半成品）到各工序加工机器工位的时间（包含 T_W）。表 7-4 列出了第 1 重解码得到的工件加工工序，按照开始加工时间升序排序，也列出了第 2 重解码得到的包含 AGV 配送时间的工序、开始加工时间与结束时间，同时列出了加工工序各个机器工位之间的原料（半成品）配送时间。如机器 M_3 加工工序 O_{13}，当 AGV 从 M_4 配送第 1 个工件半成品到 M_3 时，M_3 加工的前一道工序 O_{23} 还没有完成，AGV 需在 M_3 加工工位等待 5 s，然后 M_3 再开始加工工序 O_{13}。

表 7-4　双重解码时间列表

项目		工序																
第 1 重解码	O_{ij}	O_{51}	O_{21}	O_{41}	O_{11}	O_{31}	O_{61}	O_{12}	O_{32}	O_{42}	O_{52}	O_{33}	O_{53}	O_{43}	O_{62}	O_{63}	O_{22}	O_{23}	O_{13}
	始	0	0	0	0	10	12	14	23	33	23	44	57	45	36	59	45	59	72
	终	23	14	12	10	22	33	29	36	45	44	57	80	59	57	81	59	72	84

续表

项目		工序																	
升序排序	O_{ij}	O_{51}	O_{21}	O_{41}	O_{11}	O_{31}	O_{61}	O_{12}	O_{32}	O_{52}	O_{42}	O_{62}	O_{33}	O_{43}	O_{22}	O_{53}	O_{63}	O_{23}	O_{13}
	始	0	0	0	0	10	12	14	23	23	33	36	44	45	45	57	59	59	72
	终	23	14	12	10	22	33	29	36	44	45	57	57	59	59	80	81	72	84
第2重解码	O_{ij}	O_{51}	O_{21}	O_{41}	O_{11}	O_{31}	O_{61}	O_{12}	O_{32}	O_{52}	O_{42}	O_{62}	O_{33}	O_{43}	O_{22}	O_{53}	O_{63}	O_{23}	O_{13}
	始	9	23	37	51	61	75	89	113	127	131	141	155	173	187	191	209	233	246
	终	32	37	49	61	73	96	104	126	148	143	162	168	187	201	214	231	246	258
等待时间/s	T_w	0	0	0	0	0	0	0	0	0	0	0	0	0	0	0	0	0	5
配送时间/s	T_D	9	14	14	14	10	14	14	24	14	4	10	14	18	14	4	18	24	13

7.1.4 实验结果与分析

1. 加工作业原型平台

构建真实的加工作业原型平台如图 7-12 所示。该系统包含 4 台数控机床（配置有输入/输出缓冲区），都可以完成 3 种不同的加工工艺；1 台安装有机械臂的 AGV 用于从原料库配送原料到加工工位，或从工件前一道工序加工工位配送工件半成品到当前加工工位，且每次只能搬运 1 个原料（半成品）；RFID 读写器 ALR-9680 的 4 个天线安装于 4 个机床加工工位，用于实时监测工件（粘贴有抗金属标签）在整个加工过程中的异常事件，扰动信息通过局域网传送到调度中心；无线三轴加速度计用于监测工件加工过程中机床刀具的振动。以铣床为例，无线三轴加速度计（型号：M69）监测铣刀的振动，该振动信号通过 Zigbee 无线协议发送至无线基站，然后传送到调度中心，使其能够根据监测的振动数据预测刀具的剩余使用寿命。调度中心根据接收到的工件异常情况以及刀具的剩余使用寿命，制定不同的调度方案，实现工件加工过程的主动调度。

基于 Eclipse 集成开发环境和 MATLAB 软件，并嵌入 Rifidi-SDK3.2、Esper5.2 等插件开发了如图 7-13 所示的主动调度人机界面，用于实时显示加工过程中工件、刀具和工件工序调度的相关信息。该界面包含：基于 RFID 实时监测的工件异常事件显示区、基于无线三轴加速度计监测刀具磨损并预测刀具剩余寿命显示区和基于工件实时异常事件和刀具预测剩余使用寿命的主动调度工件加工信息显示区。

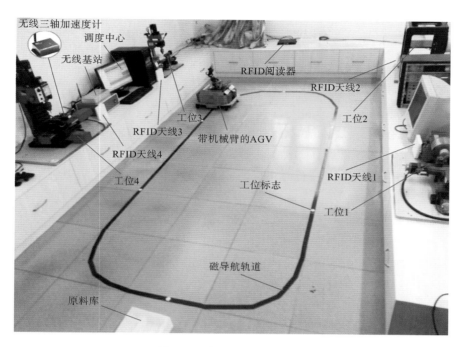

图 7-12　加工作业原型平台

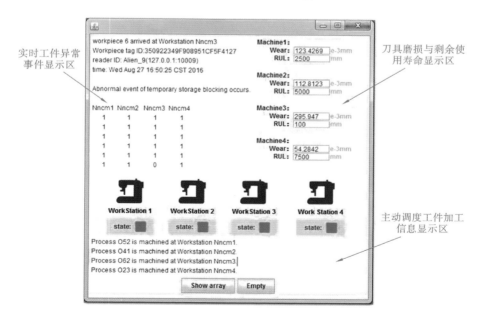

图 7-13　主动调度人机界面

2. 系统验证参数设定

调度算法编程与验证采用 Core i5 处理器，主频 2.5 GHz，3 GB 内存，操作系统为 Windows 7（32 位），使用 MATLAB 编程，根据调度问题的规模与复杂度，设置种群规模为 500，最大迭代次数为 500（其中第 1 级进化 200 次，第 2 级进化 300 次），交叉概率为 0.7，变异概率为 0.3。

假定共有 6 个工件需要加工，每个工件均有 3 道工序，每道工序可以选择备选加工机器中任 1 台加工，加工每道工序可以选择的机器与在各台机器上的加工时间已经确定，各个工件每道工序可选择的加工机器如表 7-1 所示，各工序在对应机器上的加工时间如表 7-2 所示。

3. 加工机器与 AGV 的集成调度

AGV 由调度中心通过 433 MHz 无线收发模块控制，调度中心与 AGV 的通信协议如表 7-5 所示，在实验中设定 AGV 的速度为 2（指令 0001）且保持不变，AGV 按照既定的环形磁导航轨道运行，具有脱磁检测并能够自动校正的功能。工件加工作业调度，采用单台 AGV 配送原料（半成品）到相应的工件工序机器加工位，且每次只能搬运 1 个原料（半成品）。AGV 配送工件布局如图 7-14 所示，其中 O 表示原料/产品库，A、B、C 和 D 分别表示数控机床 N_{ncm1}、N_{ncm2}、N_{ncm3} 和 N_{ncm4}。AGV 在原料/产品库和四个加工工位之间运行的时间矩阵如表 7-6 所示。调度中心根据调度算法形成的不同调度方案（工件工序编码、加工机器编码），驱动 AGV 完成原料或半成品的配送任务，AGV 能够自动识别原料/产品库、各个工件工序的加工工位等，实现工件加工与 AGV 配送的集成调度。

表 7-5　调度中心与 AGV 的通信协议

执行动作	指令	执行动作	指令
启动	8000	左转	0040
停止	0020	右转	0080
速度 1	0000	顺时针转 90°	0100
速度 2	0001	逆时针转 90°	0200
速度 3	0002	顺时针转 180°	0500
速度 4	0003	逆时针转 180°	0600

调度算法最优解与种群均值的变化如图 7-15 所示，第 1 重解码即不考虑 AGV 配送时间的工件加工调度甘特图如图 7-16 所示，第 2 重解码即考虑 AGV

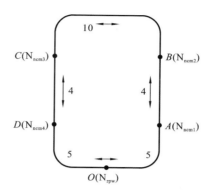

图 7-14　AGV 配送工件布局

表 7-6　AGV 运行在各工位之间的时间矩阵

工位	O	A	B	C	D
O	0	5	9	9	5
A	5	0	4	14	10
B	9	4	0	10	14
C	9	14	10	0	4
D	5	10	14	4	0

配送时间的工件加工调度甘特图如图 7-17 所示。由以上图形比较可以看出,在集成调度优化过程中,染色体按照加工开始时间升序排序及二次解码并没有改变工件加工的顺序,只是增加了 AGV 在各个加工工位之间配送原料(半成品)的时间(包括在某加工工位等待的时间),相应改变了各个工序的开始加工时间和结束时间。

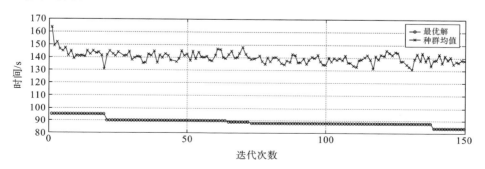

图 7-15　调度算法最优解与种群均值的变化

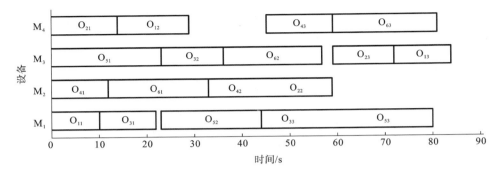

图 7-16　不考虑 AGV 配送时间的工件加工调度甘特图

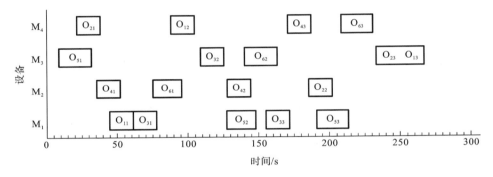

图 7-17　考虑 AGV 配送时间的工件加工调度甘特图

集成调度中,染色体双重解码的时间列表如表 7-4 所示,由表 7-4 和图 7-17 得出,当 AGV 配送第 1 个工件到机器 M_3 加工第 3 道工序时,在机器 M_3 加工工位出现等待加工的情况,当 AGV 从 M_4 配送第 1 个工件半成品到 M_3 时,M_3 加工的前一道工序 O_{23} 还没有完成,AGV 需在 M_3 加工工位等待 5 s,然后 M_3 再开始加工工序 O_{13}。

为评价工件加工与 AGV 集成调度的执行性能,定义以下机器设备利用率、AGV 空闲率和 AGV 利用率等评价指标。

设 T_T 为总加工时间(包含配送时间),T_O 为机器实际加工时间,则机器设备利用率为:

$$R_M = \frac{T_O}{T_T} \times 100\% \tag{7-11}$$

设 T_{TW} 为 AGV 在配送原料(半成品)过程中总的工作时间,则

$$T_{TW} = \sum_{i=1}^{6} \sum_{j=1}^{3} T_D$$

设 T_E 为 AGV 在未完成工序机器工位等待的总时间,则

$$T_E = \sum_{i=1}^{6} \sum_{j=1}^{3} T_W$$

AGV 空闲率为:

$$R_E = \frac{T_E}{T_{TW}} \times 100\% \tag{7-12}$$

设 T_R 为 AGV 在配送原料(半成品)过程中运行的总时间,则

$$T_R = \sum_{i=1}^{6} \sum_{j=1}^{3} (T_D - T_W)$$

AGV 利用率为:

$$R_A = \frac{T_R}{T_{TW}} \times 100\% \tag{7-13}$$

工件各工序的加工时间直接影响机器设备利用率、AGV 利用率与 AGV 空闲率,统计各个工序在不同加工时间的机器设备利用率、AGV 利用率与 AGV 空闲率,如表 7-7 所示,其中,时间单位为 s,不同的加工时间通过表 7-2 所示的初始加工时间同步扩大 n 倍得到。由表 7-7 可知,对于单 AGV 通过磁导航轨道配送原料(半成品)的工件加工系统,当各个加工工位之间的运行时间(距离)固定时,各个工序加工时间越长,机器设备利用率越高,各工序加工时间扩大为初始时间的 9 倍(实际加工时间约为 AGV 运行时间的 4 倍)时,机器设备利用率达 95.86%,其后随着工序加工时间增加基本保持不变,即工序加工时间远大于 AGV 配送时间时,机器设备利用率受影响非常小;AGV 利用率随工序加工时间增加而减小,各工序加工时间扩大为初始时间的 6 倍(实际加工时间约为 AGV 运行时间的 2 倍)时,AGV 利用率基本等于 AGV 空闲率,其后 AGV 利用率逐渐减小,AGV 空闲率逐渐增大,AGV 在机器加工工位等待的时间远大于运行时间,这是由工件加工作业系统中只配置单台 AGV 引起的。

4. 主动调度结果与分析

1)缓冲区阻塞的动态调度

下面讨论由 RFID 实时监测加工设备缓冲区阻塞的情况。根据以上分析,在各工序加工时间扩大为初始时间的 9 倍时,实施缓冲区阻塞的动态调度实验验证。初始确定工件、工序与机器参数(6 个工件、18 道工序在 4 台机器上加工),应用 MD3GA 对工件加工序列优化,第 1 级进化只考虑工件加工完成时间,形成初始调度方案。第 1 级进化最优解与种群均值的变化如图 7-18 所示,其形成的初始调度方案甘特图如图 7-19 所示。

表 7-7　不同加工时间的机器设备利用率、AGV 利用率与 AGV 空闲率

工序时间扩大倍数	总加工时间（T_T）	实际加工时间（T_O）	AGV 运行总时间（T_R）	AGV 等待总时间（T_E）	机器设备利用率（R_M）	AGV 利用率（R_A）	AGV 空闲率（R_E）
1	258	84	241	5	32.56%	97.55%	2.03%
2	281	176	223	14	62.63%	94.09%	5.91%
3	365	267	241	86	73.15%	73.70%	26.30%
4	437	360	231	122	82.38%	65.44%	34.56%
5	514	450	231	178	87.55%	56.48%	43.52%
6	609	552	241	250	90.64%	**49.08%**	**50.92%**
7	706	651	237	346	92.21%	40.65%	59.35%
8	763	712	257	386	93.32%	39.97%	60.03%
9	845	810	231	425	**95.86%**	35.21%	64.79%
10	931	890	243	492	95.60%	33.06%	66.94%
11	1018	968	223	645	95.09%	25.69%	74.31%
12	1125	1068	233	736	94.93%	24.05%	75.95%
13	1175	1118	235	771	95.15%	23.36%	76.64%
14	1269	1218	229	844	95.98%	21.34%	78.66%
15	1306	1260	217	879	96.48%	19.80%	80.20%
16	1403	1344	235	960	95.79%	19.67%	80.33%
17	1533	1462	221	1002	95.37%	18.07%	81.93%
18	1627	1566	241	1128	96.25%	17.60%	82.40%
19	1742	1672	245	1265	95.98%	16.23%	83.77%
20	1879	1800	229	1370	95.80%	14.32%	85.68%

由图 7-18 和图 7-19 可以得到，应用 MD3GA 对工件加工工序进行第 1 级进化，只以工件加工完成时间为优化目标，优化后的最小加工时间（第 1 级进化目标值）$f_1 = 729$ s，形成不考虑扰动事件的初始调度方案。

通过 RFID 对工件加工过程的实时监测，监测系统返回出现实时扰动的异常状态矩阵 S，即

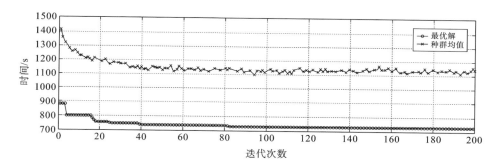

图 7-18　第 1 级进化最优解与种群均值的变化

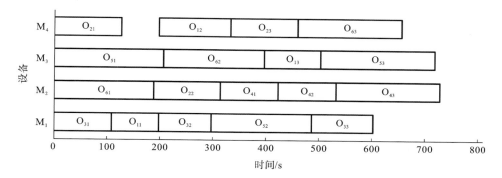

图 7-19　第 1 级进化形成的初始调度方案甘特图

$$S = \begin{bmatrix} 1 & 1 & 1 & 1 \\ 1 & 1 & 1 & 1 \\ 1 & 1 & 1 & 1 \\ 1 & 1 & 1 & 1 \\ 1 & 1 & 1 & 1 \\ 1 & 1 & 0 & 1 \end{bmatrix} \qquad (7\text{-}14)$$

在加工第 6 个工件第 2 道工序时,机床 M_3 输出缓冲区阻塞,正在加工的第 6 个工件占据该机床,在缓冲区疏通前,机床 M_3 暂时不能再加工其他的工序,缓冲区疏通耗费时间为 $T_{re} = 20\ s$。采用基于实时事件驱动的重调度策略,对初始调度方案进行局部调整,在第 2 级进化中考虑缓冲区阻塞实时扰动事件,在染色体进化过程中,针对 M_3 缓冲区疏通耗费的时间,采用 M_3 加工工序右移（right shift）策略,即对于种群中的每个染色体,在 M_3 上加工完第 6 个工件第 2 道工序后,其他工序右移 T_{re},并以工件完工时间和鲁棒性测度的权重和最小为目标进行优化,使得缓冲区阻塞的实时事件对初始调度方案的影响最小。第 2

级进化最优解与种群均值的变化如图 7-20 所示,缓冲区阻塞的动态调度方案甘特图如图 7-21 所示。

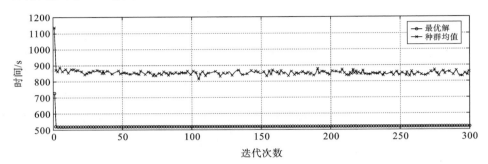

图 7-20　第 2 级进化最优解与种群均值的变化

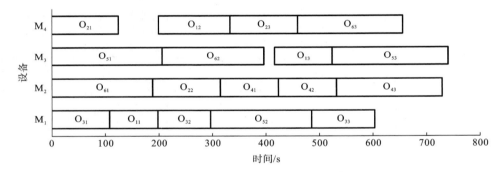

图 7-21　第 2 级进化形成的缓冲区阻塞动态调度甘特图

由图 7-20 可以看出,工件加工工序经过第 1 级优化,已经产生加工时间最优的加工序列,此时响应加工过程中出现的缓冲区阻塞实时扰动事件,以工件完工时间和鲁棒性测度权重和最小为目标,对初始调度方案进行局部调整,很快得到最优目标值 $f_2 = 519.12$ s,以使出现的扰动事件对初始调度方案影响最小。比较图 7-19 和图 7-21 可以得到,为应对加工 O_{62} 时出现的缓冲区阻塞扰动事件,只将 O_{62} 后面的工序 O_{13}、O_{53} 右移 T_{re},其他加工工序都保持不变即可,避免了缓冲区阻塞扰动事件对 O_{13}、O_{53} 的影响,同时保证了对初始调度方案影响最小。

2）基于刀具磨损预测的主动调度

下面讨论由无线三轴加速度计监测刀具磨损并预测剩余使用寿命的情况。初始条件与缓冲区阻塞的动态调度部分设定相同,应用 MD3GA 对工件加工序列进行优化,第 1 级进化只考虑工件加工完成时间,形成初始调度方案。第 1

级进化最优解与种群均值的变化如图 7-22 所示,其形成的初始调度方案甘特图如图 7-23 所示,包括 AGV 配送时间的甘特图如图 7-24 所示。

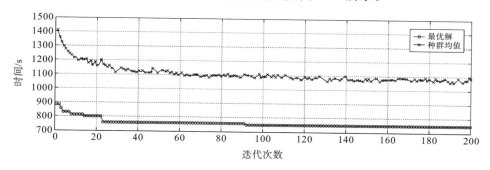

图 7-22 第 1 级进化最优解与种群均值的变化

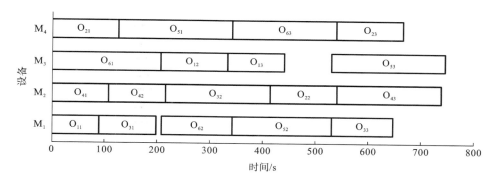

图 7-23 第 1 级进化形成的初始调度方案甘特图

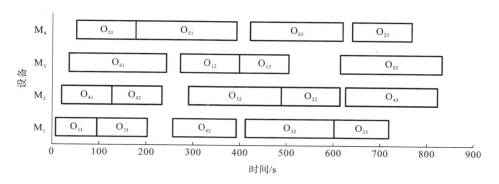

图 7-24 包括 AGV 配送时间的甘特图

由图 7-22 和图 7-23 可以得到,应用 MD3GA 对工件加工工序进行第 1 级进化,只以工件加工完成时间为优化目标,优化后的最短加工时间(第 1 级进化目标值)$f_1 = 747$ s,形成不考虑扰动事件的初始调度方案。

通过无线三轴加速度计监测机床加工工件过程中的振动,并预测刀具剩余使用寿命(用该刀具还能加工工件的数量表示),得到各机床刀具剩余寿命矩阵 $\boldsymbol{W}$,即

$$\boldsymbol{W}=\begin{bmatrix} w_1 & w_2 & w_3 & w_4 \end{bmatrix}=\begin{bmatrix} 50 & 100 & 2 & 150 \end{bmatrix} \tag{7-15}$$

当还没有执行初始调度方案时,预测到机床 M_3 的刀具还能加工 2 个工序,之后需要更换刀具再加工后面的工序,更换刀具耗费时间为 $T_c=30\text{ s}$,即在式 (7-15) 中用 $w_3=2$ 表示。采用基于预测事件驱动的重调度策略,对加工工件实施完整重调度,在第 2 级进化中考虑刀具寿命用尽的预测事件。在染色体进化过程中,针对 M_3 更换刀具耗费的时间,同样采用 M_3 加工工序右移策略,即对于种群中的每个染色体,在 M_3 上加工完 2 个工序后的其他工序开始加工时间与结束时间右移 T_c,并以工件完工时间和鲁棒性测度的权重和最小为目标进行优化,使得刀具寿命用尽的预测性事件对初始调度方案的影响最小。第 2 级进化最优解与种群均值的变化如图 7-25 所示,基于刀具磨损预测的主动调度甘特图如图 7-26 所示,包括 AGV 配送时间的甘特图如图 7-27 所示。

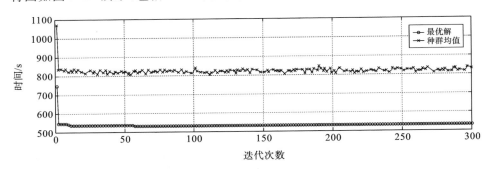

图 7-25　第 2 级进化最优解与种群均值的变化

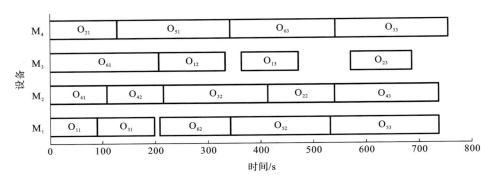

图 7-26　第 2 级进化形成的基于刀具磨损预测的主动调度甘特图

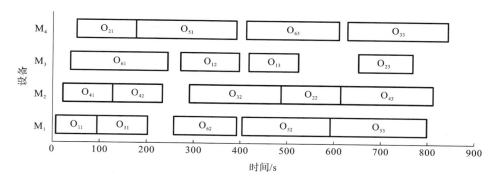

图 7-27　包括 AGV 配送时间的甘特图

由图 7-25 可以看出，第 2 级进化得到最优目标值 $f_2 = 532.36$ s。比较图 7-23 和图 7-26 可以得到，为应对加工完成工序 O_{12} 实施刀具更换的预测扰动事件，在第 2 级进化中，将 M_3 加工的工序 O_{12} 后面的工序 O_{13}、工序 O_{53} 右移 T_c，以工件完工时间和鲁棒性测度权重和最小为目标，重新对工件加工序列排序，而且同时要满足使更换刀具的扰动事件对初始调度方案影响最小，工序 O_{13} 仍然在 M_3 加工，排在工序 O_{12} 之后（初始方案右移 T_c），而工序 O_{53} 安排到 M_1 加工，初始调度方案中在 M_1 加工的工序 O_{33} 安排到 M_4 加工，避免了更换刀具扰动事件对工序 O_{13}、工序 O_{53} 的影响，同时保证了对初始调度方案影响最小。图 7-27 所示的为包含 AGV 配送时间的甘特图，在第 2 级进化中对加工工序进行了调整，使工件实际加工时间 $T_O = 756$ s，比初始调度方案多 9 s，AGV 运行时间 $T_R = 231$ s，AGV 等待时间 $T_E = 421$ s。AGV 等待时间大于其运行时间，这是工件由单台 AGV 配送引起的。

7.2　制造云服务组合优化

7.2.1　小规模制造云服务组合优化

为了验证制造云服务组合模型和优化方法[11]，假设制造云服务可以分解成为 I 个子任务，针对各个子任务分别有 K_I 个候选 MCS。假设小规模的制造云服务组合问题是指：$1 \leqslant I \leqslant 10, 1 \leqslant K_I \leqslant 30$，其最大的解空间为 30^{10}。

仿真实验的运行环境是 PC，CPU AMD 3600＋2.01GHz，3GB RAM，Windows XP SP3，MATLAB R2011a。

假设 q_{time}、q_{cost}、q_{rel}、q_{avail}、q_{rob} 和 q_{rep} 等 6 类 QoS 属性值均为 $[0.7, 0.98]$ 之间

的随机数,用户对 6 类 QoS 属性的权重因子分别是 $w_1 = 0.3, w_2 = 0.3, w_3 = 0.1, w_4 = 0.1, w_5 = 0.1, w_6 = 0.1$。

PGA 的参数设置如下:交叉概率设为 0.7,变异概率设为 0.1,种群个体数 N_{ind} 设为 100,代沟设为 0.95,最大进化次数 T_{max} 设为 500,最优结果不变次数 $maxgen_{utilityQoS}$ 设为 200。

PSO 算法的参数设置如下:种群大小 popsize 设为 100,最大进化次数 K_{max} 设为 300,惯性权重设为 $\omega_{start} = 0.9, \omega_{end} = 0.4$,加速度因子设为 $c_{1,start} = 2.5, c_{1,end} = 0.5, c_{2,start} = 0.5, c_{2,end} = 2.5$。

TLBO 算法的参数设置如下:种群大小 classsize 设为 100,最大进化次数 K_{max} 设为 300。

采用两个系列的问题来分析比较三种算法的性能,例如,T_5_10 表示子任务的个数为 5,各个子任务的候选 MCS 数为 10。在第一个系列的实验中,子任务的个数 $I = 5$,各个子任务的候选 MCS 数 K_I 从 5 到 30 以 5 为步长递增,所有 MCS 中关联服务的百分比为 40%。每组实验的运行次数为 20 次。在第二个系列的实验中,子任务的个数 $I = 10$,各个子任务的候选 MCS 数 K_I 从 5 到 30 以 5 为步长递增,所有 MCS 中关联服务的百分比为 40%。仿真测试结果如表 7-8 所示。

表 7-8　小规模制造云服务组合优化测试结果比较

问题	算法	平均解	最优解	最差解	平均时间/s
T_5_5	**PGA**	**0.701419**	**0.701419**	**0.701419**	**0.93**
	PSO	0.701419	0.701419	0.701419	1.64
	TLBO	0.701419	0.701419	0.701419	5.30
	PGA-N	0.571835	0.590020	0.547817	0.68
	PSO-N	**0.596331**	**0.596331**	**0.596331**	**0.93**
	TLBO-N	0.595700	0.596331	0.590020	3.83
T_5_10	**PGA**	**0.706794**	**0.725861**	**0.699189**	**0.97**
	PSO	0.704230	0.725861	0.683074	1.59
	TLBO	0.706109	0.725861	0.683074	5.36
	PGA-N	0.604229	0.625423	0.579863	0.89
	PSO-N	**0.624976**	**0.625423**	**0.616491**	**0.94**
	TLBO-N	0.623509	0.625423	0.615500	3.87

续表

问题	算法	平均解	最优解	最差解	平均时间/s
T_5_15	**PGA**	**0.744822**	**0.744822**	**0.744822**	**0.99**
	PSO	0.744822	0.744822	0.744822	1.65
	TLBO	0.744822	0.744822	0.744822	5.40
	PGA-N	0.588740	0.621138	0.565302	0.88
	PSO-N	**0.618299**	**0.621138**	**0.597508**	0.94
	TLBO-N	0.615436	0.621138	0.599584	3.88
T_5_20	**PGA**	**0.725331**	**0.742735**	**0.720980**	**1.01**
	PSO	0.720980	0.720980	0.720980	1.68
	TLBO	0.722068	0.742735	0.720980	5.44
	PGA-N	0.612980	0.621642	0.600331	0.88
	PSO-N	**0.631772**	**0.643708**	**0.618352**	0.92
	TLBO-N	0.625228	0.641401	0.601404	3.89
T_5_25	**PGA**	**0.747898**	**0.773879**	**0.744852**	**1.05**
	PSO	0.744852	0.744852	0.744852	1.67
	TLBO	0.746464	0.773879	0.744852	5.39
	PGA-N	0.680438	0.690223	0.664795	1.10
	PSO-N	**0.694543**	**0.702462**	**0.684739**	0.94
	TLBO-N	0.683479	0.698136	0.664742	3.89
T_5_30	**PGA**	**0.721994**	**0.721994**	**0.721994**	**1.08**
	PSO	0.721994	0.721994	0.721994	1.70
	TLBO	0.721994	0.721994	0.721994	5.45
	PGA-N	0.680486	0.688877	0.643421	1.25
	PSO-N	**0.681428**	**0.688877**	**0.671461**	**0.95**
	TLBO-N	0.679968	0.688877	0.641500	3.93
T_10_5	**PGA**	**0.694599**	**0.694599**	**0.694599**	**1.40**
	PSO	0.694599	0.694599	0.694599	2.31
	TLBO	0.694599	0.694599	0.694599	6.61
	PGA-N	0.448717	0.464714	0.438918	1.03
	PSO-N	**0.470863**	**0.474764**	**0.461188**	1.00
	TLBO-N	0.469213	0.474764	0.462438	3.96

续表

问题	算法	平均解	最优解	最差解	平均时间/s
	PGA	**0. 637125**	**0. 645944**	**0. 632828**	**1. 46**
	PSO	0. 633914	0. 640921	0. 632828	2. 31
	TLBO	0. 635239	0. 657502	0. 632828	6. 65
T_10_10	PGA-N	0. 529070	0. 546127	0. 510638	0. 99
	PSO-N	**0. 563033**	**0. 579026**	**0. 546161**	1. 01
	TLBO-N	0. 561675	0. 573954	0. 539429	3. 98
	PGA	**0. 655987**	**0. 655987**	**0. 655987**	**1. 55**
	PSO	0. 655987	0. 655987	0. 655987	2. 39
	TLBO	0. 655987	0. 655987	0. 655987	7. 03
T_10_15	PGA-N	0. 541540	0. 558036	0. 520758	1. 59
	PSO-N	0. 571257	0. 580171	0. 55568	1. 05
	TLBO-N	0. 560310	0. 577688	0. 5433	4. 15
	PGA	**0. 670763**	**0. 670763**	**0. 670763**	**1. 80**
	PSO	0. 669350	0. 670763	0. 642491	2. 65
	TLBO	0. 670763	0. 670763	0. 670763	7. 73
T_10_20	PGA-N	0. 539981	0. 557544	0. 510296	1. 54
	PSO-N	**0. 583603**	**0. 603805**	**0. 551557**	**1. 15**
	TLBO-N	0. 568586	0. 589738	0. 549698	4. 64
	PGA	0. 653195	0. 653195	0. 653195	1. 67
	PSO	0. 650146	0. 653195	0. 630499	2. 39
	TLBO	**0. 655905**	**0. 678503**	**0. 653195**	7. 14
T_10_25	PGA-N	0. 551414	0. 573855	0. 532771	1. 53
	PSO-N	**0. 596442**	**0. 631614**	**0. 555237**	**1. 03**
	TLBO-N	0. 595106	0. 623151	0. 557258	4. 16
	PGA	0. 622535	0. 633556	**0. 618042**	2. 53
	PSO	0. 625005	0. 638699	0. 593543	2. 14
	TLBO	**0. 632939**	**0. 694367**	0. 614815	6. 92
T_10_30	PGA-N	0. 565142	0. 593756	0. 543403	1. 44
	PSO-N	**0. 619965**	**0. 635903**	**0. 598903**	**1. 05**
	TLBO-N	0. 592491	0. 616926	0. 567036	4. 24

另采用一个系列的实验,测试服务关联百分比对实验结果的影响。子任务的个数 $I=10$,各个子任务的候选 MCS 数 $K_I=10$,所有 MCS 中关联服务的百分比从 0 到 100% 以 20% 为步长递增。测试结果如图 7-28 所示。

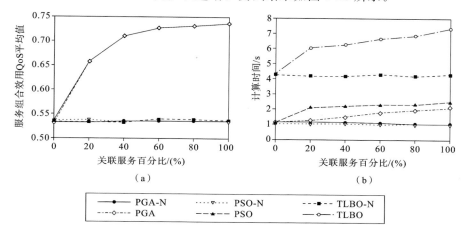

（a）   （b）

PGA-N   PSO-N   TLBO-N
PGA   PSO   TLBO

图 7-28　组合服务的效用 QoS 与计算耗时随关联服务百分比的变化曲线

由表 7-8 所示的仿真测试结果可知(表中加粗的数据表示该数据在该组测试结果中最优,后续的表格类似表示):在不考虑服务关联的情况下,PSO 算法的求解性能优于 PGA 和 TLBO 算法,即 PSO-N 算法优于 PGA-N 和 TLBO-N 算法;在考虑服务关联的情况下,在 T_5_5,T_5_10,T_5_15,T_5_20,T_5_25,T_5_30,T_10_5,T_10_10,T_10_15,T_10_20 等问题上 PGA 的性能优于 PSO 算法和 TLBO 算法,即 PGA 优于 PSO 算法和 TLBO 算法;而在 T_10_25,T_10_30 的问题上,TLBO 算法所求的平均解和最优解均最好,但 TLBO 算法的运行时间最长。

由图 7-28 可知,组合服务的效用 QoS 随着 MCS 关联百分比的增大而增大,这是因为随着制造云服务关联百分比的增大,更多 MCS 的 QoS 受其他服务影响,被选中的 MCS 的 QoS 值将更可能优于其默认的 QoS 值。同时,随着 MCS 关联百分比的增大,算法运算的时间也将增加,这是因为将有更多时间被用来查找服务关联的 QoS 值。

7.2.2　大规模制造云服务组合优化

相关研究表明,制造云任务经过分解聚合之后,其子任务的数目将不超过 50 个。因此此处所讨论的大规模制造云服务组合问题是指：$10 \leqslant I \leqslant 50,30 \leqslant K_I \leqslant 200$,其最大的解空间为 200^{50}。

仿真实验的运行环境是 PC，CPU AMD 3600＋ 2.01GHz，3GB RAM，Windows XP SP3，MATLAB R2011a。

PGA 的参数设置如下：交叉概率设为 0.7，变异概率设为 0.1，种群个体数 N_{ind} 设为 100，代沟设为 0.95，最大进化次数 T_{max} 设为 1000，最优结果不变次数 $maxgen_{utilityQoS}$ 设为 500。

PSO 算法的参数设置如下：种群大小 popsize 设为 100，最大进化次数 K_{max} 设为 1000，惯性权重设为 $\omega_{start} = 0.9$，$\omega_{end} = 0.4$，加速度因子设为 $c_{1,start} = 2.5$，$c_{1,end} = 0.5$，$c_{2,start} = 0.5$，$c_{2,end} = 2.5$。

TLBO 算法的参数设置如下：种群大小 classsize 设为 100，最大进化次数 K_{max} 设为 1000。

采用一个系列的问题来比较分析三种算法的性能，子任务的个数从 10 到 50 以 10 为步长递增，相应的各个子任务的候选 MCS 数 K_I 从 50 到 200 以 50 为步长递增。

7.2.1 节的仿真测试显示了服务关联对组合服务整体 QoS 的影响。因此在这里只考虑服务关联影响的情况，并且假设各组问题中所有相关联的 MCS 的百分比为 40%。

仿真测试结果如表 7-9 所示。三种算法所求问题的解的分布如图 7-29 至图 7-31 所示。

表 7-9　大规模云制造服务组合优化仿真结果比较

问题	算法	平均解	最优解	最差解	平均时间/s
	PGA	**0.654316**	**0.661295**	**0.653311**	**4.38**
T_10_50	PSO	0.658267	0.663308	0.653311	7.88
	TLBO	0.653898	0.661295	0.653311	24.75
	PGA	**0.686487**	**0.686487**	**0.686487**	**5.41**
T_10_100	PSO	0.685248	0.686487	0.661718	9.05
	TLBO	0.686487	0.686487	0.686487	29.39
	PGA	0.601738	0.633989	0.56713	**5.53**
T_10_150	PSO	0.624682	0.641311	0.6003	9.22
	TLBO	**0.637612**	**0.673308**	**0.628561**	34.12
	PGA	0.58412	0.634594	0.555395	**4.74**
T_10_200	PSO	0.628314	0.634594	0.607443	10.85
	TLBO	**0.670524**	**0.716997**	**0.634594**	38.90

问题	算法	平均解	最优解	最差解	平均时间/s
T_20_50	**PGA**	**0.597495**	**0.597495**	**0.597495**	**6.63**
	PSO	0.588576	0.597495	0.560503	12.49
	TLBO	0.597495	0.597495	0.597495	38.05
T_20_100	**PGA**	**0.588148**	**0.588639**	**0.583734**	**11.28**
	PSO	0.55862	0.583734	0.535047	13.15
	TLBO	0.583798	0.58503	0.583734	48.30
T_20_150	PGA	0.539072	0.581926	0.479161	**9.95**
	PSO	0.559713	0.578045	0.535301	23.54
	TLBO	**0.576726**	**0.60594**	**0.575055**	58.50
T_20_200	PGA	0.527464	0.610266	0.482516	**10.60**
	PSO	0.577455	0.605275	0.536196	29.82
	TLBO	**0.605303**	**0.605825**	**0.605275**	73.26
T_30_50	**PGA**	**0.571409**	**0.571973**	**0.571380**	**9.84**
	PSO	0.550801	0.571380	0.527114	15.59
	TLBO	0.571380	0.571380	0.571380	52.04
T_30_100	**PGA**	**0.565214**	**0.566793**	**0.564006**	**19.28**
	PSO	0.53495	0.551822	0.521127	26.37
	TLBO	0.564344	0.567498	0.56388	71.57
T_30_150	PGA	0.533578	0.55905	0.446604	**22.24**
	PSO	0.521663	0.546072	0.506598	38.97
	TLBO	**0.555601**	**0.557547**	**0.555215**	92.21
T_30_200	PGA	0.485267	0.573033	0.447008	**18.01**
	PSO	0.541389	0.565949	0.51238	56.27
	TLBO	**0.572332**	**0.578671**	**0.571166**	134.83
T_40_50	**PGA**	**0.562739**	**0.562859**	**0.561579**	**19.57**
	PSO	0.532627	0.554957	0.506188	30.37
	TLBO	0.56167	0.566629	0.560432	80.15

续表

问题	算法	平均解	最优解	最差解	平均时间/s
T_40_100	**PGA**	**0.565688**	**0.567108**	**0.565297**	**28.01**
	PSO	0.518718	0.543232	0.502852	33.22
	TLBO	0.563784	0.566695	0.562775	89.05
T_40_150	PGA	0.517552	0.561513	0.443195	**26.28**
	PSO	0.52172	0.545806	0.495868	41.83
	TLBO	**0.559232**	**0.561354**	**0.558093**	102.24
T_40_200	PGA	0.463607	0.514967	0.433827	**23.68**
	PSO	0.502082	0.518787	0.481389	68.69
	TLBO	**0.536811**	**0.550091**	**0.535047**	160.67
T_50_50	**PGA**	**0.541963**	**0.542334**	**0.541879**	**18.79**
	PSO	0.514599	0.533775	0.492717	27.10
	TLBO	0.540304	0.541879	0.540175	77.09
T_50_100	PGA	0.540875	**0.547034**	0.445629	**40.63**
	PSO	0.510193	0.53568	0.490279	47.34
	TLBO	**0.544956**	0.546099	**0.544107**	120.82
T_50_150	PGA	0.525434	**0.547176**	0.435204	**36.84**
	PSO	0.499018	0.521618	0.47527	66.58
	TLBO	**0.542131**	0.546386	**0.538506**	153.09
T_50_200	PGA	0.447302	0.492206	0.427148	**24.01**
	PSO	0.504042	0.530605	0.479002	66.54
	TLBO	**0.555568**	**0.55928**	**0.553646**	150.83

由仿真结果可知,在 T_10_50,T_10_100,T_20_50,T_20_100,T_30_50,T_30_100,T_40_50,T_40_100,T_50_50 等问题上 PGA 的性能优于 PSO 算法和 TLBO 算法,且解的分布相对集中;而在 T_10_150,T_10_200,T_20_150,T_20_200,T_30_150,T_30_200,T_40_150,T_40_200,T_50_200 等问题上 TLBO 算法所求得的最优解和平均解均最好,且除了 T_10_200 问题之外,TLBO 算法所求得的解相对集中,但 TLBO 算法耗时比较长。

总的来看,在各个子任务的候选服务数量不大的情况下,PGA 在求解服务

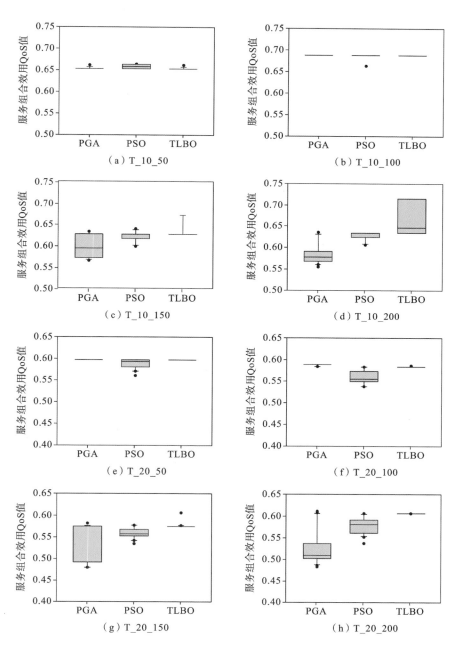

图 7-29　$I=10$ 和 $I=20$ 时解的分布

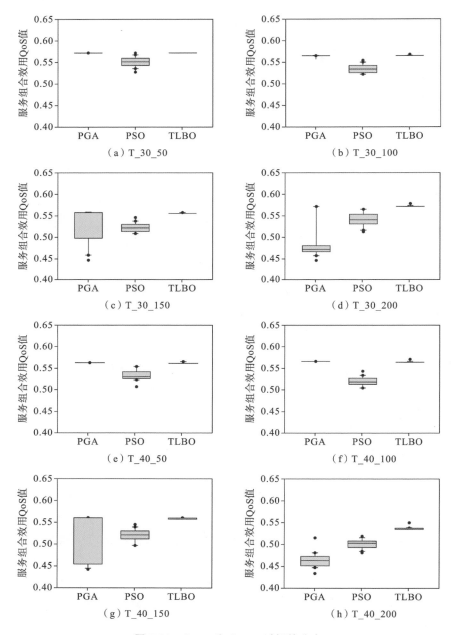

图 7-30 $I=30$ 和 $I=40$ 时解的分布

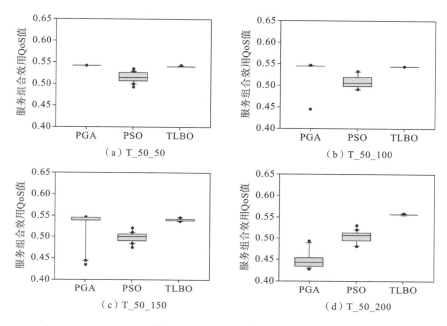

图 7-31　$I=50$ 时解的分布

关联感知的制造云服务组合优化问题时表现的性能较好。其效率较高,准确性较好,解的分布较为集中。在各个子任务的候选服务数量非常大的情况下,TLBO算法在求解服务关联感知的制造云服务组合优化问题时表现的性能较好。其准确性较好,解的分布较为集中,但是效率较低,耗时较长。

7.2.3　摩托车制造

1. 案例分析

从海量的云服务中选取最佳组合服务来完成用户的制造任务是本节的研究重点。本节以摩托车的制造过程为案例来研究。摩托车的制造过程可分为100 多个生产环节,为了便于说明所提出的组合模型及算法的应用,将摩托车的制造环节进行聚合,并选择 7 个关键的环节作为真实制造过程的模拟流程,如图 7-32 所示。

摩托车制造流程包括设计与仿真、零部件制造与装配、总体装备、摩托车测试和包装运输等任务,每个任务都可以从各自对应的候选云服务集(CMCSS)中调用云服务来完成。例如,摩托车设计与仿真环节可以调用宝马摩托车公司提供的设计与仿真服务(design & simulation service),摩托车发动机生产环节可以调用钱江摩托车公司提供的发动机制造服务等。图 7-32 所示的 CMCSS₁

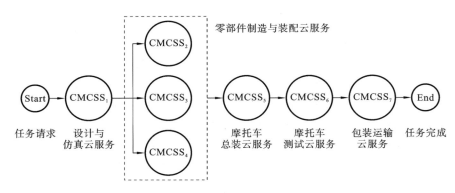

图 7-32 摩托车制造模拟流程

是指设计与仿真云服务集，CMCSS$_5$ 是指总装云服务集，CMCSS$_6$ 是指摩托车测试云服务集，CMCSS$_7$ 是指摩托车包装运输云服务集，CMCSS$_2$、CMCSS$_3$、CMCSS$_4$ 分别是指摩托车框架、发动机及其他零部件的制造与装配云服务集。CMCSS$_2$、CMCSS$_3$ 与 CMCSS$_4$ 云服务集具有并联结构，整体流程具有串联结构。从各个云服务集中分别选取一个候选云服务组合成一个组合服务即可完成摩托车的制造。从众多可能的组合服务中选取一个最优组合是本节需要解决的问题。

2. 问题描述

摩托车制造的制造云服务组合问题描述如下：制造过程有 7 个环节，每个环节对应一个候选云服务集，每个候选云服务集中都有 100 个候选云服务，即

$$CMCSS_1 = \{MCS_{1,1}, MCS_{1,2}, \cdots, MCS_{1,100}\}$$
$$CMCSS_2 = \{MCS_{2,1}, MCS_{2,2}, \cdots, MCS_{2,100}\}$$
$$\vdots$$
$$CMCSS_7 = \{MCS_{7,1}, MCS_{7,2}, \cdots, MCS_{7,100}\}$$

假设候选云服务集 QoS 属性值的随机取值范围如表 7-10 所示，所有候选云服务中关联服务的百分比为 40%。

表 7-10 候选云服务集 QoS 属性值的随机取值范围

候选云服务集	时间 (q_{time})	价格 (q_{cost})	可靠性 (q_{rel})	可用性 (q_{avail})	鲁棒性 (q_{rob})	声誉 (q_{rep})
CMCSS$_1$	[20, 30]	[200, 300]	[0.6, 1]	[0.6, 1]	[0.6, 1]	[0.6, 1]
CMCSS$_2$	[25, 40]	[250, 400]	[0.6, 1]	[0.6, 1]	[0.6, 1]	[0.6, 1]
CMCSS$_3$	[30, 45]	[300, 500]	[0.6, 1]	[0.6, 1]	[0.6, 1]	[0.6, 1]

续表

候选云服务集	时间 (q_{time})	价格 (q_{cost})	可靠性 (q_{rel})	可用性 (q_{avail})	鲁棒性 (q_{rob})	声誉 (q_{rep})
$CMCSS_4$	$[15,20]$	$[200,350]$	$[0.6,1]$	$[0.6,1]$	$[0.6,1]$	$[0.6,1]$
$CMCSS_5$	$[20,40]$	$[150,300]$	$[0.6,1]$	$[0.6,1]$	$[0.6,1]$	$[0.6,1]$
$CMCSS_6$	$[16,24]$	$[50,150]$	$[0.6,1]$	$[0.6,1]$	$[0.6,1]$	$[0.6,1]$
$CMCSS_7$	$[15,25]$	$[50,100]$	$[0.6,1]$	$[0.6,1]$	$[0.6,1]$	$[0.6,1]$

该问题的数学模型为:

$$\max: UQ(CMCS_m) = \sum_{q_n \in Q^-} \frac{Q_{n,\max} - q_n(CMCS_m)}{Q_{n,\max} - Q_{n,\min}} \cdot w_n$$

$$+ \sum_{q_n \in Q^+} \frac{q_n(CMCS_m) - Q_{n,\min}}{Q_{n,\max} - Q_{n,\min}} \cdot w_n \quad (7\text{-}16)$$

$$q_{time}(CMCS_m) = \max(q_{time}(MCS_{2,m_i}), q_{time}(MCS_{3,m_i}), q_{time}(MCS_{4,m_i}))$$

$$+ q_{time}(MCS_{1,m_i}) + \sum_{i=5}^{7} q_{time}(MCS_{i,m_i}) \quad (7\text{-}17)$$

$$q_{cost}(CMCS_m) = \sum_{i=1}^{7} q_{cost}(MCS_{i,m_i}) \quad (7\text{-}18)$$

$$q_{rel}(CMCS_m) = \min(q_{rel}(MCS_{2,m_i}), q_{rel}(MCS_{3,m_i}), q_{rel}(MCS_{4,m_i}))$$

$$\cdot q_{rel}(MCS_{1,m_i}) \cdot \prod_{i=5}^{7} q_{rel}(MCS_{i,m_i}) \quad (7\text{-}19)$$

$$q_{avail}(CMCS_m) = \prod_{i=1}^{7} q_{avail}(MCS_{i,m_i}) \quad (7\text{-}20)$$

$$q_{rob}(CMCS_m) = \min(q_{rob}(MCS_{2,m_i}), q_{rob}(MCS_{3,m_i}), q_{rob}(MCS_{4,m_i}))$$

$$\cdot q_{rob}(MCS_{1,m_i}) \cdot \prod_{i=5}^{7} q_{rob}(MCS_{i,m_i}) \quad (7\text{-}21)$$

$$q_{rep}(CMCS_m) = \left(\sum_{i=1}^{7} q_{rep}(MCS_{i,m_i})\right)/7 \quad (7\text{-}22)$$

式中:Q^+ 为积极属性指标,如可靠性(q_{rel})、可用性(q_{avail})、鲁棒性(q_{rob})和声誉(q_{rep})等;Q^- 为消极属性指标,如时间(q_{time})、价格(q_{cost})等;$Q_{n,\max}$ 为所有可能的组合服务 CMCS 中第 n 个聚合 QoS 值的最大值,即 $Q_{n,\max} = \max(q_n(CMCS_m))$,$1 \leqslant m \leqslant K_{path}$;$Q_{n,\min}$ 为所有可能的组合服务 CMCS 中第 n 个聚合 QoS 值的最小值,即 $Q_{n,\min} = \min(q_n(CMCS_m))$,$1 \leqslant m \leqslant K_{path}$;$w_n$ 为各个 QoS 属性在服务质量评价

中的权重值，由系统或用户提供，$\sum\limits_{i=1}^{6} w_n = 1$。

3. 算法验证与比较

验证实验的运行环境是 PC，CPU AMD 3600＋2.01GHz，3GB RAM，Windows XP SP3，MATLAB R2011a。

假设用户给定的 6 类 QoS 属性的权重因子分别是 $w_1 = 0.3$，$w_2 = 0.3$，$w_3 = 0.1$，$w_4 = 0.1$，$w_5 = 0.1$，$w_6 = 0.1$。

PGA 的参数设置如下：交叉概率设为 0.7，变异概率设为 0.1，种群个体数 N_{ind} 设为 100，代沟设为 0.95，最大进化次数 T_{max} 设为 500，最优结果不变次数 $maxgen_{utilityQoS}$ 设为 200。

PSO 算法的参数设置如下：种群大小 popsize 设为 100，最大进化次数 K_{max} 设为 500，惯性权重设为 $\omega_{start} = 0.9$，$\omega_{end} = 0.4$，加速度因子设为 $c_{1,start} = 2.5$，$c_{1,end} = 0.5$，$c_{2,start} = 0.5$，$c_{2,end} = 2.5$。

TLBO 算法的参数设置如下：种群大小 classsize 设为 100，最大进化次数 K_{max} 设为 500。

根据表 7-10 随机产生候选云服务的默认 QoS 属性值及关联 QoS 属性值，利用 PGA、PSO 算法和 TLBO 算法进行制造云服务组合优化。表 7-11 列出了算法经 20 次独立运算所得平均解、最优解、最差解以及算法运行的平均时间。

表 7-11　摩托车制造流程仿真结果

算法	平均解	最优解	最差解	平均时间/s
PGA	0.520644	0.534155	0.439261	**5.5**
PSO	0.532935	0.534155	0.509764	9.0
TLBO	**0.534155**	**0.534155**	**0.534155**	22.7

可见，在本节所探讨的应用研究问题中，TLBO 算法所求得的平均解最优，且最差解要优于 PGA 和 PSO 算法求得的最差解。TLBO 算法效率较低，耗时较长。该实际问题的子任务个数为 7，而各子任务的候选服务个数为 100，即子任务的数量不大而各个子任务的候选服务数量较大，适合选用 TLBO 算法。

7.2.4　航空复杂产品设计

1. 案例分析

航空复杂产品设计是一项涉及结构、材料、机械、电子、控制等很多领域、很多学科的复杂任务。某一领域的专业设计人员不可能掌握其他相关领域的所有知识,因此航空复杂产品依靠多领域的多个企业协同设计成为主流。在云制造平台中,航空企业可以将企业各类软、硬件资源虚拟化和服务化,并通过云平台实现资源的共享和协同。云制造平台为航空复杂产品协同设计的实现提供了条件。

用户向云制造平台提交航空复杂产品设计任务之后,云制造平台借助知识库中的信息、经验和规则对其进行任务分解。若分解后所得的设计子任务可以由原始服务完成,则可根据任务要求搜索匹配相应的制造云服务;若分解后所得的设计子任务不能由原始服务完成(如动力装置设计、外形设计等),则继续分解,直至整个设计任务均可由原始服务完成为止。

为了便于说明所提出的组合模型及算法的应用,将航空复杂产品设计任务分为 3 个关键环节——战斗部设计、动力装置设计和外形设计,如图 7-33 所示。战斗部设计又可分解为 5 个子任务,各个子任务对应的候选云服务集分别是 $CMCSS_1$、$CMCSS_2$、$CMCSS_3$、$CMCSS_4$ 和 $CMCSS_5$;同理,动力装置设计的子任务对应的候选云服务集分别是 $CMCSS_6$、$CMCSS_7$ 和 $CMCSS_8$;外形设计子任务对应的候选云服务集分别是 $CMCSS_9$、$CMCSS_{10}$、$CMCSS_{11}$、$CMCSS_{12}$ 和 $CMCSS_{13}$。

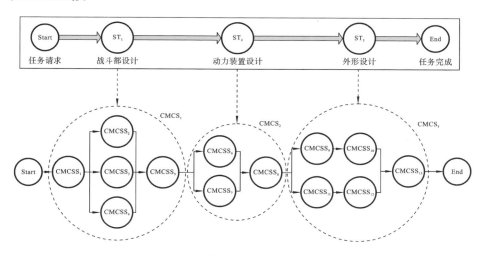

图 7-33 航空复杂产品设计流程

2. 问题描述

航空复杂产品设计的制造云服务组合问题描述如下:设计过程有 3 个关键环节——战斗部设计环节、动力装置设计环节和外形设计环节,可分别分解为 5

个、3 个和 5 个子任务,每个子任务对应一个候选云服务集,每个候选云服务集中都有 100 个候选云服务,即

$$CMCSS_1 = \{MCS_{1,1}, MCS_{1,2}, \cdots, MCS_{1,100}\}$$
$$CMCSS_2 = \{MCS_{2,1}, MCS_{2,2}, \cdots, MCS_{2,100}\}$$
$$\vdots$$
$$CMCSS_{13} = \{MCS_{13,1}, MCS_{13,2}, \cdots, MCS_{13,100}\}$$

分别从候选云服务集 $CMCSS_1$、$CMCSS_2$、$CMCSS_3$、$CMCSS_4$ 和 $CMCSS_5$ 中选择一个制造云服务(MCS)组成组合服务 $CMCS_1$,即由 $CMCS_1$ 组合服务来完成战斗部设计;同理,由 $CMCS_2$ 和 $CMCS_3$ 来分别完成动力装置设计和外形设计。

组合服务 $CMCS_1$、$CMCS_2$ 和 $CMCS_3$ 的各项 QoS 属性计算公式分别为:

$$
\begin{cases}
q_{time}(CMCS_{1,m}) = \max(q_{time}(MCS_{2,m_i}), q_{time}(MCS_{3,m_i}), q_{time}(MCS_{4,m_i})) + q_{time}(MCS_{1,m_i}) \\
q_{cost}(CMCS_{1,m}) = \sum_{i=1}^{5} q_{cost}(MCS_{i,m_i}) \\
q_{rel}(CMCS_{1,m}) = \min(q_{rel}(MCS_{2,m_i}), q_{rel}(MCS_{3,m_i}), q_{rel}(MCS_{4,m_i})) \cdot q_{rel}(MCS_{1,m_i}) \\
q_{avail}(CMCS_{1,m}) = \prod_{i=1}^{5} q_{avail}(MCS_{i,m_i}) \\
q_{rob}(CMCS_{1,m}) = \min(q_{rob}(MCS_{2,m_i}), q_{rob}(MCS_{3,m_i}), q_{rob}(MCS_{4,m_i})) \cdot q_{rob}(MCS_{1,m_i}) \\
q_{rep}(CMCS_{1,m}) = \left(\sum_{i=1}^{5} q_{rep}(MCS_{i,m_i}) \right)/5
\end{cases}
$$

$$(7-23)$$

$$
\begin{cases}
q_{time}(CMCS_{2,m}) = \max(q_{time}(MCS_{6,m_i}), q_{time}(MCS_{7,m_i})) + q_{time}(MCS_{8,m_i}) \\
q_{cost}(CMCS_{2,m}) = \sum_{i=6}^{8} q_{cost}(MCS_{i,m_i}) \\
q_{rel}(CMCS_{2,m}) = \min(q_{rel}(MCS_{6,m_i}), q_{rel}(MCS_{7,m_i})) \cdot q_{rel}(MCS_{8,m_i}) \\
q_{avail}(CMCS_{2,m}) = \prod_{i=6}^{8} q_{avail}(MCS_{i,m_i}) \\
q_{rob}(CMCS_{2,m}) = \min(q_{rob}(MCS_{6,m_i}), q_{rob}(MCS_{7,m_i})) \cdot q_{rob}(MCS_{8,m_i}) \\
q_{rep}(CMCS_{2,m}) = \left(\sum_{i=6}^{8} q_{rep}(MCS_{i,m_i}) \right)/3
\end{cases}
$$

$$(7-24)$$

$$
\begin{cases}
q_{\text{time}}(\text{CMCS}_{3,m}) = \max\left(\sum_{i=9}^{10} q_{\text{time}}(\text{MCS}_{i,m_i}), \sum_{i=11}^{12} q_{\text{time}}(\text{MCS}_{i,m_i})\right) + q_{\text{time}}(\text{MCS}_{13,m_i}) \\[2ex]
q_{\text{cost}}(\text{CMCS}_{3,m}) = \sum_{i=9}^{13} q_{\text{cost}}(\text{MCS}_{i,m_i}) \\[2ex]
q_{\text{rel}}(\text{CMCS}_{3,m}) = \min\left(\prod_{i=9}^{10} q_{\text{rel}}(\text{MCS}_{i,m_i}), \prod_{i=11}^{12} q_{\text{rel}}(\text{MCS}_{i,m_i})\right) \cdot q_{\text{rel}}(\text{MCS}_{13,m_i}) \\[2ex]
q_{\text{avail}}(\text{CMCS}_{3,m}) = \prod_{i=9}^{13} q_{\text{avail}}(\text{MCS}_{i,m_i}) \\[2ex]
q_{\text{rob}}(\text{CMCS}_{3,m}) = \min\left(\prod_{i=9}^{10} q_{\text{rob}}(\text{MCS}_{i,m_i}), \prod_{i=11}^{12} q_{\text{rob}}(\text{MCS}_{i,m_i})\right) \cdot q_{\text{rob}}(\text{MCS}_{13,m_i}) \\[2ex]
q_{\text{rep}}(\text{CMCS}_{3,m}) = \left(\sum_{i=9}^{13} q_{\text{rep}}(\text{MCS}_{i,m_i})\right)/5
\end{cases}
$$

$$(7\text{-}25)$$

式中：m 表示第 m 条执行路径，$1 \leqslant m \leqslant K_{\text{path}}$。

该问题的数学模型为：

$$
\max: \text{UQ}(\text{CMCS}_{\text{Areo},m}) = \sum_{q_n \in Q^-} \frac{Q_{n,\max} - q_n(\text{CMCS}_{\text{Areo},m})}{Q_{n,\max} - Q_{n,\min}} \cdot w_n
$$
$$
+ \sum_{q_n \in Q^+} \frac{q_n(\text{CMCS}_{\text{Areo},m}) - Q_{n,\min}}{Q_{n,\max} - Q_{n,\min}} \cdot w_n \qquad (7\text{-}26)
$$

$$
q_{\text{time}}(\text{CMCS}_{\text{Areo},m}) = \sum_{i=1}^{3} q_{\text{time}}(\text{CMCS}_{i,m}) \qquad (7\text{-}27)
$$

$$
q_{\text{cost}}(\text{CMCS}_{\text{Areo},m}) = \sum_{i=1}^{3} q_{\text{cost}}(\text{CMCS}_{i,m}) \qquad (7\text{-}28)
$$

$$
q_{\text{rel}}(\text{CMCS}_{\text{Areo},m}) = \prod_{i=1}^{3} q_{\text{rel}}(\text{CMCS}_{i,m}) \qquad (7\text{-}29)
$$

$$
q_{\text{avail}}(\text{CMCS}_{\text{Areo},m}) = \prod_{i=1}^{3} q_{\text{avail}}(\text{CMCS}_{i,m}) \qquad (7\text{-}30)
$$

$$
q_{\text{rob}}(\text{CMCS}_{\text{Areo},m}) = \prod_{i=1}^{3} q_{\text{rob}}(\text{CMCS}_{i,m}) \qquad (7\text{-}31)
$$

$$
q_{\text{rep}}(\text{CMCS}_{\text{Areo},m}) = \left(\sum_{i=1}^{3} q_{\text{rep}}(\text{CMCS}_{i,m})\right)/3 \qquad (7\text{-}32)
$$

式中：Q^+ 为积极属性指标，如 q_{rel}、q_{avail}、q_{rob} 和 q_{rep} 等；Q^- 为消极属性指标，如 q_{time}、Q_{cost} 等；$q_{n,\max}$ 为所有可能的组合服务 $\text{CMCS}_{\text{Areo}}$ 中第 n 个聚合 QoS 值的最大值，即 $Q_{n,\max} = \max(q_n(\text{CMCS}_{\text{Areo},m}))$，$1 \leqslant m \leqslant K_{\text{path}}$；$Q_{n,\min}$ 为所有可能的组合服务

$\text{CMCS}_{\text{Areo}}$ 中第 n 个聚合 QoS 值的最小值,即 $Q_{n,\min} = \min(q_n(\text{CMCS}_{\text{Areo},m})), 1 \leqslant m \leqslant K_{\text{path}}$;$w_n$ 为各个 QoS 属性在服务质量评价中的权重值,由系统或用户提供,$\sum\limits_{i=1}^{6} w_n = 1$。

假设候选云服务集 QoS 属性值的随机取值范围如表 7-12 所示,所有候选云服务中关联服务的百分比为 40%。

表 7-12 候选云服务集 QoS 属性值的随机取值范围

候选云服务集	时间 (q_{time})	价格 (q_{cost})	可靠性 (q_{rel})	可用性 (q_{avail})	鲁棒性 (q_{rob})	声誉 (q_{rep})
CMCSS$_1$	[50,80]	[400,600]	[0.6,1]	[0.6,1]	[0.6,1]	[0.6,1]
CMCSS$_2$	[30,60]	[350,600]	[0.6,1]	[0.6,1]	[0.6,1]	[0.6,1]
CMCSS$_3$	[30,55]	[300,550]	[0.6,1]	[0.6,1]	[0.6,1]	[0.6,1]
CMCSS$_4$	[35,70]	[400,750]	[0.6,1]	[0.6,1]	[0.6,1]	[0.6,1]
CMCSS$_5$	[40,100]	[500,900]	[0.6,1]	[0.6,1]	[0.6,1]	[0.6,1]
CMCSS$_6$	[50,100]	[300,450]	[0.6,1]	[0.6,1]	[0.6,1]	[0.6,1]
CMCSS$_7$	[60,120]	[250,500]	[0.6,1]	[0.6,1]	[0.6,1]	[0.6,1]
CMCSS$_8$	[40,80]	[320,860]	[0.6,1]	[0.6,1]	[0.6,1]	[0.6,1]
CMCSS$_9$	[25,60]	[260,480]	[0.6,1]	[0.6,1]	[0.6,1]	[0.6,1]
CMCSS$_{10}$	[30,55]	[320,600]	[0.6,1]	[0.6,1]	[0.6,1]	[0.6,1]
CMCSS$_{11}$	[20,50]	[300,500]	[0.6,1]	[0.6,1]	[0.6,1]	[0.6,1]
CMCSS$_{12}$	[25,60]	[300,550]	[0.6,1]	[0.6,1]	[0.6,1]	[0.6,1]
CMCSS$_{13}$	[40,80]	[450,800]	[0.6,1]	[0.6,1]	[0.6,1]	[0.6,1]

3. 算法验证与比较

仿真实验的运行环境是 PC,CPU AMD 3600+ 2.01GHz,3GB RAM,Windows XP SP3,MATLAB R2011a。

假设用户给定的 6 类 QoS 属性的权重因子分别是 $w_1 = 0.2, w_2 = 0.2, w_3 = 0.2, w_4 = 0.15, w_5 = 0.1, w_6 = 0.15$。

PGA 的参数设置如下:交叉概率设为 0.7,变异概率设为 0.1,种群个体数 N_{ind} 设为 100,代沟设为 0.95,最大进化次数 $T_{\max}$ 设为 1000,最优结果不变次数 $\text{maxgen}_{\text{utilityQoS}}$ 设为 500。

PSO 算法的参数设置如下:种群大小 popsize 设为 100,最大进化次数 $K_{\max}$

设为 1000，惯性权重设为 $\omega_{start}=0.9$，$\omega_{end}=0.4$，加速度因子设为 $c_{1,start}=2.5$，$c_{1,end}=0.5$，$c_{2,start}=0.5$，$c_{2,end}=2.5$。

TLBO 算法的参数设置如下：种群大小 classsize 设为 100，最大进化次数 K_{max} 设为 1000。

根据表 7-12 随机产生候选云服务的默认 QoS 属性值及关联 QoS 属性值，利用 PGA、PSO 算法和 TLBO 算法进行制造云服务组合优化。表 7-13 列出了算法经 20 次独立运算所得平均解、最优解、最差解以及算法运行的平均时间。

表 7-13　航空复杂产品设计流程仿真结果

算法	平均解	最优解	最差解	平均时间/s
PGA	**0.655629**	**0.655629**	**0.655629**	**12.97796**
PSO	0.639235	0.655629	0.579973	24.67052
TLBO	0.655629	0.655629	0.655629	62.55426
PGA-N	0.404598	0.434261	0.393576	**14.62231**
PSO-N	**0.438928**	**0.482232**	**0.401672**	15.99244
TLBO-N	0.418934	0.446432	0.400699	38.18456

可见，在本节所探讨的航空复杂产品设计问题中，问题的规模介于 T_10_100 与 T_20_100 之间。在考虑服务关联的情况下，PGA 与 TLBO 算法所求得的平均解、最优解及最差解均较好，但 PGA 的效率较高。在不考虑服务关联的情况下，PSO-N 算法所求得的平均解及最优解均优于 PGA-N 和 TLBO-N 算法。

7.3　智能工厂

德国制造业在世界上极具竞争力，在全球制造装备领域占据领头羊的地位，这在很大程度上源于德国专注于工业科技产品的创新研究和开发，以及对复杂工业过程的精细管理。德国拥有强大的设备和工厂制造工业，在信息技术领域有很高的水平，在嵌入式系统和自动化工程方面也有很专业的技术，这些共同奠定了德国在制造工业中的领军地位。

前三次工业革命是机械化、电气化和信息化的结果，现在物联网和务联网融入制造环境，推动第四次工业革命的出现与发展[12]。将来，企业将建立全球网络，在 CPS 模型中包含机器装备和仓储系统等，并且它们之间具有自动交换信息、触发操作和互相独立控制的能力。这有助于改进工业生产流程，包括生产、工程、材料使用、供应链和生命周期管理。智能工厂已经用全新的方法来实现生产,智能产品的唯一识别性(标签绑定)使得系统在任何时间都可以实时定位产品、监测当前状态、追踪历史轨迹。在工厂和企业内部,嵌入式制造系统纵向与业务流程连接,横向与分散的价值网络连接。

智能工厂能够满足客户的个性化需求,即使是一次性产品的制造也可以盈利,动态的业务和工程生产流程能够响应产品最后时刻的变化,在整个制造过程中,能够实现端到端的透明,促进最优决策。工业 4.0 将出现创造价值的新方法和新颖的商业模式,它将给新兴企业和小企业提供一些机会,用于开发下游服务。

此外,工业 4.0 也可解决一些当今世界面临的挑战,诸如资源和能源效率、城市生产和人口变化等。工业 4.0 通过整个价值网络,使资源利用率和生产效率提高,它考虑人口变化和社会因素,利用智能辅助系统提醒工人完成不得不执行的常规任务,从而使他们能够专注于有创新性和可增值的工作。针对即将到来的熟练工人短缺的情况,它将允许技能熟练的工人继续从事更长时间的生产工作,灵活的工作组织形式将使工人结合他们的工作和私人生活,持续有效地发展个人事业,促进工作与生活的平衡。

在制造装备方面,德国通过持续在传统的高科技领域集成信息和通信技术,成为智能制造装备的领先供应商,同时服务于 CPS 技术和产品市场,具有以下工业 4.0 的特征:

① 通过价值网络横向集成;

② 贯穿整个价值链的数字集成工程;

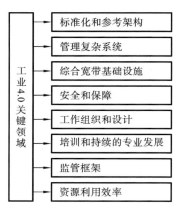

图 7-34 工业 4.0 实现的关键领域

③ 纵向集成和网络化制造系统。

工业 4.0 的成功实施,需要有相应的工业政策支持,德国计划从如图 7-34 所示的 8 个关键领域着手。

(1)标准化和参考架构。通过价值网络,工业 4.0 架构网络化集成几个不同的公司,只有这些公司使用同一套通用标准,这种合作伙伴关系才有可能发展。参考架构用于提供这些标准的技术描述和促进标准的实施。

(2)管理复杂系统。产品和制造系统变得越来越复杂,相应的规划和说明模型用于给复杂系统的管理提供基本参考。工程师应该掌握开发这些模型的工具和方法。

（3）综合宽带基础设施。可靠、全面和高质量的通信网络是工业 4.0 的关键基础需求，宽带基础设施为工业服务需要大规模拓展。

（4）安全和保障。安全和保障对于智能制造系统的实施都很重要，首先是确保生产设施和产品自身不对人和环境构成威胁，其次，生产设施和产品，特别是它们包含的数据和信息，需要保护以防止被滥用和未经授权的访问。例如，需要部署统一的安全和保障体系架构，以及设定唯一的识别标志。

（5）工作组织和设计。在智能工厂，员工的作用显著改变，他们越来越多地面向实时控制，需要改变工作内容、工作流程和工作环境。技术方法的实施，将使工人担当更大责任，并为他们提供提高个人能力的机会。

（6）培训和持续的专业发展。工业 4.0 要求从根本上改变工人的工作能力，需要实施相应的培训策略，比如用促进学习的方法组织工作，做到终身学习和持续专业发展。

（7）监管框架。新的制造流程和业务网络需要遵循法律法规。新的立法需要适应创新要求，包括合作数据的保护、责任问题、个人数据处理和贸易限制措施等。

（8）资源利用效率。除了高成本，制造业还需消耗大量的原材料和能源，对环境保护和原料的持续供应造成威胁。工业 4.0 将提高资源利用效率，权衡智能工厂生产中消耗的额外资源和产生产品的潜在价值。

7.3.1 面向服务和实时保障的 CPS 平台

工业 4.0 将使 CPS 平台支持协同的工业业务流程和智能工厂（智能产品生命周期）相关的商业网络，平台提供的服务和应用将人、机（系统）和物互相连接起来，如图 7-35 所示[12]，并具有以下特性。

（1）快速而简单的服务和灵活的应用流程，包含基于 CPS 的软件。

（2）按照应用商店模型简单配置和部署业务流程。

（3）可全面、安全和可靠地备份整个业务流程。

（4）具有从传感器到用户界面的安全性和可靠性。

（5）支持移动端设备。

（6）在商业网络中，支持协同制造、服务、分析和预测。

在商业网络的情况下，CPS 共享平台中服务和应用的编排对信息技术有特定的要求，由于 CPS 水平和垂直的集成需求，应用和服务提升到业务流程中，在协同的公司内部流程和商业网络中，编排明确包含了共享服务和应用的设置，

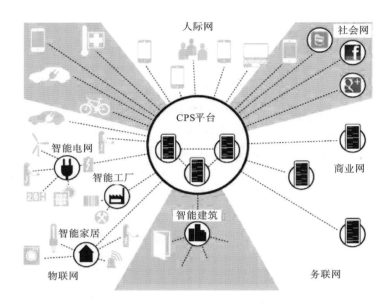

图 7-35   人、机、物融合的 CPS 平台

有些问题,诸如安全性、可靠性、使用性、操作模型、实时分析和预测等都需要编排和随后的审核。除此之外,这将涉及解决不同的数据源和终端设备的挑战,公司之间通过信息技术、软件和服务提供商使用 CPS 平台。而用户使用该平台,需要统一的工业 4.0 参考架构,并考虑信息通信技术和制造业的不同方面,建模方法被用于开发 CPS 平台新的应用和服务。由于功能的逐渐增加、客户化、动态性和不同学科与团体之间的协同,管理由此带来的复杂系统,需要安全、高效的网络基础设施以保证必要的安全的数据交换。

7.3.2   工业 4.0 标准和开放的参考架构

工业 4.0 通过价值网络使得公司之间相互交流和集成,标准规划的方向集中于规定合作机制和相互交换的信息,这些规划的完整技术描述和执行是工业 4.0 的参考架构。该参考架构是适用于所有合作公司产品和服务的通用模型,它提供了一个组织、开发、集成和运行工业 4.0 相关技术系统的框架,如图 7-36 所示。

由于工业 4.0 的价值网络包含不同商业模型的公司,参考架构的作用是使这些不同的商业模型形成一个通用的模型,这将需要合作伙伴统一基本的结构原理、接口和数据,例如,制造系统将不同视角的认识整合到一个参考架构中。

图 7-37 所示为不同视角下的工业 4.0 参考架构示例。基于制造流程的视

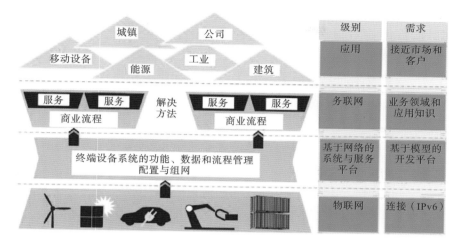

图 7-36　连接物联网和务联网的参考架构体系[12]

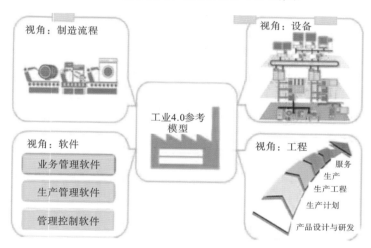

图 7-37　不同视角下的工业 4.0 参考架构示例[12]

角,架构是根据加工和传送功能形成的;基于设备(智能)视角,专用的网络设备包括自动化装置、现场设备、现场总线、可编程逻辑控制器、移动设备、服务器、工作站和网络接入设备等;基于软件视角,软件应用包括基于传感器的数据采集、时序控制、连续控制、操作数据、机器数据、过程数据、归纳、趋势分析、规划和优化等功能,软件被一个或多个企业使用,包括业务规划和管理、公司之间的物流和配套价值网络,如与制造业相关的接口与集成等;基于工程视角(产品全生命周期),架构可利用从制造过程获取的数据规划必要的资源(机器和人力资源),在机械、电气和自动化技术特性等方面相继优化机器,同时考虑机器的运

行与维护。

工业 4.0 面临的挑战是如何将生产工程、机械工程、工艺工程、自动化工程和信息技术(网络)等不同领域统一起来,建立一个通用的模型。在制造过程中,工业 4.0 需要不同公司相互合作,首先在自动化工程和软件行业形成通用的基本术语。目前,工业领域已经建立的标准被不同的技术学科、专业协会和工作组使用,这些标准之间缺乏协调,因此,现有的标准(工业通信、工程、建模、信息安全、设备集成和数字化工厂等)被纳入一个新的全球性参考架构是很有必要的。

这个参考架构由于需要整合几个不同方面,不能用自上而下的方法开发,任何情况下,自上而下的方法都将花费太多时间,而从不同的起点逐渐开发更具有意义。在这个方面,基于本地项目专用的策略逐渐转变为国际标准,接下来则需确保该接口标准在技术上的稳定性。在互联网上,标准化的方法是基于不同的典范形成的,例如:开放式 Linux 操作系统,是由企业、社区、研究机构和个人等分布于 100 多个国家的 2000 多名开发人员共同开发和维护的,是目前世界上最成功的操作系统;开放式开发工具,是由 1500 多名开发人员和数百万的用户组成的社区来开发软件的工具,以满足建模应用;开放式公共交流设施,是通过互联网协会出版的技术和组织文档实现的,这些文档早在 1969 年 7 月 4日就已经建立,被广泛接受和使用,已经转变为标准,诸如互联网协议(TCP/IP)和电子邮件协议(SMTP)等。

7.3.3 工业 4.0 示范项目

工业 4.0 组织建立了一个智能工厂的示范项目。它以液体产品(如洗涤液)生产为例,包括液体制备和液体灌装两部分,不同的液体产品由不同组分混合配制而成,灌装后需要用不同颜色的瓶盖和标签,标明订货方、发送地点,如图 7-38 所示。

整个生产系统由无线网络覆盖,广泛采用射频识别技术。智能装备的控制模式和人机界面将会有很大的变化,Wi-Fi、蓝牙等通信网络性能提高,基于平板电脑、手机和穿戴设备等的移动控制方式会越来越普及。与时俱进的触摸屏和多点触控的图形化人机界面将逐步取代按钮、开关、鼠标和键盘。人们,特别是年轻人已经习惯智能电子消费产品的操作方式,能够快速做出反应,切换屏幕,上传或下载数据,从而极大地丰富了人机交互的内容,同时明显降低了误操作率。

在智能工厂运行中,以位表征的信息比由原子组成的物质更加重要。机器

图 7-38 液体产品智能生产示例

不仅是生产工具和设备,更是工厂信息网络的节点。机器不仅延伸人的体力,也延伸了人的脑力,能够识别工件、与人交互,按照人编制的控制程序工作。机器与机器(物与物)之间也能够相互通信,感知相关设备和环境的变化,协同完成加工任务,构成基于物联网的智能化车间。

7.4 制造物联网电子工厂

制造业与现代信息技术全面融合,即从信息物理融合系统到工业 4.0,其共同点是使用智能软件实现机器之间以及机器与人之间的交互,工厂机器和物流设备自治通信,合理规划和安排工厂生产,当异常出现时,基于云的人工智能优化生产性能,重新规划生产工序,最终目标是使工厂更加智能。

7.4.1 制造物联网数据采集与云管理

由于软件能够更好地实现通信,无处不在的传感器产生更多的数据并融合,工业物联网由众多廉价传感器和控制器构成,具备分布式智能的特征,因此通过 RFID 读写器,工程师能够追踪加工中心加工的在制品。许多公司诸如 ABB 公司、Honeywell 公司、Siemens 公司等在销售这样的设备,但这些设备不便于二次开发,并且昂贵。

廉价的物联网传感器和控制器可以实现同样的目标,打破目前设备垄断的现状,数十年来电子产品大幅降价和性能不断提升,具有以下特征:结构简单、标准开放、即插即用和无线数据传输方便。尤其是 Siemens 公司经过多年的合并、收购和全球化战略,将不同供应商的软件和硬件集成到一个系统中。传感器将产生海量数据,不同类型的数据具有高复杂性、高容量、高速度等特点,需要不同的测量方法,并且有些数据是非结构化的,诸如语言、图片等,更加难以分析。使用机器学习算法处理这些传感数据,可实现机器之间的自治交互。

物联网应用于制造工厂,使得加工机器协同工作,自动适应其加工环境,并依赖云不断向其他工厂相似的机器学习。例如,20 世纪 90 年代,由于东欧国家有大量的廉价劳动力,德国在这些国家大量建厂,为严格控制这些海外工厂产生的信息,而将这些数据信息集中存储在企业的数据中心,使当地工程师仅能够访问授权的文档,并禁止他们移动该数据信息。如今,数据驱动的制造商仍然重视维护知识产权,但他们也想用集中式数据中心来管理车间生产,即他们想使用云计算来帮助运行智能工厂。他们有充分的理由这样做,比如集中的、基于云的软件总会不断更新,包括增强软件的安全性和让软件运行在最新的 IT 设备上。

更重要的是,大数据中心往往由高效而低成本的供应商运营,他们支持数据驱动的生产,而不需要公司承担运行一个大数据中心的成本。另外一个优势是,公司能够聚合多个工厂相似设备的数据,用于分析产品生产基准和影响生产的因素,这样的分析能够扩展该生产领域的性能。例如,若生产设备运行在更快或极端条件下,应用该设备状态监测的数据库,有助于预测设备的剩余使用寿命。

云计算应用的最大障碍是云安全,若工程师不相信基于云的控制软件,会下载备份文件以备不时之需,但网上银行的成功应用,可以为云制造保护数据隐私的实现提供借鉴。但生产制造公司应该明白,没有百分之百的安全,为减少这种风险,应该时刻保护自己的核心软件。

数据驱动的制造是一项正在推进的工作,看到其发展障碍的同时不应忽视其发展的潜力,例如,在德国小镇 Amberg,Siemens 有一个制造可编程逻辑控制器(programmable logic controller,PLC)的工厂,能实现生产机器和生产流程的自动化。

7.4.2 PLC 智能生产工厂

在 Siemens 公司的 PLC 生产工厂中,产品与生产机器通信,IT 系统控制和优化所有生产流程,确保产品的最低缺陷率。工厂中的一切都是清洁无菌的,机器柜整齐排列,它们之间的监测数据不断流出,指示灯红绿闪烁,如图 7-39 所示[13]。

图 7-39 PLC 生产工厂

1. 自动化生产系统

Siemens 公司主要生产 SIMATIC 系列自动化产品,其生产的 PLC 用于自动化机械设备控制,其位于德国小镇 Amberg 的工厂,每秒会生产一个控制单元。该工厂每年生产 1200 万台 SIMATIC 系列的 PLC,产品合格率达到 99.99885%。产品主要靠自动化生产,所有生产任务的 75% 由机器完成,人工完成的任务只占 25%。在每个控制单元开始生产的阶段,人工将初始组件(一块裸电路板)放置于生产线,之后,由 SIMATIC 系列的 PLC(共计约 1000 个控制器)控制 SIMATIC 系列 PLC 单元的生产过程,所有的工序都是自动运行的。

2. 自动化生产过程

在生产过程初始,传送带将裸电路板传送到印制机,印制机将无铅锡膏印制到电路板表面。然后放置各个电子元器件(如电阻、电容、芯片等)到电路板上,最快的生产线每小时可以安装 250000 个电子元器件。一旦元器件焊接过程完成,印制电路板就被传送到光学测试系统,用摄像机检查焊接元件的位置,用 X 射线机检测焊点的焊接质量。最后,给每个电路板都安装外壳,经反复测试后送到位于 Nuremberg 的配送中心。

3. 人的决定因素

尽管该电子工厂已经高度自动化,但人在生产过程中仍起到关键作用,如测试电路板时,尽管工人不直接测试电子元器件和电路,但需要根据测试结果做出判断。

4. 信息与物理系统融合

软件定义所有的生产流程和指令,以便能够控制和记录从开始到结束整个生产过程。生产系统与研发部门联网,Siemens 公司的 PLM 软件给 PLC 单元的生产提供最优的解决方案,生产出约 1000 种不同类型的产品。

位于 Amberg 的电子工厂是 Siemens 公司先进数字企业平台的例子,产品自行控制自己的制造过程,换句话说,产品编码告知生产设备生产需求,以及下一个生产步骤。该工厂已经迈出了实现工业 4.0 的第一步。真实和虚拟制造相融合,产品能够互相通信,以及与生产系统交互,因此,生产工厂能够实现自身控制和优化,产品和机器将首先决定哪些项目应该首先完成,以满足交付期限。

本章参考文献

[1] ZHENG K,TANG D,GIRET A,et al. Dynamic shop floor re-scheduling approach inspired by a neuroendocrine regulation mechanism[J]. Journal of Engineering Manufacture,2015,(1):1-14.

[2] TENNENHOUSE D. Proactive computing[J]. Communications of the ACM,2000,43(5):43-50.

[3] 姚锡凡,周佳军,张存吉,等. 主动制造——大数据驱动的新兴制造范式[J]. 计算机集成制造系统,2017,23(1):172-185.

[4] ZHANG L P,GAO L,LI X Y. A hybrid intelligent algorithm and re-scheduling technique for job shop scheduling problems with disruptions[J]. International Journal of Advanced Manufacturing Technology,2013,65(5-8):1141-1156.

[5] ZAKARIA Z,PETROVIC S. Genetic algorithms for match-up rescheduling of the flexible manufacturing systems[J]. Computers & Industrial En-

gineering，2012，62(2)：670-686.

[6] 张存吉. 智慧制造环境下感知数据驱动的加工作业主动调度方法研究[D].
广州：华南理工大学，2016.

[7] ZHANG C J，YAO X F，ZHANG J M. Abnormal condition monitoring of
workpieces based on RFID for wisdom manufacturing workshops[J]. Sen-
sors，2015，15(12)：30165-30186.

[8] ZHANG C J，YAO X F，ZHANG J M，et al. Tool condition monitoring
and remaining useful life prognostic based on a wireless sensor in dry mill-
ing operations[J]. Sensors，2016，16(6)：795.

[9] 张先超. 生产调度鲁棒性指标及其测度方法研究[J]. 工业工程，2013，16
(6)：14-20.

[10] 高亮，张国辉，王晓娟. 柔性作业车间调度智能算法及其应用[M]. 武汉：
华中科技大学出版社，2012.

[11] 金鸿. 服务关联感知的制造云服务组合与优化研究[D]. 广州：华南理工
大学，2015.

[12] KAGERMANN H，WAHLSTER W，HELBIG J. Recommendations for
implementing the strategic initiative INDUSTRIE 4.0 [R]. Munich：Na-
tional Academy of Science and Engineering，2013：1-84.

[13] Siemens. Digital Factories：The end of defects. [EB/OL]. [2017-01-05]. ht-
tp://www. siemens. com/innovation/en/home/pictures-of-the-future/indus-
try-and-automation/digital-factories-defects-a-vanishing-species. html.